Springer

先进核科学与技术译著出版工程

核与辐射安全系列

U0285325

Nuclear Batteries and Radioisotopes

核电池和放射性同位素

马克·普雷拉斯（Mark Prelas）

马修·波拉斯（Matthew Boraas）

费尔南多·德拉托雷·阿吉拉尔（Fernando De La Torre Aguilar）

约翰·大卫·西里格（John-David Seelig）　　著

莫德斯特·查库阿·乔阿索（Modeste Tchakoua Tchouaso）

丹尼斯·维斯涅夫斯基（Denis Wisniewski）

刘云鹏　许志恒　汤晓斌　林　辉　译

哈尔滨工程大学出版社

Harbin Engineering University Press

黑版贸审字 08 - 2020 - 117

图书在版编目(CIP)数据

　　核电池和放射性同位素/(美)马克·普雷拉斯
(Mark Prelas)等著;刘云鹏等译.—哈尔滨:哈尔
滨工程大学出版社,2022.7
　　书名原文:Nuclear Batteries and Radioisotopes
　　ISBN　978 - 7 - 5661 - 3249 - 9

　　Ⅰ.①核…　Ⅱ.①马…②刘…　Ⅲ.①核电池②放射
性同位素　Ⅳ.①TM918②O615.2

　　中国版本图书馆 CIP 数据核字(2022)第 093190 号

核电池和放射性同位素
HEDIANCHI HE FANGSHEXING TONGWEISU

选题策划　石　岭
责任编辑　丁月华
封面设计　李海波

出版发行	哈尔滨工程大学出版社
社　　址	哈尔滨市南岗区南通大街 145 号
邮政编码	150001
发行电话	0451 - 82519328
传　　真	0451 - 82519699
经　　销	新华书店
印　　刷	哈尔滨市石桥印务有限公司
开　　本	787 mm×1 092 mm　1/16
印　　张	18.5
字　　数	409 千字
版　　次	2022 年 7 月第 1 版
印　　次	2022 年 7 月第 1 次印刷
定　　价	128.00 元

http://www.hrbeupress.com
E - mail:heupress@ hrbeu.edu.cn

译 者 序

核电池,又称为放射性同位素电池,是一种将放射性同位素衰变粒子动能或粒子截止下来产生的热能通过直接或间接的方法转换为电能的装置,具有体积小、质量小、寿命长、能量密度高、输出稳定、免维护等特点,在空间探测、深海极地、高原高寒、军事国防等领域具有特殊的或不可替代的应用价值。比如,深空探测时因距离太阳较远,导致光照不足或无光照,此时基于核的电源系统(包括核电池)成为理想的,甚至是唯一可选的空间电源。因此,研究与学习核电池技术具有十分重要的价值和意义。

核电池的研究历史较长,涉及的换能机制也非常多,从 1913 年 Henry Moseley 提出直接充电式核电池,到 1953 年 Rappaport 提出 β 辐致伏特效应核电池,到 20 世纪 60 年代美国国家航空航天局(NASA)将放射性同位素热电发生器用于空间探测器,到 20 世纪 70 年代左右将核电池用于心脏起搏器,再到 20 世纪 90 年代开始研究微型核电池、同位素热光伏组件以及动态换能核电池。国内外有关核电池的文献报告资料有很多,但图书资料却很少。Mark Prelas 教授等撰写的 *Nuclear Batteries and Radioisotopes*(《核电池和放射性同位素》)较为系统地介绍了核电池,涵盖了从核电池设计、性能评价、应用领域到放射性同位素的选取原则、生产工艺、成本估计等多个维度内容,可作为核电池领域的研究生和研究人员的参考书,也可作为非该领域读者的核电池入门级图书。

此外,在此感谢许振华老师及研究生刘凯、边明鑫、袁子程、王继宇、陈兆群、苗恺在译稿过程中作出的贡献。

在译稿过程中,译者一直本着客观中立、充分尊重原著的态度,有些语句和段落对国内读者来说可能会出现"水土不服"的情况,或者涉及的核电池技术已经有所更新。但通篇来看,原著中的很多研究思路、观点和方法非常值得参考和借鉴,我们也建议读者朋友带着问题阅读本书,去书中寻找答案,同时结合实际情况去深入思考和分析。鉴于译者水平有限,译本中难免有疏漏之处,敬请广大读者批评指正。最后也祝福核电池技术的发展越来越好!

译 者

2021 年 4 月 30 日于南京

序　　言

《核电池和放射性同位素》与其姊妹书籍《核泵浦激光器》(Springer 在 2016 年出版)介绍了将核能直接转化为其他有用能源的方式。这两本书表明,所有类型的核能转换都具有共同的特征,这些特征包括电离辐射与物质相互作用的原理(在《核泵浦激光器》中作为一个章节介绍)、电离辐射射程与换能单元尺度的匹配、反应速率概念、功率密度概念以及许多其他共通的原则。这两本书的另一个共同点是均源于研究生课程。《核电池和放射性同位素》是由普雷拉斯教授在 2015 年秋季学期教授的与书名同名的研究生课程开发的。参与该课程的五名学生以作者的身份协助撰写了本书。

《核电池和放射性同位素》给该领域研究人员和学生提供了鉴别核电池设计中关键工程问题的工具。本书扩展了辐射输运和换能单元物理的基本原理。电离辐射以特征尺度长度,即射程在物质中输运。换能单元也具有基本的尺度,在这些尺度上,它们吸收能量并将该能量转换为另一种有用的形式。换能单元尺度与电离辐射射程之间的匹配是确定核电池设计系统效率的主要因素之一。即使是熟练的从业人员,也难以理解核电池设计的复杂性。该领域似乎每 20 年左右就会获得新的生命和新的关注,而这恰好与科学界的世代变化相吻合。存储在放射性同位素中的大量能量是重新引起科学界关注的这一循环的驱动力。通常,从前一个周期学到的教训会丢失在当前周期的研究热情中。更重要的是,设计的复杂性使得以往研究中的教训难以得到解释。

本书的目的是帮助简化使核电池设计变得如此复杂的因素。第 1 章探讨了放射性同位素本身以及含有放射性同位素的化合物的物理参数。化学上,存在使放射性同位素的原子密度最大的化合物,该化合物具有更高可能的放射性同位素浓度,因此也具有对于该放射性同位素可行的最大热功率密度。通过取最大热功率密度的倒数,可以得到能够产生 1 W 功率的化合物的最小体积。此最小体积可以让读者了解由特定放射性同位素驱动的装置的尺寸大小。

第 2 章介绍了放射性同位素以及它们的来源或生产方法。放射性同位素有两个基本来源:天然存在的和人工的。本章可以解决设计人员在设计核电池时,选择放射性同位素遇到的两个基本问题:同位素容易获取吗? 同位素的成本是多少?

第 3 章重点讨论了物质中电离辐射的射程和换能单元的尺度。电离辐射射程与换能单元尺度的匹配是一个重要的问题,如果匹配不好,核电池的效率会非常低。换能单元中的功率沉积效率取决于带电粒子射程和换能单元之间的匹配度。

第 4 章介绍了原子稀释因子,即核电池中放射性同位素原子数与相同体积化合物中放射性同位素原子数之比,使放射性同位素的原子密度最大化。在核电池设计中,源与换能单元的接口方式将决定如何增大稀释因子。相对于体界面,面界面具有较大的稀释因子。但是,即使是体界面也具有一定程度的稀释因子。稀释因子是核电池中功率密度从最佳可能值降低多少的度量。

第 5 章介绍了核电池的换能单元和系统效率。讨论换能单元的具体示例,并为读者提供一种基于已为人们所熟知的概念,确定新换能单元性能的方法。此外,探讨辐射损伤对核电池组件的影响。本章旨在考虑整个核电池系统。有一节关于核电池文献中问题的内容,目的是使读者能够评估文献中所报道的核电池系统,掌握必要的技能,使用先前各章中开发的工具来准确确定文献所声明的性能的有效性。

第 6 章讨论了许多预计的应用,并检查核电池系统的能力,以确定电池在应对特定应用环境下遇到的挑战时的有效性。简要讨论了从放射性同位素到裂变反应堆的过渡,检验了控制裂变反应堆提供的功率密度的好处。

附录 A 包含可用于核电池的放射性同位素的电离辐射射程的重要数据。射程数据可帮助读者了解电离辐射射程的尺度范围。

附录 B 的公式表示从关键放射性同位素发射的 β 粒子能谱。

附录 C 着眼于先进理论概念,旨在为读者提供方法论,以便能够使用本书中介绍的工具来处理从未见过的设计,并了解其设计的潜力。

本书各章中的各个概念论证了核电池设计的复杂性和微妙性。将这些概念集成到核电池系统存在许多困难,至少部分原因是基于放射性同位素的储能潜力,每一代人都怀着很高的期望,热情地重新发现这个技术。作者希望,本书能帮助读者专注于构成核电池设计基础的基本工程限制,并能缓和对该技术的期望。只有全面了解局限性,才能真正取得突破。

马克·普雷拉斯(Mark Prelas)

马修·波拉斯(Matthew Boraas)

费尔南多·德拉托雷·阿吉拉尔(Fernando De La Torre Aguilar)

约翰·大卫·西里格(John – David Seelig)

莫德斯特·查库阿·乔阿索(Modeste Tchakoua Tchouaso)

丹尼斯·维斯涅夫斯基(Denis Wisniewski)

美国,哥伦比亚

目　　录

第1章　核电池和放射性同位素简介

摘要:本章主要向读者介绍有关核电池的背景和基础知识,采用易于理解的物理参数来描述核电池的特性。例如,常用的描述性参数是最大功率密度,而更直观的参数是其倒数,用它定义放射性同位素体源的最小单位功率体积,或者定义面源的最小单位功率面积。这种方法可使读者切身体会到核电池技术实际的尺寸限制以及其他限制条件。

关键词:能量转换,尺度,面源,体源,界面

长期以来,人们一直将核电池视为许多关键应用的潜在长寿命小型化电源。20世纪90年代初期,人们发现核辐射后不久就开始寻求现实可行的核电池[1],由于核电池具有寿命长的特点,因此人们对核电池的探索至今仍然孜孜不倦。可行的微型核电池尚未实现的原因在这里可以得到解释。本章向读者介绍一些基本概念,为后续理解核电池不同的能量转换方式提供基础。核电池有许多具有竞争力的换能类型:热电、热光伏、直接充电式、热离子、辐致荧光、α辐致伏特和β辐致伏特。其中,热电、热光伏和热离子换能利用的是放射性同位素源衰变产生的热能;辐致荧光、α辐致伏特和β辐致伏特换能利用的是衰变粒子激发出的光子或电离出的离子对;直接充电式换能则将衰变粒子动能转换为静电场中的势能。在过去的40年中,占主导地位的核电池技术是放射性同位素热电发生器(RTG),它通过塞贝克效应将放射性同位素的衰变热转化为电能[2-4]。RTG已用于许多深空飞行任务[5],而这些任务的成功实施使得RTG成为衡量其他类型核电池技术的基准。目前,最先进的RTG是多任务放射性同位素热电发生器(MMRTG)。MMRTG的质量为45 kg,长度为0.66 m,直径为0.63 m。该装置热功率为2 kW,电功率为125 W,总转换效率为6.25%,功率密度为2.8 W/kg。

为了使核电池技术适用于设备小型化发展的需求,人们尝试开展核电池小型化设计研究,同时提高电池总能量转换效率,这便产生了各种微型核电池的概念,而它们使用的能量转换原理与塞贝克效应大不相同。

所有核电池系统都有许多相同的设计考量,但是提高效率、缩小尺寸这一目标也会给设计带来额外的要求。任何核电池技术的性能最终都取决于放射性同位素源、辐射输运和换能单元的物理性质。核电池利用的是衰变能,因此放射性同位素源的能量密度(J/kg)本质上比化学能源高出许多数量级。但是,放射性同位素源对于给定的功率应用的适用性还取决于功率密度(W/kg)。对于确定的放射性衰变类型(α、β、裂变等),能量密度与同位素的半衰期成反比;半衰期越短,能量密度越高,功率密度也越高。该基本原理导致核电池所需的长寿命和高功率密度这两个特性相互矛盾。

核电池设计的另一个注意事项是,系统各组件的尺度需要"匹配良好"。在本书的范围内,特定材料中给定粒子的射程称为辐射输运的尺度(λ_{RadTr});换能单元有效作用区域的相

关物理尺寸称为换能单元的尺度(L_{trans})。这两个尺度 λ_{RadTr} 和 L_{trans} 应该大致相等。这个基本原理限制着核电池的效率。"匹配良好"的系统具有较高的最大理论效率,而"匹配不佳"的系统则具有较低的最大理论效率。实现尺度"高度匹配"是核电池设计中遇到的主要挑战之一。

影响 λ_{RadTr} 的变量包括:源粒子的质量、电荷、角分布和能量分布;换能材料的原子序数、密度和电离势;源粒子与换能材料的相互作用机制。这些变量导致不同放射性同位素之间的 λ_{RadTr} 差异很大,即使对于相同的换能材料也是如此。决定 L_{trans} 的因素包括核电池的能量转换机制、换能材料的机械和电学特性以及辐射损伤对材料的影响。据文献所述,最后一个因素对核电池性能具有重要影响。

相比之下,RTG 不存在尺度匹配的问题。RTG 的大小可确保放射性同位素的所有能量都沉积在热源燃料盒以内,并被转化为热量。

在核电池设计过程中,首要考虑的是辐射射程与换能单元尺度相匹配带来的挑战。

1.1 基 本 概 念

放射性同位素作为一种可用的能源,人们对它的兴趣建立在放射性同位素中存储的巨大能量上,该能量可能高达 2.0×10^9 J/g(表 1.1)。与化学电池相比,放射性同位素蕴含的能量很大(表 1.2),但它会按照半衰期($t_{1/2}$)释放能量。半衰期定义为任意核素中现有放射性原子的数量衰减到一半所用的时间。放射性衰变是一个统计过程,样品中与时间有关的放射性原子数($N(t)$)可以使用速率方程建模:

$$\frac{\mathrm{d}N(t)}{\mathrm{d}t} = -kN(t) \tag{1.1}$$

其中,k 是衰变常数,t 是时间(s)。

则公式(1.1)的解为

$$N(t) = N(0)\mathrm{e}^{-kt} \tag{1.2}$$

其中,$N(0)$ 是样品中的初始放射性同位素原子数。

公式(1.2)除以 $N(0)$ 就可以得到样品中剩余放射性原子的份数,半衰期可以因此求得

$$\frac{N(t)}{N(0)} = \mathrm{e}^{-kt} \tag{1.3}$$

当 t 等于半衰期时,样品中有一半的放射性原子存在。因此,通过对公式(1.3)求半衰期的值,可以发现:

$$\frac{N(t_{1/2})}{N(0)} = 0.5 = \mathrm{e}^{-kt_{1/2}} \tag{1.4}$$

求解公式(1.4),得

$$-kt_{1/2} = \ln 0.5 \tag{1.5}$$

表 1.1　核电池用放射性同位素源的特性:(仅针对 β 和 α 粒子计算功率)

核素	衰变粒子能量/MeV	半衰期/a①	衰变类型	β_{max}/MeV	其他衰变粒子/MeV	衰变常数 λ/s⁻¹	摩尔质量/(g·mol⁻¹)	每克原子数	比活度 h/(Bq·g⁻¹)	质量功率密度/(W·g⁻¹)	质量能量密度/(J·g⁻¹)	活度功率密度/(W·Ci⁻¹)	活度能量密度/(J·Ci⁻¹)
³H	0.019	12.43	β	0.018 61		1.782×10^{-9}	3.016 049 2	1.997×10^{23}	3.559×10^{14}	0.323 538	1.97×10^{8}	3.749×10^{-5}	2.10×10^{4}
³⁹Ar	0.565	269	β	0.565		8.169×10^{-11}	39.948	1.508×10^{22}	1.232×10^{12}	0.037 108 845	4.51×10^{8}	0.001 114 933	1.32×10^{7}
⁴²Ar	0.6	32.9	β	0.6		6.679×10^{-11}	41.963 046	1.435×10^{22}	9.586×10^{12}	0.306 735 936	4.44×10^{8}	0.001 184	1.77×10^{6}
⁶⁰Co	2.824	5.271 3	β, γ	0.318	强 γ 1.17 (99%) 1.33 (0.12%)	4.169×10^{-9}	59.933 819	1.005×10^{22}	4.189×10^{13}	0.710 417 655	1.46×10^{9}	0.000 627 52	1.29×10^{6}
⁸⁵Kr	0.67	10.755	β	0.67 (99.6%) 0.15 (0.4%)	γ 0.514 产额 0.4%	2.043×10^{-9}	84.912 53	7.092×10^{21}	1.449×10^{13}	0.517 808 194	2.45×10^{8}	0.001 318 029	6.27×10^{6}
⁹⁰Sr	0.546	28.77	β	0.546	子核 ⁹⁰Yr,其 β 衰变粒子能量为 2.281 MeV,半衰期 2.67 d	7.638×10^{-10}	89.907 7	6.698×10^{21}	5.116×10^{12}	0.148 981 453	9.77×10^{8}	0.005 578 613	7.30×10^{6}
¹⁰⁶Ru	0.039	1.023 4	β	0.039		2.147×10^{-8}	105.907 329	5.686×10^{21}	1.221×10^{14}	0.253 962 44	1.14×10^{7}	0.000 076 96	3.47×10^{3}
¹¹³ᵐCd	0.58	14.1	β	0.58		1.559×10^{-9}	112.904 4	5.334×10^{21}	8.313×10^{12}	0.257 142 774	1.60×10^{8}	0.001 144 533	7.11×10^{5}

① 书中表示半衰期时年用单位符号 a 表示。

表 1.1（续 1）

核素	衰变粒子能量/MeV	半衰期/a	衰变类型	β_{max}/MeV	其他衰变粒子/MeV	衰变常数 k/s^{-1}	摩尔质量/(g·mol^{-1})	每克原子数	比活度/(Bq·g^{-1})	质量功率密度/(W·g^{-1})	质量能量密度/(J·g^{-1})	活度功率密度/(W·Ci^{-1})	活度能量密度/(J·Ci^{-1})
^{125}Sb	0.767	2.73	β	0.302(40%), 0.622(14%), 0.13(18%)	γ 0.5以内 产额5%~20%	8.049×10^{-9}	124.905 254	4.821×10^{21}	3.881×10^{13}	0.478 708 387	1.91×10^{8}	0.000 456 393	1.82×10^{5}
^{134}Cs	2.058	2.061	β	0.662(71%), 0.089(28%)	γ 0.6~0.8 产额97%	1.066×10^{-8}	133.906 72	4.497×10^{21}	4.795×10^{13}	1.265 751 647	4.78×10^{8}	0.000 976 682	3.69×10^{5}
^{137}Cs	1.175	30.1	β	1.176(6.5%)	γ 0.6617(93.5%)	7.301×10^{-10}	136.907 104	4.399×10^{21}	3.211×10^{12}	0.095 403 085	2.67×10^{8}	0.001 099 206	3.08×10^{6}
^{146}Pm	1.542	5.52	EC(66%), β(34%)	0.795	γ 0.747(33%)	3.981×10^{-9}	145.914 696	4.127×10^{21}	1.643×10^{13}	0.236 855 92	1.12×10^{8}	0.000 533 392	2.52×10^{5}
^{147}Pm	0.225	2.624	β	0.225		8.375×10^{-9}	146.915 139	4.099×10^{21}	3.433×10^{13}	0.411 934 768	4.76×10^{7}	0.000 444	5.30×10^{4}
^{151}Sm	0.076	90	β	0.076		2.442×10^{-10}	150.919 932	3.990×10^{21}	9.743×10^{11}	0.003 949 124	1.57×10^{7}	0.000 149 973	5.95×10^{5}

表 1.1（续 2）

核素	衰变粒子能量/MeV	半衰期/a	衰变类型	β_{max}/MeV	其他衰变粒子/MeV	衰变常数 λ/s⁻¹	摩尔质量/(g·mol⁻¹)	每克原子数	比活度/(Bq·g⁻¹)	质量功率密度/(W·g⁻¹)	质量能量密度/(J·g⁻¹)	活度功率密度/(W·Ci⁻¹)	活度能量密度/(J·Ci⁻¹)
^{152}Eu	1.822	13.54	EC (72.1%)，β (27.9%)	1.818	γ 0.1~0.3	1.623×10^{-9}	151.921 745	3.964×10^{21}	6.433×10^{12}	0.174 034 676	1.04×10^{8}	0.001 000 918	5.60×10^{5}
^{154}Eu	1.969	8.592	β (99.98%)，EC (0.02%)	1.845 (10%)，0.571 (36.3%)，0.249 (28.59%)	γ	2.556×10^{-9}	153.922 979	3.912×10^{21}	1.001×10^{13}	0.247 022 865	3.98×10^{8}	0.000 913 579	1.47×10^{5}
^{155}Eu	0.253	4.67	β	0.147 (47.5%)，0.166 (25%)，0.192 (8%)，0.253 (17.6%)	γ 0.086 (30%)，0.105 (21%)	4.706×10^{-9}	154.922 893	3.887×10^{21}	1.829×10^{13}	0.167 024 65	5.08×10^{7}	0.000 337 86	1.03×10^{5}
^{148}Gd	3.182	74.6	α		α 3.182	2.946×10^{-10}	147.918 115	4.071×10^{21}	1.199×10^{12}	0.610 572 936	2.01×10^{9}	0.018 837 44	6.19×10^{7}

表 1.1（续 3）

核素	衰变粒子能量 /MeV	半衰期 /a	衰变类型	β_{max} /MeV	其他衰变粒子 /MeV	衰变常数 k /s^{-1}	摩尔质量 /$(g \cdot mol^{-1})$	每克原子数	比活度 /$(Bq \cdot g^{-1})$	质量功率密度 /$(W \cdot g^{-1})$	质量能量密度 /$(J \cdot g^{-1})$	活度功率密度 /$(W \cdot Ci^{-1})$	活度能量密度 /$(J \cdot Ci^{-1})$
^{171}Tm	0.096	1.92	β	0.096 4 (98%), 0.029 7 (2%)	γ 0.066 7 (0.14%)	$1.144\ 5 \times 10^{-8}$	170.936 429	3.523×10^{21}	4.032×10^{13}	0.204 439 908	1.75×10^{7}	0.000 187 597	1.60×10^{4}
^{194}Os	0.097	6	β	0.014 3 (0.12%), 0.053 5 (76%), 0.096 6 (24%)	γ 0.01~0.08	3.662×10^{9}	193.965 182	3.104×10^{21}	1.137×10^{13}	0.039 759 437	1.56×10^{7}	0.000 129 372	5.06×10^{4}
^{204}Tl	0.763	3.78	β (97.1%), EC (2.90%)	0.763		5.813×10^{-9}	203.973 864	2.952×10^{21}	1.712×10^{13}	0.678 193 708	1.13×10^{8}	0.001 461 989	2.44×10^{5}
^{210}Pb	0.063	22.29	β (100%), α (1.9 × 10^{-6}%)	0.016 9 (84%), 0.063 5 (16%)	γ 0.046 (4%)	9.859×10^{-10}	209.984 189	2.867×10^{21}	2.827×10^{12}	2.403 534 8	2.37×10^{9}	0.010 52	3.10×10^{7}

表 1.1（续 4）

核素	衰变粒子能量 /MeV	半衰期 /a	衰变类型	β_{max} /MeV	其他衰变粒子 /MeV	衰变常数 k /s^{-1}	摩尔质量 /(g·mol^{-1})	每克原子数	比活度 /(Bq·g^{-1})	质量功率密度 /(W·g^{-1})	质量能量密度 /(J·g^{-1})	活度功率密度 /(W·Ci^{-1})	活度能量密度 /(J·Ci^{-1})
^{208}Po	5.216	2.897 9	α (99.995 8%)，EC (0.004 2%)		α 5.115 (100%) 低能级 γ 0.291~0.861	7.583×10^{-9}	207.981 246	2.895×10^{21}	2.196×10^{13}	17.969 485 12	2.34×10^{9}	0.030 279 528	3.94×10^{6}
^{210}Po	5.305	0.379	α (100%)，γ (0.001 1%)		α 5.305 (100%) γ 0.803 (0.001 1%)	$5.798\ 3 \times 10^{-9}$	209.982 874	2.867×10^{21}	1.663×10^{14}	141.143 170 5	2.36×10^{9}	0.031 405 6	5.25×10^{5}
^{228}Ra	0.046	5.75	β	0.012 8 (30%)，0.025 7 (20%)，0.039 2 (40%)，0.039 6 (10%)	极少量低能 γ	3.822×10^{-9}	228.031 07	2.640×10^{21}	1.009×10^{13}	0.015 405 793	6.28×10^{6}	5.648×10^{-5}	2.30×10^{4}
^{227}Ac	0.044	21.773	β (98.6%)，α (1.38%)	0.02 (10%)，0.035 5 (35%)，0.044 8 (54%)	α 主要成分 4.953 (47.7%)，4.940 (39.6%) 极少量 γ 0.1~0.24	1.009×10^{-9}	227.027 752	2.653×10^{21}	2.653×10^{12}	2.127 061 926	5.95×10^{6}	0.000 427 968	8.22×10^{4}

表 1.1（续 5）

核素	衰变粒子能量 /MeV	半衰期 /a	衰变类型	β_{max} /MeV	其他衰变粒子 /MeV	衰变常数 λ /s^{-1}	摩尔质量 /(g·mol^{-1})	每克原子数	比活度 /(Bq·g^{-1})	质量功率密度 /(W·g^{-1})	质量能量密度 /(J·g^{-1})	活度功率密度 /(W·Ci^{-1})	活度能量密度 /(J·Ci^{-1})
^{228}Th	5.52	1.913 1	α		α主要成分 5.340（27.2%） 5.423（72.2%） 伴随γ 0.216（0.25%）	$1.148\ 7 \times 10^{-8}$	228.028 741	2.641×10^{21}	3.034×10^{13}	26.053 950 81	2.26×10^{9}	0.032 678 4	2.76×10^{6}
^{232}U	5.414	68.9	α		α主要成分 5.263（31.55%） 5.32（68.15%） 少量γ 0.1~0.3	3.189×10^{-10}	232.037 156	2.595×10^{21}	8.278×10^{11}	0.700 087 964	2.18×10^{9}	0.031 293 454	9.73×10^{7}
^{236}Pu	5.867	2.857	α（100%）, SF（1.3 × 10^{-7}%）		α主要成分 5.721（30.56%） 5.768（69.26%）	7.692×10^{-9}	236.046 058	2.551×10^{21}	1.962×10^{13}	18.032 196 35	2.32×10^{9}	0.034 000 066	4.37×10^{6}
^{238}Pu	5.593	87.74	α（100%）, SF（1.85 × 10^{-7}%）		α主要成分 5.456（28.98%） 5.499（70.91%）	2.505×10^{-10}	238.049 56	2.53×10^{21}	6.336×10^{11}	0.555 586 8	2.19×10^{9}	0.033 110 56	1.28×10^{8}
^{241}Pu	0.021	14.35	β（99.998%）, α（0.002 45）	0.020 82	α主要成分 4.853（12.2%） 4.896（83.2%）	1.531×10^{-3}	241.056 851	2.50×10^{21}	3.826×10^{12}	2.855 800 841	8.13×10^{6}	0.000 108 753	7.86×10^{4}

表 1.1（续 6）

核素	衰变粒子能量 /MeV	半衰期 /a	衰变类型	β_{max} /MeV	其他衰变粒子成分 /MeV	衰变常数 k /s^{-1}	摩尔质量 /(g·mol^{-1})	每克原子数	比活度 /(Bq·g^{-1})	质量功率密度 /(W·g^{-1})	质量能量密度 /(J·g^{-1})	活度功率密度 /(W·Ci^{-1})	活度能量密度 /(J·Ci^{-1})
^{241}Am	5.638	432.2	α (100%)，SF (4.3×10^{-10}%)		α 主要成分 5.442 (13%) 5.485 (84.5%) 伴随 γ 0.059 54 (35.9%)	5.084×10^{-11}	241.056 829	2.498×10^{21}	1.27×10^{11}	0.108 572 645	2.18×10^9	0.031 626 327	6.36×10^8
^{243}Cm	6.168	29.1	α (99.71%)，EC (0.29%)，SF (5.3×10^{-9}%)		α 主要成分 5.742 (11.5%) 5.785 (72.9%) 5.992 (5.7%) 6.058 (4.7%) 伴随 γ 0.2～0.3 (20%)	7.552×10^{-10}	243.061 389	2.478×10^{21}	1.871×10^{12}	1.647 617 418	2.37×10^9	0.032 488 39	4.68×10^7
^{244}Cm	5.902	18.1	α (100%)，SF (1.37×10^{-4}%)		α 主要成分 5.762 (23.6%) 5.805 (76.4%) 伴随少量 γ	1.214×10^{-9}	244.062 753	2.467×10^{21}	2.996×10^{12}	2.777 536 879	2.26×10^9	0.034 305 524	2.79×10^7
^{248}Bk	5.793	9	α		α 5.793	2.442×10^{-9}	248.073 086	2.428×10^{21}	5.927×10^{12}	5.493 877 05	2.18×10^9	0.034 294 56	1.36×10^7
^{250}Cf	6.128	13.07	α (99.923%)，SF (0.077 5%)		α 6.030 4 (84.6%) 5.989 (15.1%) γ 0.042 85 (0.014%)	1.681×10^{-9}	250.076 406	2.408×10^{21}	4.049×10^{12}	3.890 798 482	2.29×10^9	0.035 528 482	2.09×10^7

表 1.1(续7)

核素	衰变粒子能量/MeV	半衰期/a	衰变类型	β_{max}/MeV	其他衰变粒子/MeV	衰变常数k/s⁻¹	摩尔质量/(g·mol⁻¹)	每克原子数	比活度/(Bq·g⁻¹)	质量功率密度/(W·g⁻¹)	质量能量密度/(J·g⁻¹)	活度功率密度/(W·Ci⁻¹)	活度能量密度/(J·Ci⁻¹)
^{252}Cf	6.217	2.645	α(96.908%), SF(3.092%)		自发裂变 α 主要成分 6.0758(15.7%) 6.118(84.2%) γ 0.043~0.155(0.015%)	8.308×10^{-9}	252.081 626	2.389×10^{21}	1.985×10^{13}	18.788 592 65	2.23×10^{13}	0.035 028 006	4.16×10^6
^{252}Es	6.739	1.292	α(76.4%), EC(24.2%), β(0.01%)		α 主要成分 6.5762(13.6%) 6.632(80.2%) γ 0.043~0.924(25%)	1.701×10^{-8}	252.082 979	2.389×10^{21}	4.063×10^{13}	30.860 440 68	1.91×10^9	0.028 101 681	1.74×10^6

由公式(1.5)可求得衰变常数 k 为

$$k = \frac{-\ln 0.5}{t_{1/2}} = \frac{0.693}{t_{1/2}} \tag{1.6}$$

在核科学领域,公式(1.1)和公式(1.6)非常重要。k 和 $N(t)$ 的乘积称为活度 $A(t)$,活度表示样品在 1 s 内衰变的原子核数目,有

$$A(t) = kN(t) \tag{1.7}$$

表 1.2　典型化学电池和 ^{238}Pu 同位素(用于放射性同位素热离子发生器)中存储的能量密度

储能介质	能量密度/$(J \cdot g^{-1})$
碱金属	422.6
碳 – 锌(Carbon-Zinc)	130.7
镍 – 镉(Ni-Cad)	117.8
镍 – 金属氢化物(NiMH)	288
锂离子	460
^{238}Pu	2.19×10^9

1.2　核电池设计注意事项

经过了一代又一代的研究,核电池技术有了突飞猛进的发展。例如,在 20 世纪 50 年代,美国无线电公司(RCA)提出了基于硅和锗半导体的 β 辐致伏特效应核电池的概念[6-7]。RCA 核电池采用 ^{90}Sr 同位素源,转换效率为 0.2%,而由于辐射损伤使得其寿命较短[8]。在 19 世纪六七十年代[9-12]、90 年代[13] 和 21 世纪初[14],人们针对基于半导体的 β 辐致伏特效应核电池开展了广泛研究,大多数研究者对此类型核电池持乐观态度。但是在后续的研究中,最初遇到的关于低效率和辐射损伤的问题仍然存在。不幸的是,这类现象在许多其他研究领域也非常普遍。

核电池存在物理缺陷,导致其基础技术受到限制。要了解这些限制,可以先明确以下问题:

- 应该选择什么同位素,为什么?
- 同位素应如何加载,为什么?
- 加载的同位素应如何与换能单元接触(如面界面或体界面)?
- 同位素会发出哪种类型的电离辐射?
- 电离辐射的能量(或能谱)是多少?
- 有同位素嵌入的材料中同位素发出电离辐射的射程是多少?
- 在构成电池的材料(特别是换能单元)中,放射性同位素电离辐射的射程是多少?
- 换能单元的几何结构尺寸是多少?
- 电离辐射的射程和换能单元的几何结构尺寸之间是否存在良好的匹配?

- 各向同性电离辐射的哪一部分与换能单元相交？
- 使用哪种类型的换能单元？
- 电池的潜在功率密度是多少？
- 辐射损伤对换能单元有什么影响？

上述每一个问题都代表着影响核电池设计的一个特定参数。这些参数之间存在复杂的依赖性和相关性，这使得核电池的设计变得困难。通常，改变一个参数来解决一个问题时，往往会在其他地方产生同等或更大的问题。这也许是为什么核电池概念不断循环的最好解释。本书将讨论影响核电池设计参数之间相互关系的复杂性，为读者提供更好地解决这些设计问题的背景知识。

核电池基本的限制之一是同位素源所蕴含的能量。在以下示例中，考虑一种基于氚放射性同位素和换能单元的核电池，介绍并研究面界面和体界面的概念。可以将构建核电池的设计过程类比逐层剥离洋葱的过程。这个复杂过程的第一步是了解所选放射性同位素的局限性。

放射性同位素的衰变速率（公式(1.1)~公式(1.7)）可用于计算特定数量同位素的输出功率。在这个示例中，氚是选定的放射性同位素。氚的半衰期为 12.33 a，所释放 β 射线的最大能量为 19 keV（也称为 Q 值，它是衰变反应中释放的能量），其衰变过程为

$$T \rightarrow {}_1^3\text{He} + \beta + \bar{\nu} + 19 \text{ keV} \tag{1.8}$$

式中，原子核的一般形式由 ${}_Z^A\text{X}$ 表示（其中，X 是原子核，A 是原子量，Z 是原子核中的质子数，$A = N + Z$，N 是中子数），$\bar{\nu}$ 为反中微子，Q 值为 19 keV。

反中微子和 β 粒子的总能量为 19 keV，且都遵守动量和能量守恒定律。一种估算 β 射线平均能量的经验法则是将 Q 值乘以 1/3。如参考文献[1]中所述，放射性同位素衰变释放的 β 粒子是一个能谱，因此使用该经验法则计算时会存在一定的偏差[15]。该经验法则产生的偏差，对于某些同位素可能高达 10%[15]。为了便于计算，这里不考虑该经验法则产生的偏差。因此，一个氚源 β 粒子携带的平均能量（$\bar{E}$）可估计为

$$\bar{E} = 19 \text{ keV}/3 = 6.33 \text{ keV} \tag{1.9}$$

居里（Ci）是一种活度单位，是指放射性同位素每秒发生 3.7×10^{10} 次核衰变，它通常用作放射性的度量。首先，计算 1 Ci 氚发射的功率。同时，估计存储在 1 Ci 氚中的总能量。在实验或器件中加载同位素之初就计算其发射功率（$P(0)$，W/Ci），这个值由氚源衰变 β 粒子的平均能量乘以活度为 1 Ci 的同位素源每秒的衰变总数（Bq①），再乘以一个转换因子（将 keV 转换为 J）给出：

$$P(0)\text{W/Ci} = 6.33 \text{ keV/Bq} \times 3.7 \times 10^{10} \text{ Bq/(Ci} \cdot \text{s)} \times 1\,000 \text{ eV/keV} \times 1.6 \times 10^{-19} \text{ J/eV}$$
$$= 3.75 \times 10^{-5} \text{ W/Ci} \tag{1.10}$$

功率将随时间衰减，这种随时间衰减的功率需要计算 1 Ci 的氚中储存的能量。第一步

---

① Bq 为放射性活度单位。

利用公式(1.6)得到衰变常数(单位 s^{-1}):

$$k = \frac{0.693}{12.33\ d \times 365\ d/a \times 24\ h/a \times 3\ 600\ s/h} = 1.782 \times 10^{-9}\ s^{-1} \qquad (1.11)$$

功率随时间变化的衰减量与存在的同位素总量成正比,并且遵循公式(1.3)。

$$P(t)\ W/Ci = P(0) e^{-kt}\ W/Ci = 3.75 \times 10^{-5}\ W/Ci \cdot e^{-1.782 \times 10^{-9} s^{-1} t} \qquad (1.12)$$

经过约 5 个半衰期(t_f),发射功率将衰减至初始值的 3%。对于氚来说,5 个半衰期是

$$t_f = 5 \times 12.33\ a \times 365\ d/a \times 24\ h/d \times 3\ 600\ s/h = 1.94 \times 10^9\ s \approx 61\ a \qquad (1.13)$$

对公式(1.12)从 0 到 t_f 积分,可以估算出每居里同位素存储的能量($E_{total/Ci}$)(3% 以内):

$$E_{total/Ci} = \int_0^{t_f} 3.75 \times 10^{-5}\ W/Ci \cdot e^{-1.782 \times 10^{-9} s^{-1} t}\ dt = 2.04 \times 10^4\ J/Ci \qquad (1.14)$$

重复使用公式(1.12)~公式(1.14)的计算过程,可以计算出每克同位素发出的能量。在实验或器件开始加载同位素时,1 克同位素释放的能量($P(0)$,W/g)等于每一次衰变释放的平均能量乘以衰变常数,再乘以每克同位素的原子数。原子数目是每摩尔原子数除以材料的原子量得到的(原子量 A 的单位是 g/mol,对氚,$A=3$),因此

$$P(0)\ W/gm = 6.33\ keV/Decay \times 1.782 \times 10^{-9}/s \times (6.02 \times 10^{23}\ atoms/mol)/(3\ gm/$$
$$mol) \times 1\ 000\ eV/keV \times 1.6 \times 10^{-19}\ J/eV$$
$$= 0.363\ W/gm \qquad (1.15)$$

$$P(t)\ W/gm = P(0) e^{-kt}\ W/gm = 0.363\ W/gm \cdot e^{-1.782 \times 10^{-9} s^{-1} t} \qquad (1.16)$$

对方程(1.16)从 0 到 t_f 积分,可以估算出每克同位素储存的能量(E_{total}/gm)(3% 以内)。

$$E_{total}/gm = \int_0^{t_f} 0.363\ W/gm \cdot e^{-1.782 \times 10^{-9} s^{-1} t}\ dt = 1.97 \times 10^8\ J/gm \qquad (1.17)$$

对于其他可采用的放射性同位素也进行了类似的计算。表 1.1 汇总了可用于核电池的同位素的一些特性参数。从该表中可以看出,放射性同位素存储了大量的能量,这个也解释了为什么这么长时间以来人们依然对核电池保持着浓厚的兴趣(可以追溯到 100 年前)。但是,放射性同位素衰变释放粒子的速率相对缓慢得多,这个事实也表明低功率密度是核电池的局限之一。

之所以选择氚作为上述示例,是因为氚在各种材料中的 β 粒子能量范围较低,对材料的辐射损伤率也相应较低,因此,可作为核电池的理想同位素。在计算氚的特性时,出现了一个有趣的现象:衰变反应的 Q 值仅为 19 keV,偏低,每居里氚释放的功率约为 37 μW。这是表 1.1 中列出的每居里输出功率最低的值之一。表 1.1 还显示了 1 g 氚可释放出的功率为 0.362 5 W。在这个示例中,讨论氚可以形成密度为 1.215 g/cm^3 的氧化氚(T_2O)这种最简单、原子密度最高的化合物是很有必要的,也很有指导意义。

氚在 T_2O 中的密度为 0.331 g/cm^3。两个氚原子的质量(6 个原子量单位,也即 6 AMU),除以 T_2O 的原子量(22 AMU),可以得到 T_2O 分子中氚原子量分数,即 0.272 7,从而计算得到 T_2O 中的氚密度。将 T_2O 中的氚密度(0.331 g/cm^3)乘以每克氚的功率

$(0.323\ 538\ \text{W/g})$，可以得出 T_2O 的功率密度，其值为 $0.107\ \text{W/cm}^3$。

下一步需要考虑由氚发出的 β 粒子的输运性质。低能 β 粒子（例如由氚发出的 β 粒子）的射程很短。换能单元表面上的液态 T_2O 层的厚度不能超过 β 粒子的射程，否则大部分 β 粒子的能量将沉积在 T_2O 层中。由于 Q 值低，氚通常被认为是核电池理想的同位素。这背后的原因是，半导体中的辐射损伤是电离辐射能量的函数，而氚发出的 β 粒子能量非常低；这也意味着功率密度会很低，因为它也是电离辐射能量的函数。氚的 β 粒子射程很短，使用 MCNP6[16] 计算得到平均能量为 $5.7\ \text{keV}$ 的 β 粒子在液态 T_2O 中射程，约为 $0.618\ 75\ \mu\text{m}$（参见附录 A）。参考文献[15]中讨论到：由于使用 β 粒子的平均能量而不是完整的 β 能谱，因此会产生误差，在输运计算过程中使用 β 粒子的平均能量会稍微算低 β 粒子的射程。但是在该示例中，因为假定换能单元是理想的，所以计算误差的影响并不明显。下面分别从面界面和体界面两个角度，讨论放射性同位素与换能单元匹配的两种基本方法。在这里，介绍各种放射性同位素核电池的理论最小单位功率面积（$BAW_{\min}$）和理论最小单位功率体积（$BVW_{\min}$）。$BAW_{\min}$ 和 $BVW_{\min}$ 都是最理想的数值，之所以如此理想，原因始于离子或电子的输运。它们穿过物质，会不断失去能量，这意味着它们在嵌入同位素的材料中输运时，离子或电子将变慢，并在该材料中沉积一些能量。对于面界面，这是一种能量损失。如果离子或电子的轨迹穿过换能单元以外的任何物质，这也是一种能量损失。在计算 $BAW_{\min}$ 和 $BVW_{\min}$ 的过程中，所做的最理想的假设是不存在离子或电子的输运能量损失。

$BAW_{\min}$ 和 $BVW_{\min}$ 值可为读者提供对电池尺度大小的直观想象，这点很重要，因为以往核电池的研究通常不考虑电池尺度这一点。而尺度概念是理解技术局限性的关键。$BAW_{\min}$ 和 $BVW_{\min}$ 的特性分别与面积功率密度和体积功率密度有关。$BAW_{\min}$ 的倒数是理论最大面积功率密度（W/cm^2），而 $BVW_{\min}$ 的倒数是理论最大体积功率密度（W/cm^3）。在计算这些参数时，需要读者清楚并理解以下基本假设：

1）含有该放射性同位素的化合物具有该同位素可能的最大原子密度；

2）离子或电子从含有放射性同位素的化合物中输运出来，在进入换能单元之前，没有能量损失；

3）电离辐射进入换能单元的输运特性是理想的；

4）换能单元的效率为 100%；

5）对于体源，换能单元和放射性同位素的界面是理想且无缝的。

同样重要的是，读者要明白，真实的系统要比这些假设的理想系统复杂得多。

1.2.1　面界面

放射性同位素和换能单元之间最常见的界面方式是面界面，即放射性同位素覆在换能单元表面上。β、α 辐致伏特效应核电池均采用半导体 P–N 结作为换能单元，面界面是它们的典型界面形式。在面界面结构中，可以用一些基本计算来描述同位素源的局限性。这里进行以下假设，可以得出参数 $BAW_{\min}$（指面界面核电池的尺度因子）：

1）源发出的 β 粒子全部进入换能单元（即 β 粒子能量收集效率 BPECE = 100%）。

2）换能单元的能量转换效率为 100%（即理想的换能单元）。

如果一个 0.619 μm 厚的液态 T_2O 薄膜覆着在一个理想换能单元的表面,则该液态 T_2O 薄膜核电池发电的 BAW_{min} 值约为 150 749 cm^2/W。但事实是,即使 150 749 cm^2 已经很大了,现实中也并不存在 100% 效率的 β 粒子能量收集和理想的换能单元。一旦抛弃了理想的 β 输运和理想换能单元的假设,使用实际值后,面界面核电池的面积功率值 BAW_{min} 会大大增加。对于换能单元表面覆着液氚薄膜的这类面界面,可以把 BAW_{min} 称为该电池的永动机极限(PML)。

PML 仅仅是电池效率中的一部分,还有其他重要因素会削弱 β 粒子(或者其他类型的辐射)的输运效率。首先,放射源的辐射是各向同性的。这就意味着有一半粒子(或光子)的径迹朝着背向换能单元的方向,而另一半须沿着不同的路径输运(取决于发射角度),它们在穿过 T_2O、尚未到达换能单元时,会因为自吸收而损失能量。其次,β 粒子的射程和换能单元的尺度之间总是天然不匹配的(对于其他电离辐射类型也是如此)。这种不匹配将大大降低核电池的效率。最后,没有一个换能单元的效率是 100%。换能单元的类型决定效率,而换能单元的类型有很多。这也是为什么面界面核电池的实际面积功率值会显著高于 BAW_{min} 极限。因此,任何有关面积低于 BAW_{min} 极限的电池在物理上都是不可能的,如果有就应称为永动机。另外,截至目前,所有的研究与讨论并没有考虑辐射对换能单元和其他关键部件的损伤,而在大多数情况下,辐射损伤会严重缩短电池工作寿命,包括换能单元的性能。

覆盖换能单元表面的任一化合物中含有的,或嵌入任何材料的同位素都可以计算得到 BAW_{min}。需要注意的是,BAW_{min} 的倒数是每平方厘米产生的最大功率或最大面积能量密度(W/cm^2)。

以下文献中的几个例子证明了氚核电池单位功率面积(BAW)值与 BAW_{min} 的偏离程度。这些非常大的偏差是由于:β 粒子从源层(有氚的地方)输运到换能单元的传输效率低;换能单元本身的效率低。有一项研究采用了氚化非晶硅 PIN 型漂移结(最大限度地将 β 粒子输运到换能单元),使用了特别薄(5 nm)的金属层作为电极[17]。该器件每平方厘米输出功率为 259 nW/cm^2,用于该实验的核电池 BAW 值达 3 861 000 cm^2/W,是 BAW_{min}(150 749 cm^2/W)的 25.61 倍。另一项研究分别采用了氚化钛和气态氚源作为源项,$Al_{0.35}Ga_{0.65}As$ 作为换能单元[18]。氚化钛电池报道的功率是 0.024 $\mu W/cm^2$,而气态氚源电池的总功率为 0.55 $\mu W/cm^2$。用这些值可推导出,前者的 BAW 值为 41 670 000 cm^2/W,而后者的 BAW 值为 1 818 000 cm^2/W,这两个值都远远超出了 BAW_{min} = 150 749 cm^2/W 这一极限。对于氚化钛,其值是极限的 276.4 倍;对于氚气,其值是极限的 12.06 倍。在实际情况下,对于任何同位素与换能单元的组合来说,比 BAW_{min} 极限大数百倍甚至数千倍的 BAW 是比较常见的。大体来讲,BAW/BAW_{min} 或 BVW/BVW_{min} 之比是器件效率的量度。

从实际的角度看,一个较理想的核电池,其 BAW 接近 BAW_{min}(150 749 cm^2/W),这样的器件仍然很大。即使采用堆叠型电池这种最理想的方案,整个器件尺寸也不小。因此,这类电池并不适合微电系统(MEMS)的电源需求(所需输出功率为毫瓦级或更高)。

1.2.2 体界面

体界面是最有效的界面类型。这里通过假设一个理想的系统来证明这一点。该系统

中 T_2O 与理想的换能单元接触,氧化氚溶解在换能单元内部。T_2O 产生的体功率密度是 0.107 W/cm³,核电池 BVW_{min} 就是 T_2O 每立方厘米产生功率的倒数(1/0.107)。因此,该理想系统的 BVW_{min} 为 9.33 cm³/W。对于液氚与换能单元间体界面的这类核电池,可以将 BVW_{min} 称为该电池的永动机极限(PML)。与面源核电池一样,低效率也会迫使体源核电池的体积远远超过 BVW_{min}。低效率的原因有:β 输运特性不够理想,换能单元性能不理想,以及换能单元尺寸与粒子射程匹配不佳。

通过同位素和换能单元的任意组合,体界面方式可能会给出最小的封装核电池,并且可能会输出最高的能量密度。可以用 BVW_{min} 计算同位素和换能单元的所有组合方式。BVM 是一种工具,可用于评估什么是可行的,什么是不可行的。例如,如果一份报告声称核电池能够在较小的体积内产生 1 W 的功率,但却小于 BVW_{min} 极限,那么该电池就不可能实现。BVM 也可以用于评估关于产生微小功率电池的研究报告。假设某篇论文报道了一个将 T_2O 嵌入体积为 0.000 002 cm³ 的换能单元中,制成核电池,它的功率为 1 μW,这个系统遵循 BVW_{min} 极限吗?用 0.000 002 cm³ 除以 0.000 001 W,将该值与 BVW_{min} 极限进行比较,从公式(1.18)中可以看出,该电池显然违反了 BVW_{min} 极限规则,即

$$\frac{0.000\ 002\ \text{cm}^3}{0.000\ 001\ \text{W}} = 2\ \text{cm}^3/\text{W} < BVM_{min} = 9.33\ \text{cm}^3/\text{W} \tag{1.18}$$

上面的例子证实了以下几条重要的经验:

1)粒子射程与嵌入材料的匹配非常重要。

2)嵌入放射性同位素的材料与换能单元之间的界面至关重要。

3)换能单元将电离辐射能量转换成有用的能量,即换能单元的效率是非常重要的考量因素。

在评估核电池时,要做的第一件事是鉴别放射源是通过面界面耦合到换能单元的,还是通过体界面耦合到换能单元的。通过以下几个简单步骤,可以使读者对核电池有更多认识:

- 第一,如果是面界面电池,则其尺寸将比体界面电池大得多;
- 第二,面界面电池从源到换能单元的输运效率比体界面电池低;
- 第三,面界面电池比体界面电池的总效率低。

研究人员通常会声明在不考虑上述基本经验教训的情况下,其核电池的研究取得了重大突破;而读者可以使用诸如此类的基本工具来检验上述声明是否合理。本书的目标之一是为读者提供相关的背景知识和研究方法,以帮助读者了解问题、解决问题。

根据下节中表 1.3 提供的信息,可以对特定放射性同位素在核电池中的适用性进行相关评估观察。

- 观察 1:半衰期越长,BAW_{min} 和 BVW_{min} 越大。
- 观察 2:电离辐射的能量越小,BAW_{min} 和 BVW_{min} 越大。
- 观察 3:α 衰变的 BAW_{min} 和 BVW_{min} 比 β 衰变小得多。
- 观察 4:嵌入同位素的化合物的原子密度越高,BAW_{min} 和 BVW_{min} 越低。

1.3　电离辐射的产物:热量和离子对

电离辐射通过与物质相互作用产生电离和热量。在气体和固体中电离辐射沉积到物质中产生离子的份额和产生热量的份额可以通过测量得到。

物质中离子和电子的慢化取决于阻止材料中的电子密度。通过库仑相互作用,高能离子将其能量转移到靶材中原子核外束缚的电子上,然后该电子接收能量后逸出其轨道,由于它具有足够的能量,可沿着其穿过靶材的路径产生额外的电离,形成二次电子,二次电子又产生三次电子,而三次电子产生四次电子,如此循环往复下去。在辐射与物质的相互作用中,这些高阶电子的形成主导了离子对产生[19]。由于存在这些高阶相互作用,现有的粒子输运程序(如 MCNP、GEANT4 等),很难对电子 - 空穴对的产生过程进行建模。当光子、电子或离子穿过材料时,这些粒子输运程序能够计算出沉积在材料中的能量;有了能量沉积的信息,就有可能依据 W 值得到产生的电子 - 空穴对的数量。W 值定义为产生一对电子 - 空穴对(或离子对)所需的平均能量,该值可通过实验测量得到,而且该值十年多来一直可靠地用于核探测器的设计校准。现已测定了特定气体、气体混合物和半导体材料的 W 值(表 1.4 和表 1.5)。所有形式的电离辐射(γ、中子、β、离子等)与任何给定的物质相互作用都有相似的 W 值(例如,与氩相互作用的 γ、β[20]、离子[21] 的 W 值与中子的 W 值相似)。表 1.4 列出了每种材料的第一电离势以及第一电离势与 W 的比值。另外需要指出的一点是,W 值与电离辐射在能量衰减前输运的距离无关,它仅表示在特定介质中形成离子对所需能量的度量。

除了形成离子对之外,表 1.3 中的 α 粒子也可以在不产生离子对的情况下损失能量。当电子通过库仑相互作用获得足够的能量跃迁到一个更高的能级,但又不足以产生电离时,就会产生这种情况。W 值代表产生离子对所需的平均能量,而离子对产生效率低的部分原因就是产生了非电离能态。非电离能量损失对产生激发态有贡献。例如,稀有气体的第一电子激发态为亚稳态,通常用符号"$*$"(例如 He*)表示此状态。W^* 值是产生亚稳态所需的平均能量,如氩气中的单 He* 态,He 的 W^* 值约为 90 eV/He*[22]。在气态系统中,部分激发态能量可通过自发辐射产生光子;部分能量最终转化为动能,从而提高气体的温度。如果在此过程中,产生的光子被容器壁或气体吸收,则最终也会产生热量。从根本上讲,辐射与物质的相互作用将形成三种产物:热量、激发态以及离子对。如果系统不利用激发态或离子对这两种产物的能量,则激发态和离子对将与材料相互作用,并最终转化为热量。

表 1.3 各种放射性同位素核电池的 BAW_{min} 和 BVW_{min}

核素	衰变能/MeV	半衰期/a	衰变类型	β_{max}/MeV	质量功率密度/(W·g⁻¹)	化合物形态	密度/(g·cm⁻³)	射程/μm	BAW_{min}/(cm²·W⁻¹)	BVW_{min}/(cm³·W⁻¹)
³H	0.018 61	12.43	β	0.018 61	0.323 538	T₂O	1.215	0.618 75	150 749	9.328
³⁹Ar	0.565	269	β	0.565	0.037 109	液态氩	1.4	85.5	2 251	19.25
⁴²Ar	0.6	32.9	β	0.6	0.306 736	液态氩	1.4	107.2	217.4	2.33
⁶⁰Co	2.824	5.271	β, γ	0.318	0.710 418	金属	8.9	3.12	506.4	0.158
⁸⁵Kr	0.67	10.76	β	0.67 (99.6%), 0.15 (0.40%)	0.517 808	液态氪	2.413	49.45	161.8	0.8
⁹⁰Sr	0.546	28.77	β	0.546	0.148 981	金属	2.64	27.234	108.7	2.543
¹⁰⁶Ru	0.039	1.023	β	0.039	0.253 962	金属	1.53	0.471 5	54 590	2.574
¹¹³mCd	0.58	14.1	β	0.58	0.257 143	金属	8.69	6.8	658.1	0.447 5
¹²⁵Sb	0.767	2.73	β	0.302 (40%), 0.622 (14%), 0.13 (18%)	0.478 708	金属	6.684	3.333 & 11.05	282.8	0.312 5
¹³⁴Cs	2.058	2.061	β	0.662 (71%), 0.089 (28%)	1.265 752	金属	1.93	33.15 & 1.615	123.5	0.409 3
¹³⁷Cs	1.175	30.1	β	1.176 (6.5%), 0.514 (93.5%)	0.095 403	金属	1.93	88 & 26.35	617.2.	5.431
¹⁴⁶Pm	1.542	5.52	EC (66%), β (34%)	0.795	0.236 856	金属	7.26	9.8	593.4	0.581 5
¹⁴⁷Pm	0.225	2.624	β	0.225	0.411 935	金属	7.26	1.2	2 787	0.334 4
¹⁵¹Sm	0.076	90	β	0.076	0.003 949	金属	7.54	0.216	1 555 000	33.58

表 1.3（续 1）

核素	衰变能 /MeV	半衰期 /a	衰变类型	β_{max} /MeV	质量功率密度 /(W·g⁻¹)	化合物形态	密度 /(g·cm⁻³)	射程 /μm	BAW_{min} /(cm²·W⁻¹)	BVW_{min} /(cm³·W⁻¹)
^{152}Eu	1.822	13.54	EC（72.1%），β（27.9%）	0.696（13.6%），1.457（8.4%），385（2.5%），0.176（1.8%）	0.174 035	金属	5.259	12.65，42.75	255.7	1.093
^{154}Eu	1.969	8.592	β（99.98%），EC（0.02%）	1.845（10%），0.571（36.3%），0.249（28.59%）	0.247 023	金属	5.259	60.3，1.92，8.8	127.7	0.769 8
^{155}Eu	0.253	4.67	β	0.147（47.5%），0.166（25%），0.192（8%），0.253（17.6%）	0.167 025	金属	5.259	0.672，1.275，1.92，0.99，0.790 5	5,932	1.139
^{148}Gd	3.182	74.6	α		0.610 573	金属	7.9	8.44	245.6	0.207 3
^{171}Tm	0.096	1.92	β	0.096 4（98%），0.029 7（2%）	0.204 44	金属	9.321	0.27，0.045	19 440	0.524 8
^{194}Os	0.097	6	β	0.014 3（0.12%），0.053 5（76%），0.096 6（24%）	0.039 759	金属	22.57	0.065，0.072	1 675 000	12.06
^{204}Tl	0.763	3.78	β（97.1%），EC（2.90%）	0.763	0.678 194	金属	11.85	5.4	230.4	0.124 4

表 1.3(续 2)

核素	衰变能/MeV	半衰期/a	衰变类型	β_{max}/MeV	质量功率密度/(W·g⁻¹)	化合物形态	密度/(g·cm⁻³)	射程/μm	BAW_{min}/(cm²·W⁻¹)	BVW_{min}/(cm³·W⁻¹)
^{210}Pb	0.063	22.29	β(100%), α(1.9×10⁻⁶%)	0.016 9(84%), 0.063 5(16%)	2.403 535	金属	11.342	0.02,0.117, 18.7	113.3	0.212
^{208}Po	5.216	2.898	α(99.995 8%), EC 0.00		17.969 49	金属	9.32	18.2	3.2	0.005 971
^{210}Po	5.305	0.379	α(100%), γ(0.001 1%)		141.143 2	金属	9.32	18.7	0.41	0.000 76
^{228}Ra	0.046	5.75	β	0.012 8(30%), 0.025 7(20%), 0.039 2(40%), 0.039 6(10%)	0.015 406	金属	5.5	0.12, 0.035, 0.092 5	916 700	11
^{227}Ac	0.044	21.77	β(98.6%), α(1.38%)	0.02(10%), 0.035 5(35%), 0.044 8(54%)	0.031	金属	10.07	0.07, 0.05, 0.025	442.9	0.003 1
^{228}Th	5.52	1.913	α		26.053 95	金属	11.72	15.4	2.12	0.003 275
^{232}U	5.414	68.9	α		0.700 088	金属	18.95	9.55	78.9	0.075 38
^{236}Pu	5.867	2.857	α(100%), SF(1.3×10⁻⁷%)		18.032 2	金属	19.86	8.33	3.35	0.002 792
^{238}Pu	5.593	87.74	α(100%), SF(1.85×10⁻⁷%)		0.555 587	金属	19.86	7.71	117.6	0.090 64
^{241}Pu	0.021	14.35	β(99.998%), α(0.002 45%)	0.020 82	0.011 2	金属	19.86	0.015	376	0.000 564

表 1.3（续 3）

核素	衰变能 /MeV	半衰期 /a	衰变类型	β_{max} /MeV	质量功率密度 /(W·g⁻¹)	化合物形态	密度 /(g·cm⁻³)	射程 /μm	BAW_{min} /(cm²·W⁻¹)	BVW_{min} /(cm³·W⁻¹)
^{241}Am	5.638	432.2	α（100%），SF（4.3×10^{-10}%）		0.108 573	金属	13.69	11.2	600.7	0.672 8
^{243}Cm	6.168	29.1	α（99.71%），ec（0.29%），SF（5.3×10^{-9}%）		1.647 617	金属	13.52	12.8	35.1	0.044 89
^{244}Cm	5.902	18.1	α（100%），SF（1.37×10^{-4}%）		2.777 537	金属	13.52	12	22.2	0.026 63
^{248}Bk	5.793	9	α		5.493 877	金属	14.78	14.5	8.5	0.012 32
^{250}Cf	6.128	13.07	α（99.923%），SF（-0.08%）		3.890 798	金属	15.1	15.5	11	0.017 02
^{252}Cf	6.217	2.645	α（96.908%），SF（-3.09%）		18.788 59	金属	15.1	15.5	2.27	0.003 525
^{252}Es	6.739	1.292	α（76.4%），EC（24.2%），β（0.01%）		30.860 44	金属	5.24	16.5	3.75	0.006 184

注：BAW_{min} 的倒数是理论最大面积功率密度，而 BVW_{min} 的倒数是理论最大体积功率密度。在计算这些参数时，假设含有放射性同位素的化合物具有该同位素可能的最大原子密度，电离辐射进入换能单元的输运特性是理想的，换能单元和放射性同位素的界面是理想且无缝隙的，体源的效率为 100%，换能单元的效率是理想的。

表1.4 不同气体中产生离子对所需的平均能量[21,23]

气体	平均电离能 W/eV	第一电离势 I/eV	用于电离的能量比例(I/W)
H_2	36.3	15.6	0.43
He（纯）	43	24.5	0.58[①]
N_2	36.5	15.5	0.42
O_2	32.5	12.5	0.38
Air	35.0	—	—
Ne（纯）	36.8	21.5	0.58
Ar	26.4	15.7	0.59
Kr	24.1	13.9	0.58
Xe	21.9	12.1	0.55
CH_4	30	14.5	0.48
C_2H_4	29	10.5	0.36
CO	34	14.3	0.42
CO_2	34	—	—
CS_2	26	10.4	0.40
NH_3	39	10.8	0.28

表1.5 用于直接能量转换的一些常见半导体材料的特性[24]

材料	最小带隙能 E_g/eV	电子迁移率 μ [$cm^2 \cdot (V \cdot s)^{-1}$]	法诺因子 F	密度 ρ /($g \cdot cm^{-3}$)	原子质量 /($g \cdot mol^{-1}$)	摩尔密度 /($mol \cdot cm^{-3}$)	位移损伤阈值 E_d /eV	平均电离能（W）/eV	E_g/W
硅	1.12	1 450	0.115	2.329	28.1	0.082 9	~19	3.63	0.308
锗	0.68	3 900	0.13	5.323	72.6	0.073 3	30	2.96	0.23
砷化镓	1.42	8 500	0.1	5.317	144.6	0.036 8	10	4.13	0.344
碳化硅	2.9	400	0.09	3.22	40.1	0.080 3	28	6.88	0.421
磷化镓	3.39	1 000	—	6.15	83.7	0.073 5	24	8.9	0.381
金刚石	5.48	1 800	0.08	3.515	12	0.293	43	12.4	0.442

离子和电子的有效温度（T_{eff}）都很高，能量与温度的关系如下：

$$T_{eff} = E/k_B \tag{1.19}$$

式中，E 是粒子或电子的能量（eV），k_B 是玻尔兹曼常数，$k_B = 8.617 \times 10^{-5}$ eV/K。

若粒子的能量为 5 307 000 eV（^{210}Po），则由公式（1.19）计算得到有效温度 $T_{eff} = 6.16 \times$

---

① 原文为0.58，译者计算应为0.57。

10^{10} K。因此,如果能量转换方法利用核反应的激发态产物和/或离子对产物,那么高有效温度的理想卡诺循环效率接近 100%。实际上,已知的循环没有接近卡诺效率的,基于离子对的循环也不会接近。然而,利用离子和电子的有效高温来开发一种有效的直接能量转换循环是一件有趣的事情。接下来将讨论已知的循环。

辐射与固体的相互作用和辐射与气体的相互作用有一些相似之处,电子 – 空穴对和热量都会产生。形成电子 – 空穴对的能量比例取决于材料的 W 值和禁带宽度。表 1.5 列出了一些常见的半导体材料及其相关属性。如上所述,对于气态物质,在固体中形成一个电子 – 空穴对所需的平均电离能为 W 值,禁带宽度(E_g)与 W 值之比等于辐射与物质相互作用产生电子 – 空穴对的有效效率。从表 1.5 的最后一列中可以看出,不同材料的电子 – 空穴对的产生效率有相当大的差异,其中,金刚石最高,为 0.442。因此,当电离辐射与金刚石相互作用时,44.2% 的能量可用于产生电子 – 空穴对,55.8% 的能量基本上用于发热。如果不采取任何措施,利用正在产生的电子 – 空穴对,它们将重新复合,最终能量将通过各种过程转化为热量。

电离辐射产生能量的两种基本形式:热量和离子对。辐射与物质相互作用可以转移能量,热量和离子对都可以用于能量转换过程,图 1.1 中以分支的形式展示了这些转换流程,图中辐射源表示为一个圆圈。放射性同位素可以在以下任一阶段嵌入到物质中:

1)气体;

2)固体;

3)液体;

4)等离子体。

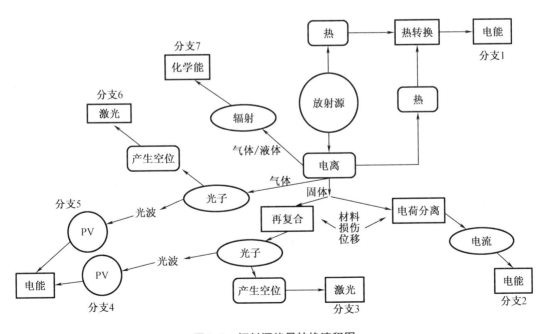

图 1.1　辐射源能量转换流程图

同样,换能单元也可以由任意四种形态的物质组成。放射性同位素和换能单元之间有16种可能的界面组合(表1.6)。

表1.6　放射性同位素与换能单元的潜在界面类型[25]

序号	燃料状态	换能单元状态
1	固体	固体
2	固体	液体
3	固体	气体
4	固体	等离子体
5	液体	固体
6	液体	液体
7	液体	气体
8	液体	等离子体
9	气体	固体
10	气体	液体
11	气体	气体
12	气体	等离子体
13	等离子体	固体
14	等离子体	液体
15	等离子体	气体
16	等离子体	等离子体

在能量转换系统中,辐射首先与固体、液体、气体或等离子体中的物质相互作用,然后产生热量或离子对。离子对可用于不同的换能单元,以产生有用的物质,如电力、激光或化学品[26]。

图1.1展示的是辐射源与已有换能单元的典型组合。在分支1中,离子对复合,最终产生热量。然后,该热量和辐射源与材料之间相互作用最初产生的热量结合在一起,这些热量可以通过多种方式产生电。

• 热量最常见的用途是商业核电站的蒸汽循环。热量还有其他用途,例如,放射性同位素热电发生器,或称为由塞贝克效应发电的RTG[5]。

• 热量的另一个潜在用途是热离子能量转换[27],由于热电极有较低的功函数,热电极发射电子,电子跨过一定势垒高度被冷电极收集,从而产生电流。

• 还有一种方法是热光伏[28],热辐射材料释放灰体辐射,然后由光伏组件收集。这些光伏组件具有合适的带隙,可最大限度地利用灰体辐射产生的能量。

• 碱金属热电转换器(AMTEC),它是一种基于热再生的电化学电池[29]。

• 利用热量驱动二氧化碳激光器也是可行的[25, 30]。

分支2仅利用固体换能单元中产生离子对的能量。

- 这是典型的 α 辐致伏特效应核电池[31],其中电子 – 空穴对被半导体材料 P – N 结的耗尽区内产生的电压分开,从而产生电流。
- β 辐致伏特效应核电池也是如此[17],其中电子 – 空穴对被半导体材料 P – N 结中的耗尽区内建电场分开,从而产生电流。
- 此过程也可用于往复悬臂梁式[32],从薄悬臂梁上的源处收集电荷,当电荷足够多时,悬臂梁尖端与源之间的静电力使悬臂梁弯曲、接触,从而以重复的过程驱动电流。

分支 3 仅利用固体中电子 – 空穴对的能量产生激光。

- 例如,离子与宽能带直接带隙材料的相互作用,利用辐射源产生电子 – 空穴对的重新复合,形成激光光子[33]。

分支 4 利用直接带隙半导体中电子 – 空穴对的复合产生的光子来驱动光解激光器。

- 例如,光子中间体直接能量转换系统(PIDEC)利用固态荧光媒介来驱动光解激光器[22]。

分支 5 利用气体系统中激发态和离子对所产生的光子来激发光解激光器。

- 例如,PIDEC 系统用于驱动碘、氟化氙和掺 Nd^{3+} 的玻璃或晶体激光器[22]。

分支 6 利用来自激发态和离子对的能量直接驱动气态核激励激光器。

- 例如,大量由核反应直接激发的气态核激励激光器[26]。

分支 7 利用激发态和离子对的能量辐射分解产生化学品。

- 例如,利用各种各样的辐解反应,用水产生氢、用 CO_2 产生 CO[26]。

由于辐射与物质相互作用所产生的热量被浪费掉了,只利用离子对产生的能量,其理论最大效率只有 40% ~ 50%。如接下来要讨论的这些分支所代表的系统的低效率将决定最终的实际效率。

分支 1 利用辐射来产生热量;分支 2 利用固体中产生带电粒子来产生电流;分支 3 使用固体中产生带电粒子来产生激光光子;分支 4 使用固体中产生带电粒子来产生光子,然后与光伏组件(PV)相互作用产生电能;分支 5 利用气体中的带电粒子产生光子,然后与光伏组件相互作用产生电能[15]。

核电池的名字来自以下两个事实:

(1)“核”之所以被使用,是因为核能可以转化成离子对或热量,可直接用于发电;

(2)“电池”一词来源于放射性同位素所储存的能量。

1.4　各向同性放射源与换能单元之间界面的几何考虑

各向同性点源在任何方向均以相同的概率产生电离辐射(图 1.2)。点源是一个基本概念,可以通过点源的组合来构造任意形状或体积的源(尽管数量可能接近无穷大,但这取决于假设的点源体积)。

在面界面中各向同性的电离辐射只能以有限的概率进入换能单元(图 1.3)。相比之下,嵌入换能单元的放射性同位素能以较高概率在换能单元中沉积电离辐射的能量(图 1.4)。因此,放射性同位素与换能单元接触的最好办法是使用体界面。在评估核电池设计时,第二个重要因素是确定器件是面界面还是体界面,这关系到该器件是否从同位素发射的电离辐射中获取了最多的能量。面界面通常不会使换能单元中的能量吸收最大化。

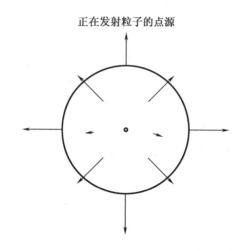

图 1.2　各向同性点源的示意图

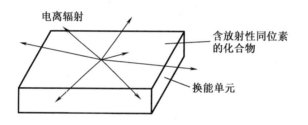

图 1.3　嵌入化合物中的放射性同位素与换能单元面界面的示意图

(这里电离辐射源在换能单元中沉积能量的概率取决于辐射的径迹和换能单元体积的几何参数)

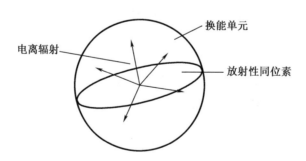

图 1.4　嵌入化合物中的放射性同位素与换能单元体界面的示意图

(这里因为电离辐射的径迹在换能单元体内,所以电离辐射源在换能单元内沉积能量的概率很高)

　　一旦知道了辐射源与换能单元之间界面的几何参数,下一个重要问题就集中在换能单元中的能量沉积上。可以通过观察一个随机粒子的径迹来分析(图 1.5)。

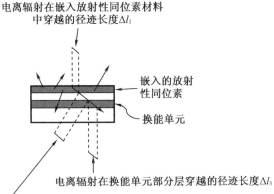

电离辐射在嵌入放射性同位素材料
中穿越的径迹长度Δl_1

嵌入的放射
性同位素

换能单元

电离辐射在换能单元部分层穿越的径迹长度Δl_3

电离辐射在换能单元的惰性层穿越的径迹长度Δl_2

图 1.5　放射性同位素发射的单个高能粒子穿过核电池换能单元的径迹长度

(该器件在源和换能单元之间为面界面,穿过同位素材料的径迹长度为 Δl_1,通过换能单元惰性部分的径迹长度为 Δl_2,
通过换能单元的能量转换层的径迹长度为 Δl_3。源发出的每个粒子都有不同的轨迹和径迹长度 Δl_1、Δl_2 和 Δl_3。)

如图 1.5 所示,粒子首先穿过嵌入放射性同位素的介质(径迹长度为 Δl_1),随后穿过换能单元结构的第一部分——惰性材料层(径迹长度为 Δl_2),然后穿过换能单元内的能量转换层(径迹长度为 Δl_3)。β 粒子的径迹通常不会是一条直线,它与材料中的核外电子相互作用,通过库仑碰撞将部分或全部能量传递给组成化合物的原子核的核外电子。电子的输运路径是随机的[25,34]。因此,电子是很难追踪的,如图 1.6 所示。

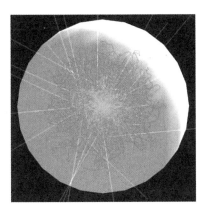

图 1.6　Geant4 程序模拟的碳化硅球中心点源发射的粒子径迹[35]

(电子随机游走,直线是轫致辐射[34]。)

因为离子(如 α 粒子和裂变碎片)的质量比构成化合物的原子中的电子大得多,所以其大多沿直线传播。离子不会因与电子的散射相互作用而受到阻碍。因此,每种化合物的电子密度决定了离子在材料中沉积的能量,而每种材料都具有特定的电子密度。当离子通过不同的材料层时,特定层中的能量沉积速率取决于所经过的径迹长度和化合物的电子密度。例如,在图 1.5 中,穿过三个不同层的离子的径迹长度分别为 Δl_1、Δl_2 和 Δl_3。为了计算单个粒子在换能单元中沉积的总能量,必须计算离子在这三个区域中沉积的能量。

活度为 1 Ci 的放射性同位素每秒发射 3.7×10^{10} 个粒子。为了模拟发射的大量粒子以及它们穿过器件的径迹和沉积在换能单元中的总能量，通常使用蒙特卡罗程序，例如 MC-NP6[16] 或 Geant4[35] 计算。

从关于粒子发射的讨论可以推测，放射性同位素源粒子随机的发射角会使得器件效率变低，从而带来新的设计问题。

效率低的程度可以通过一个简单的例子来说明。一个碳化硅（SiC）球体中心有一个[241]Am 点源。由表 1.1 可知，它发出的 α 粒子能量约为 5.485 MeV。一个薄球壳换能单元（碳化硅 P – N 结）放置在球体内，距点源的半径为 Δl_2，壳的厚度为 Δl_3（图 1.7）。α 粒子穿过未掺杂的碳化硅材料，并损失能量，直到与薄换能单元层（碳化硅 P – N 结）接触。然后，α 粒子穿过换能单元，并损失能量。这里，必须回答的问题是：由源发出的粒子所包含的总能量中，有多少份额沉积在器件最重要的组件——换能单元中？

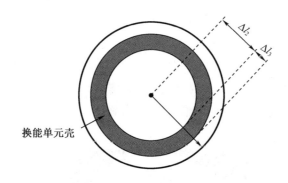

图 1.7　在碳化硅球体中心的[241]Am 点源

（[241]Am 发出 α 粒子能量约为 5.485 MeV，且是各向同性的。由于球体几何结构的对称性，每个 α 粒子的径迹长度是相同的。）

要计算图 1.7 所示的换能单元薄层材料中沉积的能量，需要使用诸如 SRIM[36] 之类的计算机程序。SRIM 程序可以用来模拟离子束穿透靶材的情况。图 1.7 所示的球体结构有一个点源，该点源发射各向同性且几乎单能的 α 粒子。由于该示例的球体的对称性，尽管方向不同，但所有的 α 粒子都有几乎相同的径迹长度。图 1.8 是由 SRIM 程序计算得出的 α 粒子能量损失与深度的关系图。点源发出的任意 α 粒子都将通过两个区域损失能量：第 1 个区域是径迹长度为 Δl_2 的惰性碳化硅材料；第 2 个区域是径迹长度为 Δl_3 的换能单元。区域 2 曲线下方的面积（$A_{\text{transducer}}$）表示 α 粒子沿着径迹长度为 Δl_3 沉积在换能单元中的能量，整个曲线下方的面积（A_{total}）表示 α 粒子沿着径迹长度为 $\Delta l_2 + \Delta l_3$ 沉积在换能单元中的能量。能量沉积效率如公式（1.20）所示：

$$\eta = \frac{A_{\text{transduer}}}{A_{\text{total}}}$$

（1.20）

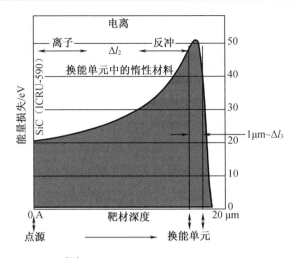

图 1.8　利用 SRIM 程序[36]模拟穿过图 1.7 所示 SiC 球的 α 粒子的能量损失情况

（该换能单元是 1 μm 厚耗尽区的碳化硅 P − N 结。沉积在换能单元中的能量是换能单元位置曲线下方的面积。可以看出, α 粒子大部分的能量沉积在惰性碳化硅材料中。）

在实际设计中, 源和换能单元有多种可能的、复杂的几何形状和耦合方式。相比之下, 该示例则十分简单。此外, 如果辐射源是 β 源, β 粒子在材料中随机游走使问题的复杂性显著增加。最后重要的一点是, 所选换能单元的能量转换效率是另一个需要考虑的因素。因此, 核电池的实际运行效率由电离辐射通过电池不同层并在换能单元沉积能量的输运效率 η_{tr}、用于产生离子对的能量沉积比例（基于离子对的能量转化方法）即离子化效率 η_{ion}、换能单元将其内部产生的离子对转换成所需产物的效率（如具有驱动电势的电流）η_{ec} 组成, 即

$$\eta_{system} = \eta_{tr}\eta_{ion}\eta_{ec} \tag{1.21}$$

1.5　分　析　方　法

1.1 节和 1.2 节介绍了一些用于核电池分析的基本工具。在分析核电池时, 读者理解系统设计中使用的基本原理是非常重要的。

第一, 考虑所使用的能量转换方法。它依赖于热量还是离子对的产生？如果它依赖于热量, 放射性同位素中几乎所有的能量都可以用来产生热量（减去中微子等不与物质相互作用的产物中的能量）。如果它取决于离子对（或离子 + 激发态）的产生, 则只能利用放射性同位素 40% ~ 50% 的能量。如果有报道声称其电池超过了这些效率极限, 则可能有问题。

第二, 确定电池采用放射性同位素与换能单元之间的面界面, 还是放射性同位素嵌入到换能单元内的体界面。

第三, 作者总是会透露电池中所用的放射性同位素。这会提供大量信息, 读者由这些放射性同位素可知道 BAW_{min} 和 BVW_{min} 的信息。由 BAW_{min} 和 BVW_{min} 的倒数, 可得知理论最大面积功率密度（W/cm²）和理论最大体积功率密度（W/cm³）。

第四,运用常识。要理解上面讨论的效率极限是非常理想的。要意识到辐射输运效率通常是很不理想的,换能单元效率也不会很接近理想状况。在后面的章节中将介绍一些工具来帮助读者理解如何分析这些参数。

第五,电池实用吗?来自乏燃料和天然源的同位素供应有限。而且,从高通量核反应堆或加速器中制造同位素的成本非常高,这将在第 2 章进行讨论。

1.6 总 结

核电池需要能量来源和从中提取能量的装置(如换能单元)。来自放射性同位素的电离辐射被用作功率源。核电池非常复杂,其可行性取决于许多因素,例如:

- 电离辐射的类型(离子或电子);
- 放射性同位素;
- 放射性同位素所嵌入的材料;
- 电离辐射在核电池材料中的射程;
- 电离辐射源如何与换能单元接触;
- 换能单元如何利用来自电离辐射的能量;
- 换能单元的效率;
- 对核电池的各种部件的辐射损伤,例如换能单元;
- 从换能单元中提取能量的方法。

在后面的章节中,将讨论这些问题及其对核电池的影响。

习 题

1. 计算氚、^{85}Kr、^{90}Sr、^{148}Gd、^{210}Po、^{238}Pu、^{241}Am 的衰变常数。然后,用你的答案来确定 1 Ci 纯同位素源中的衰变粒子数。

2. 假设有一份研究报告声称一个 20 μW 的电池是用 T_2O 嵌入一些换能单元中制成的,其体积为 0.000 161 cm^3。这个系统符合 BVW_{min} 极限吗?如果该电池功率为 7 μW,而体积为 0.000 08 cm^3,结论又是怎么样的?

3. 假设某一特定同位素的 BAW_{min} 极限为 125 000 cm^2/W。一篇论文声称制作了一个电池,其表面积为 0.65 cm^2,功率为 4 μW。根据 BAW_{min} 极限,这样的电池可能存在吗?

4. 计算 10 Ci 氚、^{85}Kr、^{90}Sr、^{148}Gd、^{210}Po、^{238}Pu、^{241}Am 带电粒子的功率输出。

5. 绘制 10 Ci 氚、^{85}Kr、^{90}Sr、^{148}Gd、^{210}Po、^{238}Pu、^{241}Am 的带电粒子功率衰减曲线。

6. 氚、^{85}Kr、^{90}Sr、^{148}Gd、^{210}Po、^{238}Pu 和 ^{241}Am 的最大面积功率密度(W/cm^2)是多少?

7. 氚、^{85}Kr、^{90}Sr、^{148}Gd、^{210}Po、^{238}Pu 和 ^{241}Am 的最大可能功率密度(W/cm^2)是多少?

8. 找出文献中两个核电池的例子,找到他们报道的 BAW 或 BVW 值。了解他们是如何比较 BAW_{min} 和 BVW_{min} 的?

9. 在文献中找三个核电池的例子。分析电池并确定报道的数据是否违反本章讨论的原则。

10. 面界面和体界面电池的合理效率是多少？

11. 估算建造一个 100 W 的核电池所需的氚、^{85}Kr、^{90}Sr、^{148}Gd、^{210}Po、^{238}Pu 和 ^{241}Am 的质量。

12. 估算建造一个 1 000 W 的核电池所需的氚、^{85}Kr、^{90}Sr、^{148}Gd、^{210}Po、^{238}Pu 和 ^{241}Am 的质量。

13. 你认为在核电池中使用哪种同位素最好，为什么？

14. 估算本书里球中心有个 ^{241}Am 点源的核电池的效率。

15. 下载 SRIM 程序并用计算机操作，为钻石球中的 ^{241}Am 点源生成如图 1.8 所示的曲线。

16. 使用 SRIM 程序为氮化镓球中的 ^{241}Am 点源生成如图 1.8 所示的曲线。

17. 如何优化核电池的设计？

参 考 文 献

[1]　Moseley HGJ, Harling J（1913）The attainment of high potentials by the use of radium. Proc R Soc（Lond）A 88:471

[2]　National Research Council Radioisotope Power Systems Committee（2009）Radioisotope power systems: an imperative for maintaining US leadership in space exploration. National Academies Press

[3]　Ritz F, Peterson CE（2004）Multi-mission radioisotope thermoelectric generator（MMRTG）program overview. In: Aerospace conference, 2004. proceedings. 2004 IEEE, 2004, vol 5, p. 2957

[4]　Blanke BC, Birden JH, Jordan KC, Murphy EL（1962）Nuclear battery-thermocouple type summary report, 16th ed, USA E Commission, US Department of Commerce

[5]　Schmidt GR, Sutliff TJ, Dudzinski LA（2011）Radioisotope power: a key technology for deep space exploration. In: Singh PN（ed）Radioisotopes—applications in physical sciences. INTECH

[6]　Rappaport P（1954）The electron-voltaic effect in P – N junctions induced by beta-particle bombardment. Phys Rev 93:246 – 247

[7]　Rappaport P（1956）Radioactive battery employing intrinsic semiconductor. USA Patent2, 745,973

[8]　Adams TE（2011）Status ofbetavoltaic power sources for nano and micro power applications. https://www. navalengineers. org/SiteCollectionDocuments/2011%20Proceedings%20Documents/GDDS2011/Adams. pdf

[9]　Friedrich-Wilhelm D, Jurgen S（1966）Semiconductor device. USA Patent 3257570 A, 21 June 1966

[10] Walter P, Weddell JB (1967) Semiconductor battery. USA Patent 3304445 A, 14 Feb 1967

[11] Knight RD (1967) Nuclear battery. USA Patent 3344289 A, 26 Sept 1967

[12] ACJ, GBI, OLC, SSE (1972) Nuclear battery. USA Patent 3706893 A, 19 Dec 1972

[13] Brown PM, Herda PG (2001) Isotopic semiconductor batteries. USA Patent 6238812 B1, 29 May 1998

[14] Eiting CJ, Krishnamoorthy V, Rodgers S, George T, Robertson JD, Brockman J (2006) Demonstration of a radiation resistant, high efficiency SiC betavoltaic. Appl Phys Lett 88: 064101 – 064101 – 3

[15] Prelas MA, Weaver CL, Watermann ML, Lukosi ED, Schott RJ, Wisniewski DA (2014) A review of nuclear batteries. Prog Nucl Energy 75:117 – 148, Aug 2014

[16] LANL (2014) MCNPX. https://mcnpx. lanl. gov/

[17] S Deus (2000) Tritium-poweredbetavoltaic cells based on amorphous silicon. In: Photovoltaic Specialists conference, 2000. Conference record of the twenty-eighth IEEE, 2000, pp 1246 – 1249

[18] Andreev V, Kevetsky A, Kaiinovsky V, Khvostikov V, Larionov V, Rumyantsev V et al (2000) Tritium-powered betacells based on Alx > Ga1-xAs. In: Photovoltaic specialists conference, 2000. conference record of the twenty-eighth IEEE, 2000, pp 1253 – 1256

[19] Guyot J, Miley G, Verdeyen J (1972) Application of a two-region heavy charged particle model to Noble-gas plasmas induced by nuclear radiations. Nucl Sci Eng 48:373 – 386

[20] Jesse WP (1958) Absolute Energy to Produce an Ion Pair in Various Gases by Beta Particles from 35S. Phys Rev 109:2002 – 2004

[21] Friedlander G (1981) Nuclear and radiochemistry. Wiley, New York, NY

[22] Prelas MA, Boody FP, Miley GH, Kunze JF (1988) Nuclear driven flashlamps. Laser Part Beams 6:25 – 62

[23] Friedländer G, Kennedy JW (1955) Nuclear and radiochemistry. John Wiley

[24] Wrbanek JD, Wrbanek SY, Fralick GC, Chen L – Y (2007) Micro-fabricated solid-state radiation detectors for active personal dosimetry. NASA/TM 214674

[25] Prelas M (2016) Nuclear-pumped lasers, 1st edn. Springer International Publishing

[26] Prelas MA, Loyalka SK (1981) A review of the utilization of energetic ions for the production of excited atomic and molecular states and chemical synthesis. Prog Nucl Energy 8:35 – 52

[27] Hatsopoulos GN, Gyftopoulos EP (1973) Thermionic energy conversion, vol 1. The MIT Press, Processes and Devices

[28] Nelson RE (2003) A brief history ofthermophotovoltaic development. Semicond Sci Technol18:S141 – S143

[29] Hunt TK, Weber N, Cole T (1981) High efficiency thermoelectric conversion with Be-

ta"-Alumina Electrolytes, the sodium heat engine. Solid State Ionics 5:263 - 266

[30] Fein ME, Verdeyen JT, Cherrington BE (1969) A thermally pumped CO2 laser. Appl Phys Lett 14:337 - 340

[31] Department of Energy, "Summary of Plutonium-238 Production Alternatives Analysis Final Report. I. N. Laboratory, DOE, 2013

[32] Duggirala R, Li H, Lal A (2008) High efficiency radioisotope energy conversion using reciprocating electromechanical converters with integrated betavoltaics. Appl Phys Lett 92

[33] Watermann ML, Prelas MA (2013) Integrated solid-state nuclear pumped laser/reactor design for asteroid redirection. Transactions of the American Nuclear Society

[34] Oh K, Prelas MA, Rothenberger JB, Lukosi ED, Jeong J, Montenegro DE et al (2012) Theoretical maximum efficiencies of optimized slab and spherical betavoltaic systems utilizing Sulfur-35, Strontium-90, and Yttrium-90. Nucl Technol 179:9

[35] CERN (2015) Geant4. http://geant4. cern. ch/index. shtml

[36] Ziegler JF, Ziegler MD, Biersack JP (2010) SRIM-The stopping and range of ions in matter (2010). Nucl Instrum Methods Phys Res, Sect B 268:1818 - 1823

第2章　放射性同位素

摘要:作为电池的能量来源,放射性同位素在核电池中至关重要。放射性同位素自身的特性,例如衰变射线类型、衰变射线能量及半衰期等都会影响它们的实用性。衰变射线类型可以确定射线的射程与换能单元的尺度是否匹配,衰变射线能量可以确定源的有效功率密度,半衰期可以确定核电池的有效使用寿命。正因如此,在放射性同位素的选择过程中必须特别注意,以使其适合于所需的设计标准。尽管这些在概念上很简单,但所用放射性同位素的物理特性带来的限制因素就对核电池的生产构成了极大的障碍。另一个障碍是放射性同位素供应和生产成本的限制。这些限制因素可能令人十分惊讶,因为这里存在一个常见的误解:即使不能廉价地生产放射性同位素,供应至少是丰富充足的。对于核电池而言,同位素源的供给是个问题。因为,需要大量的放射性同位素用以产生大功率输出,同时克服换能单元转化效率低的问题。例如,一个性能良好的换能单元在1 Ci同位素源辐照下平均仅能收到1 mW功率的输入。为获得核电池高功率输出,需要生产大量的放射性同位素,这样生产成本就很高。因此,同位素的生产也是个问题。本章将给读者带来有关放射性同位素更详细的介绍和分析,其中包括对放射性同位素起源、现有供应来源、生产方法、相关生产成本以及选择放射性同位素的基本策略。

关键词:放射性同位素供应,放射性同位素生产,放射性同位素成本

2.1　现有放射性同位素供应来源

放射性同位素自地球形成以来就存在,在空气、水和土壤中都能发现它们。它们既有来自地球的,也有来自地球之外的。放射性同位素源可以分为三大类:原生的、宇生的和人工的,如图2.1所示。

图2.1　放射性同位素来源的类型

原生放射性同位素是地球形成过程中就产生的,是放射性衰变的产物;宇生放射性同位素是

在宇宙射线作用下形成的;人工放射性同位素是在人类发现放射性和核裂变之后人工制造的[1]。原生的和宇生的放射性同位素具有天然的来源,因此它们被统称为天然放射性物质(NORM)。

2.1.1　原生放射性同位素

在地球形成过程中产生的一些原生放射性同位素由于其半衰期长,一直存活至今[2]。^{238}U 就是一个例子,它的半衰期长达 4.47×10^9 a。这个时间与地球年龄非常接近,据估计地球年龄约为 4.5×10^9 a[3]。这些长寿命放射性同位素中的一部分经历了一系列连续的放射性衰变,产生了半衰期较短的放射性同位素。这些连续的放射性衰变系列被称为衰变链,衰变链随着稳定同位素的产生而停止。

现有的三个自然衰变链是铀系、钍系和锕系。每个名称都源自母代放射性同位素,该放射性同位素的半衰期比该系列中的其他放射性同位素长得多。在子同位素经历大约八个半衰期后,子同位素的活度等于母同位素的活度,这时就产生了长期平衡。利用这个条件,如果已知母同位素的含量,则可以估计子同位素的含量。铀和钍是三个衰变链中的两个母同位素。假设世界铀储量约为 790 万吨,世界钍储量约为 538.5 万吨[4,5],可以计算与三个衰变链有关的放射性同位素的估计存量(表 2.1)。表 2.1 是在假设样品长期平衡和未受干扰的情况下计算得出的,这意味着像氡之类的气态放射性同位素不会有损失。表 2.1 的核数据来源于布鲁克海文国家实验室的国家核数据中心站点[6],其子代活度计算时考虑了衰变链的分支概率。

表 2.1　世界中自然衰变链放射性同位素的存量共计

天然放射系	同位素	半衰期/a	世界存量/kg	总活度/Ci $\times 10^6$	衰变射线类型
铀系	^{238}U	4.47×10^9	7.843×10^9	2.636×10^6	α, γ
	^{234}Th	6.60×10^{-2}	1.139×10^{-1}	2.636×10^6	β, γ
	^{234m}Pa	2.20×10^{-6}	3.796×10^{-6}	2.636×10^6	β, γ
	^{234}U	2.46×10^5	4.237×10^5	3.631×10^6	α, γ
	^{230}Th	7.54×10^4	1.279×10^5	2.636×10^6	α, γ
	^{226}Ra	1.60×10^3	2.667×10^3	2.636×10^6	α, γ
	^{222}Rn	1.05×10^{-2}	1.714×10^{-2}	2.636×10^6	α, γ
	^{218}Po	5.89×10^{-6}	9.469×10^{-6}	2.636×10^6	α
	^{214}Pb	5.10×10^{-5}	8.039×10^{-5}	2.636×10^6	β, γ
	^{214}Bi	3.78×10^{-5}	5.971×10^{-5}	2.636×10^6	β, α
	^{214}Po	5.21×10^{-12}	8.214×10^{-12}	2.636×10^6	α, γ
	^{210}Pb	2.22×10^1	3.437×10^1	2.636×10^6	β, γ
	^{210}Bi	1.37×10^{-2}	2.124×10^{-2}	2.636×10^6	β, α
	^{210}Po	3.79×10^{-1}	5.865×10^{-1}	2.636×10^6	α, γ
	^{218}At	4.75×10^{-8}	1.528×10^{-11}	5.270×10^2	α
	^{234}Pa	7.64×10^{-4}	4.349×10^{-6}	8.692×10^3	

表 2.1(续)

天然放射系	同位素	半衰期/a	世界存量/kg	总活度/Ci×10⁶	衰变射线类型
	^{235}U	7.04×10^8	5.691×10^7	1.214×10^5	α, γ
	^{231}Th	2.91×10^{-3}	2.284×10^{-4}	1.214×10^5	β, γ
	^{231}Pa	3.28×10^4	2.570×10^3	1.214×10^5	α, γ
	^{227}Ac	2.18×10^1	1.679	1.214×10^5	β, α, γ
	^{227}Th	5.11×10^{-2}	3.889×10^{-3}	1.197×10^5	α, γ
	^{223}Ra	3.13×10^{-2}	2.370×10^{-3}	1.214×10^5	α, γ
锕系	^{219}Rn	1.25×10^{-7}	9.333×10^{-9}	1.214×10^5	α, γ
	^{215}Po	5.64×10^{-11}	4.121×10^{-12}	1.214×10^5	α, β
	^{211}Pb	6.86×10^{-5}	4.918×10^{-6}	1.214×10^5	β, γ
	^{211}Bi	4.07×10^{-6}	2.915×10^{-7}	1.214×10^5	α, β, γ
	^{207}Ti	9.07×10^{-6}	6.356×10^{-7}	1.211×10^2	β, γ
	^{211}Po	1.64×10^{-8}	3.278×10^{-12}	3.397×10^3	α, β
	^{223}Fr	4.18×10^{-5}	4.372×10^{-8}	1.675×10^5	β, α, γ
	^{232}Th	1.400×10^{10}	5.385×10^9	5.927×10^5	α, γ
	^{228}Ra	5.750	2.174	5.927×10^5	β
	^{228}Ac	7.016×10^{-4}	2.652×10^{-4}	5.927×10^5	β, γ
	^{228}Th	1.912	7.227×10^{-1}	5.927×10^5	α, γ
	^{224}Ra	9.944×10^{-3}	3.693×10^{-3}	5.927×10^5	α, γ
钍系	^{220}Rn	1.762×10^{-6}	6.427×10^{-7}	5.927×10^5	α, γ
	^{216}Po	4.595×10^{-9}	1.646×10^{-9}	5.927×10^5	α
	^{212}Pb	1.214×10^{-3}	4.266×10^{-4}	5.927×10^5	β, γ
	^{212}Bi	1.151×10^{-4}	4.046×10^{-5}	5.927×10^5	α, β, γ
	^{212}Po	9.475×10^{-15}	2.134×10^{-15}	3.797×10^5	α
	^{208}Ti	5.805×10^{-6}	7.191×10^{-7}	2.129×10^5	β, γ

此外,还有一条衰变链称为镎系,其母同位素为^{237}Np。由于^{237}Np的半衰期比地球年龄短三个数量级,因此在自然界中没有发现。不过这个系列可以通过^{241}Pu人工产生,衰变成^{237}Np。

自然界中也存在一部分原生放射性同位素,但它们并不是这些衰变链的产物。它们的半衰期非常长,其衰变产物(子代)是稳定同位素。为了了解这些原生放射性同位素的数量,研究者们对其进行了估算,如表2.2所示。表2.2中给出了它们的半衰期、相对丰度和衰变射线类型。计算这些存量时采用了《物理和化学手册》这本书中关于地壳(EC)和海洋中的元素丰度信息[7]。假设地壳的质量是2.36×10^{22} kg,水圈的质量为1.664×10^{21} kg,其中海水约占水圈的97%[7]。表2.2中未包含^{149}Sm和^{156}Dy,因为一些参考文献将它们视为放射性同位素[1],但其他文献[6]将它们标记为稳定同位素。这可能是基于一个事实,即当一个同位素有非常长的半衰期时,很难定义它是否具有放射性。如果能改进实验条件(如更高的灵敏度和更低的噪声背景),非衰变链放射性同位素的数量可能会增加[8]。

表 2.2　世界中非衰变链放射性同位素的存量估计

放射性同位素	相对丰度	半衰期 /a	地球存量 /kg	海洋存量 /kg	地壳总活度 /Ci	海洋总活度 /Ci	衰变射线类型
^{40}K	0.011 7	1.248×10^9	5.771×10^{16}	7.327×10^{13}	4.228×10^{14}	5.368×10^{11}	β, ε
^{50}V	0.25	2.10×10^{17}	7.080×10^{15}	1.009×10^{10}	2.366×10^5	3.371×10^{-1}	ε, β
^{87}Rb	27.85	4.81×10^{10}	5.915×10^{17}	5.394×10^{13}	5.144×10^{13}	4.691×10^9	β
^{115}In	96.67	4.41×10^{14}	5.704×10^{15}	3.121×10^{13}	4.027×10^7	2.203×10^5	β
^{123}Te	0.87	9.20×10^{16}	2.053×10^{11}	n/a	6.253	n/a	ε
^{138}La	0.089	1.02×10^{11}	8.192×10^{14}	4.884×10^6	2.067×10^{10}	1.232×10^2	ε, β
^{142}Ce	11.7	5.00×10^{16}	1.836×10^{17}	2.266×10^8	9.370×10^6	1.156×10^{-2}	β
^{144}Nd	23.8	2.29×10^{15}	2.331×10^{17}	1.076×10^9	2.523×10^8	1.164×10	α
^{147}Sm	15.1	1.06×10^{11}	2.512×10^{16}	1.097×10^8	5.635×10^{11}	2.460×10^3	α
^{148}Sm	11.35	7.00×10^{15}	1.888×10^{16}	8.244×10^7	6.414×10^6	2.800×10^{-2}	α
^{152}Gd	0.205	1.08×10^{14}	3.000×10^{14}	2.316×10^6	6.314×10^6	4.876×10^{-2}	α
^{174}Hf	0.163	2.00×10^{15}	1.154×10^{14}	1.842×10^7	1.156×10^5	1.844×10^{-2}	α
^{176}Lu	2.588	3.76×10^{10}	4.886×10^{14}	6.266×10^6	2.655×10^{10}	3.405×10^2	β
^{187}Re	62.93	4.33×10^{10}	1.040×10^{13}	4.063×10^9	4.609×10^8	1.801×10^5	β
^{190}Pt	0.012 7	6.50×10^{11}	1.499×10^{10}	n/a	4.225×10^4	n/a	α
^{204}Pb	1.4	1.40×10^{17}	4.626×10^{15}	6.779×10^8	5.701×10^4	8.355×10^{-3}	α

^{40}K 是表 2.2 中丰度最高的放射性同位素,这并不奇怪,因为它在地壳和海洋两者中都是第八丰富的元素。如果我们能够使用全部的 ^{40}K 制造 1 kW 功率的核电池,那将可以生产大约 4.23 亿个电池。然而,提取或分离如此大量的放射性同位素是不可能,且不可行的。此外,没有任何一种不在衰变链中的原生放射性同位素满足核电池的特性要求。只有大批量同位素的提取变得不再困难时,使用这些原生放射性同位素才能变得经济实惠。

2.1.2　宇生放射性同位素

宇生放射性同位素是宇宙射线作用于地球的土壤和大气形成的。宇宙射线粒子束流由撞击地球大气层的宇宙高能粒子组成(大部分是能量为 1 ~ 100 MeV 的质子)。它们起源于太阳以及宇宙中的其他星系[1]。大气中大多数放射性同位素的产生都发生在平流层中[9],在磁极周围产生的热量更高,而在赤道附近的地区则较低。这些放射性同位素的半衰期相对较短,这意味着由于连续的生产、衰变和输运过程,它们仍存在于当今的地球上。这些放射性同位素的分布是通过空气流动实现的。因此,大多数放射性同位素会凝结成气溶胶颗粒,这些颗粒可能会凝结形成云的固态核,然后沉积在地球表面。宇生放射性同位素也可产生于岩石中,但比例较低,这取决于岩石的位置、大小和暴露历史[1]。

宇生放射性同位素有两个例子:氚(^{3}H)和放射性碳(^{14}C)。表 2.3 给出了环境中宇生放射性同位素的存量,并对比了两篇文献的结果[1, 9]。在这些放射性同位素中,只有氚适用于核电池。氚的全球稳态存量估计为 3.5×10^7 Ci,如果使用表 1.1 中氚的活度功率值计算,则全球存量的氚总功率为 1 312.5 W。请注意,在核电池中由于电池本身的效率,该功率值会进一步降低。

表 2.3　宇生放射性同位素的存量

放射性同位素	半衰期	存量/MCi		衰变射线类型
		O'Brien[9]	Masarik[1]	
^{10}Be	1.39×10^6 a	3.5	2.5	β
^{26}Al	7.17×10^5 a	5.6×10^{-3}	1.6×10^{-3}	ε
^{36}Cl	3.01×10^5 a	1.2×10^{-1}	2.7×10^{-1}	β, ε
^{81}Kr	2.29×10^5 a	—	4.9×10^{-5}	ε
^{14}C	5.7×10^3 a	2.4×10^2	3.0×10^2	β
^{3}H	12.32 a	3.5×10^1	3.5×10^1	β
^{22}Na	2.603 a	5.0×10^{-3}	—	ε
^{35}S	87.37 d	8.0×10^{-2}	—	β
^{7}Be	53.24 d	7.7	4.9	ε
^{33}P	25.35 d	4.5×10^{-2}	—	β
^{32}P	14.26 d	4.7×10^{-2}	—	β
^{28}Mg	20.92 h	2.3×10^{-3}	—	β
^{24}Na	15 h	9.7×10^{-3}	—	β
^{38}S	170.3 min	2.0×10^{-3}	—	β
^{31}Si	157.3 min	2.2×10^{-2}	—	ε
^{18}F	109.77 min	4.2×10^{-3}	—	ε
^{39}Cl	56.2 min	1.3×10^{-1}	—	β
^{38}Cl	37.24 min	8.0×10^{-2}	—	β
^{34m}Cl	32.00 min	5.4×10^{-3}	—	ε, IT
^{29}Al	6.56 min	1.4×10^{-3}	—	β
^{37}S	5.05 min	5.5×10^{-3}	—	β
^{24}Ne	3.38 min	7.2×10^{-4}	—	β
^{30}P	2.45 min	5.8×10^{-3}	—	ε
^{28}Al	2.24 min	2.0×10^{-2}	—	β

2.1.3　人工放射性同位素

人工放射性同位素来源于核燃料产物(从自然衰变链中分离和富集铀或钍)、核燃料后处理(从乏燃料中分离放射性同位素)、核动力反应堆(通过中子俘获生产放射性同位素)、粒子加速器和核武器爆炸。前四种生产方法在 2.2 节中有更详细的讨论。

核反应堆使用的燃料主要富含放射性同位素^{235}U。它是通过采矿、研磨和提炼铀矿石获得的。在制造核燃料的过程中,可以释放出气态放射性同位素^{222}Rn。之所以使用^{235}U,是因为它具有较高的热中子裂变截面,这意味着当^{235}U 吸收热中子时,它很可能分裂成两个裂变碎片,并释放一些中子和能量。核反应堆利用此优势产生受控的级联反应,其中释放出的中子产生更多的裂变,并将产生的热量转化为电能。如图 2.2 所示,燃料通常由二氧化铀(UO_2)的核燃料颗粒组成,并被锆合金制成的包壳包围[10]。在正常运行时,产生的大部分裂变碎片仍保留在核燃料包壳中。这些碎片包含约 800 种不同的同位素,其原子质量范围为 72 ~ 160 u。它们在稳定线丰中子侧(β^- 衰变)具有放射性,最可能的裂变产物质量为 94 u 和 140 u[6, 11, 12]。图 2.3 显示了热中子和快中子的放射性同位素每原子质量的裂变碎片产率。请注意,这些是直接产率,并且这些放射性同位素的大多数会进一步发生 β 衰变,直到它们产生稳定的同位素为止。在核反应堆运行过程中,有些产生的同位素是稳定的,而另一些的半衰期很短。它们中大约 50% 的寿命超过 25 min,如果这些核素在核事故中被释放,将会很危险[1]。在以往的核事故中,大量的^{131}I 和^{137}Cs 释放到自然环境中。但是,在正常操作过程中,这些放射性同位素中的一小部分会通过包壳泄漏,并释放到慢化剂中(通常是轻水)。但是,并非所有放射性同位素都是由核反应堆中的裂变碎片产生的。中子束流与结构材料相互作用也可以产生许多放射性同位素,例如^{51}Cr、^{54}Mn、^{55}Fe、^{59}Fe 和^{60}Co[1]。此外,部分燃料俘获中子不产生裂变,会产生更重的放射性同位素。

图 2.2　核燃料芯块[13]

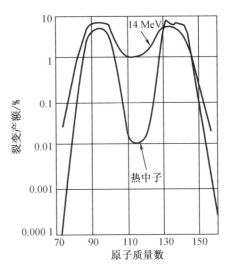

图 2.3　高能和低能(热)中子作用下的^{235}U 裂变产率[11]

核燃料使用后,^{235}U 的一部分和^{238}U 的大部分保持不变。^{238}U 吸收中子会产生一些^{239}Pu。这两种放射性同位素可以重复使用,用于制造新的燃料,这个过程称为后处理。对核燃料进行后处理时,可以使用 2.2 节中讨论的不同处理方法,从裂变碎片中分离出放射性同位素。扩大核燃料供应和分离有用的放射性同位素似乎是一个很好的选择,但是由于易裂变同位素的扩散问题使得这种方法既昂贵又有争议,因为易裂变核素如^{239}Pu可用于制作核武器。

放射性同位素一旦从乏燃料分离出来,就可以有不同的用途,例如放射性药物、医学成像、示踪剂、食品辐射灭菌、消除虫害、材料测厚、偏僻地区电源(RTGs和其他类型核电池)及其他[12]。

因为有关核反应堆所需的详细信息通常保密,这些放射性同位素的全球存量清单很难获得。但是,已经有人做出努力来估算特定元素和放射性同位素的世界存量。其中一些核素,如钚、^{241}Am和^{85}Kr,可用于同位素电池。^{238}Pu由于已被用作RTG的动力源,因此一直是空间计划的重要放射性同位素。到2014年底,全球钚元素供应总量估计为2 627 t。其中,2 388 t用于民用核反应堆(2 113 t在服役核燃料中被辐照着,275 t在乏燃料中),240 t用于军用库存[15]。因此,在乏燃料中可用于核电池的最容易获得的钚有275 t。核电池的两个潜在钚来源是^{238}Pu和^{241}Pu,在典型压水堆(PWR)的乏燃料中,它们的总估计浓度分别为1.3%和4.7%[16]。因此,全世界乏燃料中约有3.57 t ^{238}Pu和12.92 t ^{241}Pu。到2004年底,镅的产量估计为87 t,其中约68 t为^{241}Am,它是^{241}Pu的衰变产物[17]。Ahlswede等[18]估算放射性同位素^{85}Kr的全球大气含量约为5 400 PBq。这个活度值对应于后处理核设施释放到大气中的^{85}Kr量,这是主要的贡献者,还有其他的一些小型来源,如核动力反应堆、海军反应堆和同位素生产厂。这里不考虑尚未经过处理,还未释放到大气中的燃料里^{85}Kr的量。表2.4给出了^{85}Kr、^{238}Pu和^{241}Am的世界存量估计值。美国国家研究委员会考虑了将这些同位素与乏燃料分离的成本[19]。这次审查的结论是,使用核武器程序中已经分离出的同位素来生产^{238}Pu是个可行的办法。在美国国家实验室,可用的^{238}Pu分离存量约为39 kg,^{237}Np的估计存量为300 kg[20]。^{238}Pu由^{237}Np$(n, \gamma)^{238}$Np $\rightarrow$ ^{238}Pu $+ \beta$ 反应生产。使用高中子通量反应堆,例如美国爱达荷州国家实验室的先进测试反应堆或美国橡树岭国家实验室的高通量同位素反应堆[19, 21],从分离的^{237}Np库存中生产^{238}Pu是可行的。每年可以生产5 kg ^{238}Pu。建成这种生产能力的成本估计为7 700万美元[19, 20]。每千克^{238}Pu的成本约为800万美元。尽管全球范围内从商用反应堆乏燃料中分离出来的^{237}Np和^{238}Pu的库存量很大(表2.4)[17],但乏燃料处理的成本仍然很高,导致该方法不可行。

表2.4　^{85}Kr、^{238}Pu和^{241}Am的世界存量估计值

放射性同位素	半衰期/a	估算年份	总活度/Ci	世界存量/kg
^{85}Kr‡	10.752	2009年	1.46×10^8	3.73×10^2
^{238}Pu	87.7	2014年底	6.11×10^7	3.57×10^3
^{241}Pu	14.325	2014年底	1.34×10^9	1.29×10^4
^{241}Am	432.6	2004年底	2.33×10^8	6.80×10^4

注:‡为全球大气含量。

尽管仅对少数放射性同位素进行了总库存量的估算,但是鉴于可获得更多的信息,因此有可能对美国用过的核燃料中所含的放射性同位素进行估算。橡树岭国家实验室(Oak Ridge National Laboratory)的一份报告估计,截至2011年有67 600 t商用核燃料重金

属(MTHM)[22],其中 43 900 t MTHM 用于 PWR,23 700 t MTHM 用于沸水堆(BWR)。假设最初在 PWR 和 BWR 燃料组件中铀的质量百分比分别为 70% 和 57%,则仅与乏燃料相对应的质量分别为30 790 t(PWR)和 13 580 t(BWR)。利用这些质量数据以及 PWR 和 BWR 的平均特性,采用 Yancey 等[23]提出的方法分析放射性核燃料,可以估算放射性同位素的存量[23]。将表示反应堆的平均数据信息输入 ORIGEN - ARP(Scale 软件包)中,建立核电站模型,从而估算乏燃料组件中所含放射性同位素的质量。一旦获得了 PWR 和 BWR 单位组件的"平均"含量,再乘以组件数量即可得到结果,其中组件数量由乏燃料总质量除以每个组件的初始质量 U 计算得到。表 2.5[22]给出了 ORIGEN - ARP 中使用的 PWR 和 BWR 反应堆的平均信息。到 2009 年底,全世界约有 240 000 t 乏燃料 MTHM,其中美国占 64 500 t[24]。即美国的乏燃料约占全球总量的 27%。同样,表 2.6 中的数据约占全球放射性同位素存量的 27%。这是一个粗略的估计,因为美国反应堆的信息不一定代表其他国家的反应堆。在一些情况下,其他国家反应堆有不同的燃料类型、功率大小等。尽管如此,这些数字可以推算出一个信息,即从乏燃料中提取的放射性同位素的活度有可能是多少。

表 2.5 美国 PWR 和 BWR 反应堆的平均信息

反应堆类型	运行开始时间	初始热功率/MWt	组件数量	铀初始质量/kg
PWR	1980 年 9 月	2 908.9	184	424
BWR	1979 年 1 月	2 799.9	755	183

表 2.6 估算美国乏燃料的放射性同位素供应量,包括可用于核电池的同位素

放射性同位素	半衰期/a	总活度/Ci	供应量/g
^{137}Cs	30.08	4.62×10^9	5.31×10^7
^{90}Sr	28.9	2.98×10^9	2.11×10^7
^{244}Cm	18.1	3.03×10^8	3.74×10^6
^{85}Kr	10.752	1.69×10^8	4.29×10^5
^{241}Am	432.6	1.58×10^8	4.61×10^7
^{154}Eu	8.6	1.01×10^8	3.73×10^5
^{147}Pm	2.623 4	4.05×10^7	4.37×10^4
^{151}Sm	90	1.88×10^7	7.16×10^5
^{134}Cs	2.065	1.53×10^7	1.18×10^4
^{155}Eu	4.753	1.10×10^7	2.23×10^4
^{125}Sb	2.76	3.23×10^6	3.08×10^3
^{243}Cm	29.1	1.32×10^6	2.56×10^4
^{121m}Sn	43.9	7.31×10^5	1.36×10^4
^{152}Eu	13.528	1.34×10^5	7.59×10^2
^{106}Ru	1.02	3.92×10^4	1.18×10^1

表 2.6（续）

放射性同位素	半衰期/a	总活度/Ci	供应量/g
^{113m}Cd	14.1	1.15×10^4	5.14×10^1
^{228}Th	1.912	1.53×10^3	1.86
^{232}U	68.9	1.51×10^3	6.82×10^1
^{146}Pm	5.53	1.33×10^3	2.99
^{236}Pu	2.858	2.84×10^2	5.43×10^{-1}
^{250}Cf	13.08	2.39×10^1	2.19×10^{-1}
^{171}Tm	1.92	4.80	4.40×10^{-3}
^{252}Cf	2.645	1.12	2.08×10^{-3}
^{227}Ac	21.772	9.10×10^{-2}	1.26×10^{-3}
^{210}Po	0.379	8.71×10^{-4}	1.94×10^{-7}
^{210}Pb	22.2	8.71×10^{-4}	1.14×10^{-5}
^{228}Ra	5.75	1.13×10^{-5}	4.14×10^{-8}

2.2　放射性同位素生产

由于天然放射性物质和人类库存中可用的放射性同位素数量有限,因此无法从现有供应中获取大量的放射性同位素。为了获得足够使用的数量,必须寻找生产放射性同位素的手段。然而不幸的是,这些放射性同位素的产生在科学上仍然是一个很复杂的过程。这种复杂性对试图开发新的放射性同位素分离方法的研究人员构成了重大障碍。当前,只有四种通用方法可用于生产这些物质:从核反应堆乏燃料中分离;从自然衰变链中分离;在核反应堆中通过中子俘获生产放射性同位素;使用粒子加速器生产放射性同位素。

2.2.1　从核反应堆乏燃料中分离

生产放射性同位素的第一种方法是从核反应堆乏燃料中分离同位素。在这种方法中,乏燃料被输送到后处理设施,在这里会经过一系列化学和/或物理处理过程。通过这些过程,分离并去除不同的物质,留下所需的化学元素作为产物。然后对这些化学元素进一步处理和纯化,以产生一定浓度的所需放射性同位素。这个过程一旦完成,这些回收的同位素可以有许多应用,包括核电池。

这种方法(就核电池而言)最大的科学顾虑之一是乏燃料中的同位素成分。在美国,大多数核反应堆都是轻水堆(LWR)。这些反应堆产生的乏燃料包含约96%的铀和少于1%的钚[25],其余的3%由数百种放射性同位素组成,这些放射性同位素被称为"裂变产物",它们是在反应堆运行期间产生的。因此可以得出结论,如果核电池的运行需要除铀或钚之外的其他化学元素,则将需要极高的分离和纯化精度,这是限制生产率的重要因素。此外,该问题还将影响使用该方法生产的放射性同位素的成本,这是本章稍后要讨论的问题。

如前文所述,这些顾虑主要是针对对核电池的研究和开发感兴趣的科学家而言的。由于这不是乏燃料后处理的初始目的,因此已经开发了许多乏燃料后处理的方法和变体。在美国终止民用乏燃料后处理之前,采用了三种不同的方法再利用乏燃料:磷酸铋流程、还原和氧化(REDOX)流程和钚铀还原萃取(PUREX)流程。

2.2.1.1　磷酸铋流程

从乏燃料中分离放射性同位素的第一种方法,称为磷酸铋流程。该工艺起源于二十世纪 40 年代初,来自美国芝加哥大学的冶金实验室。当时,芝加哥大学正在评估用于曼哈顿计划[26]的几种化学分离工艺,曼哈顿计划是一项设计和制造第一枚核弹的秘密军事计划。对潜在的工艺流程完成评估后得出的结论为,磷酸铋流程是分离放射性同位素钚的最佳选择。随后,华盛顿州汉福特市的曼哈顿区建造了三座大型磷酸铋工厂。这些厂房分别被称为 T、B 和 U,但由于其巨大的尺寸而经常被昵称为"峡谷"或"玛丽皇后号"(图 2.4)。这些磷酸铋工厂的基本概念是利用 Pu 不同的价态来回收乏燃料。在 Pu^{4+} 价态下,Pu 具有与磷酸铋($BiPO_4$)共沉淀的能力。但是,在 Pu^{6+} 价态下,Pu 会失去这种能力。通过价态上的这种差异操纵 Pu,磷酸铋流程最终制得的产品由硝酸钚溶液组成。

图 2.4　华盛顿州汉福特市的 T 厂(左)和 U 厂(右)[27]

(像这样的"峡谷"大约长 800 ft①、宽 85 ft、高 100 ft。)

磷酸铋流程的第一步是去除反应堆燃料铝包壳。这是通过将乏燃料浸入沸腾的氢氧化钠和亚硝酸钠溶液中完成的。然后将裸露的燃料(主要包含铀、少量的钚和其他裂变产物)溶解在浓硝酸水溶液中。该溶液用硫酸稳定,以防止铀沉淀[28]。为了获得合适的价态,添加亚硝酸以还原钚。接下来添加磷酸铋,以便与钚共沉淀。通过使用离心机分离钚和磷酸铋,然后洗涤[29]。之后将这个完整的过程重复多次以纯化产物。这些步骤完成后,通过氟化镧载体,钚溶液会进一步的净化和浓缩,溶液的体积从大约 330 gal② 减少到 8 gal[26]。这种体积的减小将钚溶液转变成膏状浆料。对该浆料进行进一步处理,将其转变为钚金属。在此过程中,废料流中包含铀和大部分裂变产物(图 2.5)。

磷酸铋流程存在几个明显的问题。首先,乏燃料必须分批处理[30];其次,废料流中一些有用产物的损失,比如铀等也是问题;再次,这种后处理效率低。平均而言,一座磷酸铋厂每天只能处理约 1 t 燃料[26]。另外一个缺点是产品质量:每吨乏燃料只能生产出 2.5 kg

①　1 ft≈30.48 cm。

②　1 gal≈3.785 L。

钚,同时产生 1 万 gal 的废液。这导致每天有将近 150 万 gal 的废液排入地下[31]。当然,除了这些问题外,后处理工厂本身也存在问题。

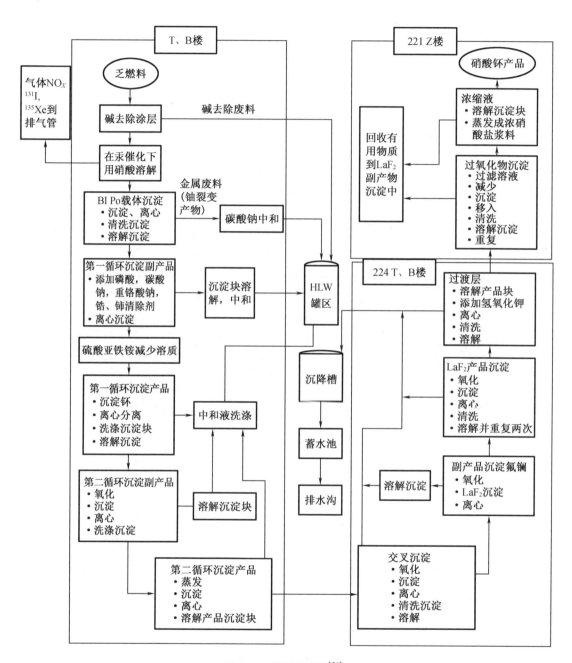

图 2.5 磷酸铋流程[26]

为了对乏燃料进行必要的辐射屏蔽,T、B 和 U 后处理工厂非常庞大。主要建筑物(峡谷)大约长 800 ft、宽 85 ft、高 100 ft。每座工厂都使用 6 ft 厚的混凝土墙来保护工人免受放射性伤害。每座工厂至少分为 20 个部分,称为"处理单元",用带有可移动的防护罩将它们分开。直接暴露于燃料或加工设备环境下是极为危险的,接收到的辐射剂量在 1 min 内就可能达到致命的暴露水平[31]。为了最大限度地减少此类暴露,这些设施使用了可以远程操作的桥式起重机和机械手。为了成功操作这些设备,每个设施都屏蔽了沿建筑物长度方向的运行走廊,其中包含电气设备、控制设备和管道,以及工厂工人本身。由于存在危险,因此安装了闭路电视系统,以使设备操作员可以看到峡谷内部,同时保障辐射安全。每个设施都使用通风系统,该通风系统将外部空气先传送到工人工作区域,然后再将其抽入到处理区域,最后将其过滤之后通过高大的烟囱排出[26]。

2.2.1.2　REDOX 流程

如前文所述,磷酸铋的后处理方法有一些明显的缺点。在 20 世纪 40 年代,铀获取困难使得废料流中的铀损失变为主要问题。为了阻止这种损失并回收铀,美国开发了 REDOX 燃料分离流程[31]。1948—1949 年,一个试验工厂在橡树岭国家实验室进行了测试,随后迅速于 1951 年在汉福特市建造了一座大规模的后处理设施[30]。该设施被称为"S 工厂",其规模明显小于前述磷酸铋工厂,长仅为 470 ft、宽 160 ft(图 2.6)。在其最高运营效率期间,S 工厂每天可处理多达 12 t 的乏燃料。在其使用寿命期间,汉福特的 S 工厂共处理了约 24 000 t的乏燃料。该设施于 1967 年关闭[27]。

图 2.6　华盛顿州汉福特市的 REDOX 工厂[27]

REDOX 方法是核工业在乏燃料后处理发展中迈出的关键一步。与磷酸铋流程不同,REDOX 技术是一种逆流连续流溶剂萃取流程,这样就无须分批处理乏燃料。此外,氧化还原流程还可同时产生铀和钚产品。这种工艺首先要在硝酸溶液中去除反应堆燃料包壳,这一步与磷酸铋流程相似。然后将来自该步骤的水溶液与称为异己酮(甲基异丁酮)的有机溶剂混合,该有机溶剂与水不混溶。在混合过程中,硝酸铀和硝酸钚会从水溶液中提取出来并转移到异己酮中。由于它的不混溶性,异己酮可以轻易地从水溶液中分离出来。之后将铀和钚化学还原并分离。然后将这些产品浓缩并送到其他设施进行纯化和使用[26]。

与磷酸铋流程相比,REDOX 技术具有优点和缺点。REDOX 方法相对于磷酸铋流程的一个明显优势是能够提取铀;另一个优势是所需的工厂规模更紧凑,同时工厂内部可完成钚处理单元的数量也增多了。不幸的是,REDOX 流程也有一些严重的缺点。该工厂产生的废料远未达到理想的水平,虽然废料体积比之前的方法小,但含有更多的化学物质,并且排放时产生大量热量。异己酮的挥发性和爆炸性也引起人们的关注[27]。这种有机溶剂仅在 69 °F① 就能达到闪点——使液体蒸发到周围的空气中产生可燃性气体的最低温度。如

---

①　1 °F = 1 ℃ × 1.8 + 32。

此低的闪点就要求整个 REDOX 后处理操作必须在惰性气体中进行[31]。

2.2.1.3 PUREX 流程

从乏燃料中分离特定放射性同位素的另一种技术称为钚铀 PUREX 流程。PUREX 流程是 20 世纪 50 年代初由位于美国纽约斯克内克塔迪的诺尔斯原子能实验室开发的。PUREX 开发的部分推动力是,其后处理技术比 REDOX 流程安全得多:由于它不包含异己酮,因此无须惰性气体,也无须担心异己酮爆炸。该工艺开发后,1950—1952 年在美国田纳西州的橡树岭国家实验室进行了测试[30]。它随后被南卡罗来纳州的萨凡纳河遗址采用。1954 年 11 月,首个 PUREX 后处理设施在萨凡纳河启用,用来回收在周围 5 座反应堆中乏燃料中的钚[26]。1956 年 1 月,汉福特市建造了自己的 PUREX 后处理设施并开始运营(图2.7)。汉福特市的 PUREX 后处理厂长 1 000 ft、宽 60 ft、高 100 ft,是当时最大的化学处理厂[32]。

图 2.7 华盛顿州汉福特市的 PUREX 工厂[27]

虽然 PUREX 流程在许多方面与 REDOX 方法相似,但其允许在相当大的安全性下进行逆流连续流动的溶剂萃取流程。它还允许提取其他放射性同位素。与 REDOX 技术一样,PUREX 流程的第一步是使用硝酸去除反应堆燃料包壳。然后将水溶液与有机溶剂磷酸三丁酯(TBP)混合[33]。从水溶液中提取铀、钚和其他所需的放射性同位素(例如镎),并通过价态操作将其转移到 TBP 中。然后将这些产品浓缩在另一种有机溶剂(如石蜡)中,再采用稀硝酸进行化学洗涤。溶剂萃取和洗涤步骤都将重复多次,以分离和纯化产物。每个最终产品都会以硝酸盐的形式出现[31]。PUREX 流程如图 2.8 所示。

就核领域而言,PUREX 流程几乎在所有方面都证明自己优于 REDOX 技术。如前文所讨论的,PUREX 流程不含异己酮,异己酮需要在设备内部使用惰性气体,并会引起对基于异己酮爆炸的担忧。相反,使用有机溶剂 TBP,其闪点高得多(将近 300 °F),这使得它可以在自然环境中使用,并且无须担心爆炸。支持 PUREX 的另一个因素是其拥有回收多种同位素的能力。最后,正如前文提到的所预期的益处那样,PUREX 流程比以往的方法具有更高的效率[26]。

尽管 PUREX 流程比 REDOX 流程有了显著改进,但人们依然对新的生产技术存在较为严重的担忧。由于钚在核武器制造中的核心作用,因此钚产品迅速成为核武器扩散问题的关注点。1976 年,时任总统杰拉尔德·福特无限期地暂停了钚的商业再加工和回收[34]。这直接影响了 PUREX 流程的发展。到 1977 年 4 月底,时任总统吉米·卡特禁止了美国所有民用反应堆的核燃料后处理[35]。

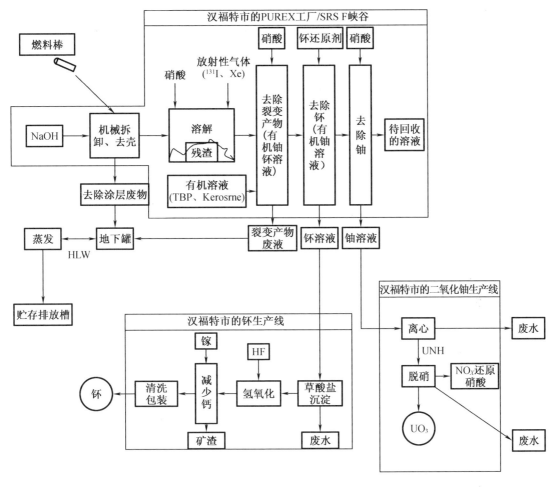

图 2.8 PUREX 流程

2.2.1.4 其他流程

尽管在发明 PUREX 流程后美国的民用乏燃料后处理被禁止了,但这一领域仍在继续发展。

这件事引发了许多不同的化学后处理工艺及其相关变体的出现。例如,PUREX 流程的一种变体是 TRUEX 再处理方法,该方法试图隔离超铀元素。PUREX 的另一个后处理变体是 DIAMEX – SANEX 流程,该工艺去除了寿命长的放射性同位素(如镅和锔),然后将其分离为不同的产品。COEX 流程可提取包含铀和钚的混合物以及纯铀流。最后,与 COEX 相似,GANEX 技术可提取同时包含铀和钚的混合物,除此以外它还具有分离某些锕系元素的能力。可以给出更多示例,但是与化学乏燃料后处理相关的主要概念和问题仍然存在。

为了消除与化学乏燃料后处理相关的复杂性,一些组织正在研究后处理的替代方法。其中值得一提的方法是高温冶金,目前美国芝加哥的阿贡国家实验室正在研究中。与其他方法不同,该技术利用称为电精炼的过程来分离放射性同位素。类似于电镀,电精炼涉及将已经加工成金属形式的乏燃料附着到悬浮在熔融盐浴中的阳极上。在整个熔池上施加电流,燃料元素溶解。在阴极上可回收放射性同位素,如铀和其他锕系元素。然后将这些元素发送到阴极处理器进行进一步精炼,在这里所有剩余的盐分又将返回镀液中。整个过程的示意图如图2.9所示。

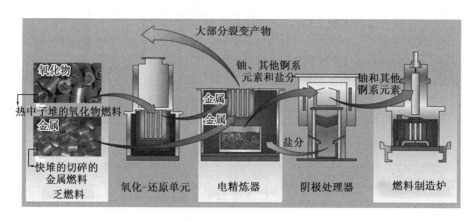

图2.9　高温冶金流程示意图[36]

2.2.2　从自然衰变链中分离

放射性同位素的另一种生产方法涉及利用环境中自然存在的三个放射性同位素衰变链。这三个衰变链分别称为铀系、锕系和钍系,对应的初始同位素分别为^{238}U、^{235}U和^{232}Th。通常认为这些衰变链近似处于"长期平衡"状态,在该状态下,系列中每种放射性同位素的活性近似相等。为了满足该定义的标准,每个衰变链必须具有一个初始放射性同位素,其半衰期要比其随后的任何衰变产物更长。另外,必须经过很长一段时间才能允许后续放射性同位素的生长。这个时间周期的一个很好的近似值是最长衰变产物的十个半衰期[37]。

在每个衰变过程中,初始放射性同位素(称为"母体")都会通过发射α或β粒子而衰变。随着衰变粒子的发射,剩余的放射性同位素呈新的核素形式,称为"子代"。尽管它仍可以进一步衰变,但其子产物比其母体更稳定。这些子同位素中有一些是强伽马发射体。但是,在衰变链中γ发射与α或β发射不在同一类别。因为这是多余能量的释放,它本身并不会改变它发出的放射性同位素[37]。

如前文所述,第一条衰变链称为铀系,其初始母体为^{238}U。这种放射性同位素的半衰期为45亿a。它的衰变子代是^{234}Th,这个过程通过发射α粒子实现。^{234}Th的半衰期为24 d,在此期间,它发射出β粒子并转变为^{243m}Pa。^{243m}Pa为亚稳态,半衰期少于1.25 min(75 s)。作为母体,^{243m}Pa发射出β粒子,使核素返回铀的同位素(^{234}U)。然后,核素经历五个连续的α衰变。这些衰变包括^{234}U(半衰期为240 000 a)至^{230}Th,^{230}Th(半衰期为77 000 a)至^{226}Ra,^{226}Ra(半衰期为1 600 a)至^{222}Rn,^{222}Rn(半衰期为3.8 d)至^{218}Po和^{218}Po(半衰期为3.1 min)至^{214}Pb。该放射性同位素的半衰期为27 min,并具有衰变子代为^{214}Bi(通过发射β粒子实现)。铋核素的半衰期为20 min,它会通过另一个β粒子迅速衰变,从而转变为^{214}Po。由于其半衰期极短,仅有160 μs,^{214}Po通过发射α粒子几乎立即衰减为^{210}Pb。在其22 a的半衰期中,^{210}Pb发射出一个β粒子,将核素转化为^{210}Bi。^{210}Bi的半衰期为5 d,通过发

射 β 粒子衰变到^{210}Po。最后，^{210}Po 在其 140 d 的半衰期中会发射出 α 粒子，并转变为^{206}Pb。^{206}Pb 是稳定的，不会进一步衰减。整个衰变链如图 2.10 所示。

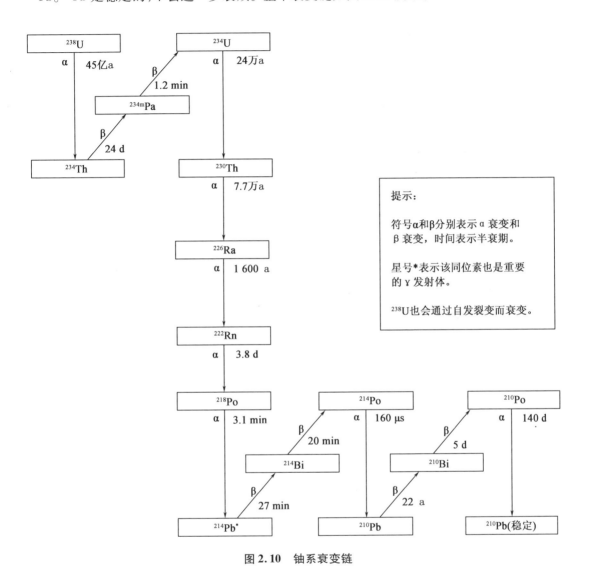

图 2.10　铀系衰变链

如图 2.11 所示，锕系是第二个衰变链，它的初始母体是^{235}U。^{235}U 是长寿命同位素，半衰期为 7 亿 a。它的衰变子代是^{231}Th，通过发射 α 粒子实现。^{231}Th 的半衰期为 26 h，在此期间它会发出 β 粒子并转变为^{231}Pa。^{231}Pa 的半衰期为 33 000 a，会通过 α 发射衰变至^{227}Ac。有趣的是，^{227}Ac 在其 22 a 的半衰期中会同时发射 α 和 β 粒子，从而产生两条独立的衰变路径。大约 99% 的时间，^{227}Ac 会通过 β 粒子衰变，产生^{227}Th。^{227}Th 的半衰期为 19 d，在此期间会发射出 α 粒子，从而产生^{223}Ra。在其他 1% 的时间内，^{227}Ac 会通过一个 α 粒子衰变，从而生成^{223}Fr。半衰期为 22 min 的^{223}Fr 发出 β 粒子，也产生^{223}Ra。然后，核素经历三个连续的 α 衰变。这些衰变包括^{223}Ra（半衰期为 11 d）至^{219}Rn，^{219}Rn（半衰期为 4 s）至^{215}Po 和^{215}Po（半衰期为 1.8 ms）到^{211}Pb。该放射性同位素的半衰期为 36 min，并且具有衰变子^{211}Bi 的能力(通过发射 β 粒子实现)。半衰期为 2.1 min 的^{211}Bi 通过 α 粒子迅速衰变,自身转变为^{207}Tl。最后,^{207}Tl 在其 4.8 min 的半衰期内会发射出 β 粒子,并转化为^{207}Pb。^{207}Pb 是稳定的,不会进一步衰变。

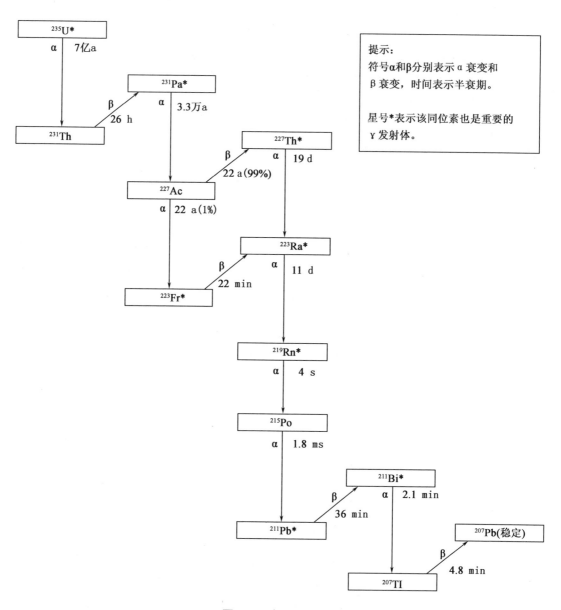

提示:
符号 α 和 β 分别表示 α 衰变和 β 衰变,时间表示半衰期。

星号 * 表示该同位素也是重要的 γ 发射体。

图 2.11　锕系衰变链

最后是钍系,其初始母体是^{232}Th。该放射性同位素的半衰期为 140 亿 a。它的衰变子代是^{228}Ra,通过发射 α 粒子实现。^{228}Ra 的半衰期为 5.8 a,在此期间,它会发射 β 射线并变成^{228}Ac。^{228}Ac 的半衰期为 6.1 h,它释放出 β 粒子,使核素返回钍的同位素(^{228}Th)。然后,核素经历四个连续的 α 衰变。这些衰变包括^{228}Th(半衰期为 1.9 a)至^{224}Ra,^{224}Ra(半衰期为 3.7 d)至^{320}Rn,^{320}Rn(半衰期为 56 s)至^{216}Po,以及^{216}Po(半衰期为 0.15 s)至^{212}Pb。该放射性同位素的半衰期为 11 h,并且其衰变子代^{212}Bi 通过发射 β 粒子得以实现。与锕系中的锕相似,^{212}Bi 在其 61 min 的半衰期中会同时发射 α 和 β 粒子,从而产生两条独立的衰变路径。在大约 64% 的时间内,^{212}Bi 通过 β 粒子衰变产生^{212}Po。^{212}Po 的瞬时半衰期仅为 310 ns,在此期间发射出 α 粒子,从而生成^{208}Pb。在其他 36% 的时间内,^{212}Bi 发射出 α 粒子,比如^{208}Tl。半衰期为 3.1 min 的^{208}Tl 发射出 β 粒子,也产生了^{208}Pb。^{208}Pb 是稳定的,不会进一步衰变。衰变链如图 2.12 所示。

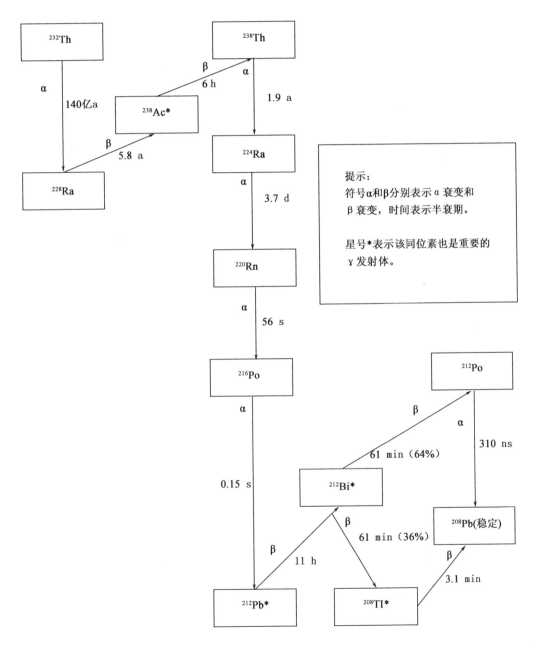

图 2.12　钍系衰变链

　　一个可以明显破坏铀系、锕系和钍系衰变链长期平衡的因素是是否已从中提取出特定的放射性同位素。如果特定的放射性同位素的提取已相当程度地发生,则该放射性同位素的缺失将抑制其子同位素的形成,从而有效地切断衰变链。然后可以将剩余的子同位素子系列视为一个单独的(且较小的)系列,其中来自原始衰变链的某一长寿命放射性同位素为其初始母体。例如,如果从图 2.10 中的铀系列中提取^{238}U,则其直接子代产物(^{234}Th)将不会继续形成。剩余的^{234}Th及其子代^{243m}Pa半衰期相对较短。这将使寿命长的放射性同位素^{234}U成为较小链的初始母体,该链由最初包含在铀系列中的^{234}U的后续子代组成。同样,如果从铀系列中提取^{234}U,则^{230}Th将停止形成。但是,由于^{230}Th本身是长寿命的放射性同位素,因此它将成为衰变链中其余同位素的初始母体。铀系列中的其他放射性同位素^{226}Ra和^{210}Pb可以认为是较小链的初始母体[37]。

　　在确定较小系列的初始母体时,通常不考虑半衰期短于 1 a 的放射性同位素。这是因为这些放射性同位素在很大程度上取决于其母代核素产生的同位素供应,因此在几年之内与它们的母体(完全衰变)重新建立平衡[37]。将这一因素应用于锕系,可以确定它包含初始母体^{235}U、^{231}Pa 和 ^{227}Ac。同样,将此因素应用到钍系中,可以发现初始母体为^{232}Th、^{228}Ra 和 ^{228}Th。

　　一旦从一条自然衰变链中选择了一个放射性同位素进行提取,就可以采用化学分离流程从相应衰变系列的其他放射性同位素中分离出该核素,并将其加工成有用的形式。该过程的确切细节取决于所分离的放射性同位素的性质。就铀而言,碎铀矿(UO_3)可用硫酸(H_2SO_4)浸出,产生的氧化反应为[38]

$$UO_3 + 2H^+ \longrightarrow UO_2^{2+} + H_2O \tag{2.1}$$

$$UO_2^{2+} + 3SO_4^{2-} \longrightarrow UO_2(SO_4)_3^{4-} \tag{2.2}$$

然后使用树脂/聚合物离子交换或液体离子交换溶剂萃取系统回收铀溶液。为了继续加工,在半连续循环中用强酸、氯化物溶液或硝酸盐溶液从离子交换树脂/聚合物中剥离出铀。在下面的化学方程式中,使用了硫酸。"R"是具有单个共价键的烷基(烃基)[38]:

$$2R_3N + H_2SO_4 \longrightarrow (R_3NH)_2SO_4 \tag{2.3}$$

$$2(R_3NH)_2SO_4 + UO_2(SO_4)_3^{4-} \longrightarrow (R_3NH)_4UO_2(SO_4)_3 + 2SO_4^{2-} \tag{2.4}$$

　　在先前的反应之后,使用硫酸从溶液中去除所有的阳离子杂质,并且使用气态氨($2NH_3$)从溶液中去除阴离子杂质。然后引入硫酸铵溶液,从铀中除去烷基(烃基)团。完成此操作后,将气态氨添加到溶液中,这样做是为了中和溶液,并生成重铀酸铵[38],具体如下:

$$(R_3NH)_4UO_2(SO_4)_3 + 2(NH_4)_2SO_4 \longrightarrow 4R_3N + (NH_4)_4 + UO_2(SO_4)_3 + 2H_2SO_4 \tag{2.5}$$

$$2NH_3 + 2UO_2(SO_4)_3^{4-} \longrightarrow (NH_4)_2U_2O_7 + 4SO_4^{2-} \tag{2.6}$$

　　最后,处理重铀酸铵。从溶液中除去所有残留的水,然后在高温下干燥二铀酸铵[38]。将产物转化为铀氧化物(U_3O_8),其中铀的含量约为 85%,然后将 U_3O_8(通常称为黄饼铀)出售给客户。

2.2.3　在核反应堆中通过中子俘获生产

第三种方法,也是当今常用的,是在核反应堆中通过中子俘获反应产生放射性同位素。目前中子照射样品的两种典型方法是束流端口处照射和气动导管内照射。此外,也可以在反应堆运行期间,在其上方固定一个装载平台。图2.13 所示为美国橡树岭国家实验室低强度测试反应器验证演示图。

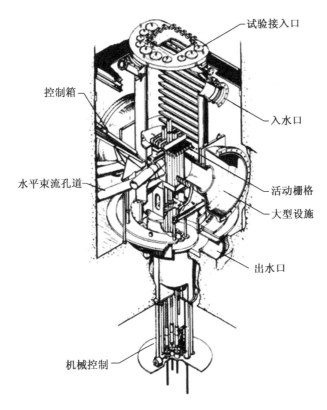

图 2.13　美国橡树岭国家实验室低强度测试反应器验证演示图

(水平束流孔道连接到束流端口,活动栅格附近的大型设施为更近距离的照射区域)

每个研究反应堆的辐射关键参数差距很大(表2.7)。这些关键参数包括中子通量、运行时间和可用于样品照射的空间。还要注意的重要一点是由样品处理程序和样品加载而额外产生的"死时间"。对于气动导管,死时间可以达到照射时间的 3 ~ 4 倍;对于束流端口或过渡区域,死时间可以低至照射时间的 20%。

表 2.7　按实验室分类的反应堆设施特性参数

反应堆名称	快中子通量 /($cm^{-2} \cdot s^{-1}$)	热中子通量 /($cm^{-2} \cdot s^{-1}$)	运行时间 /($d \cdot a^{-1}$)	最大空间 /cm^3
MIT－RR **	1.2×10^{14}	6.0×10^{13}	168	460
MURR	6.0×10^{14}	6.0×10^{14}	180	350
INL－ATR **	5.0×10^{14}	1.0×10^{15}	180 ~ 195	15 400 *
ONRL 反应堆	5.0×10^{14}	1.5×10^{14}	270 ~ 290	14.5(f) 3.2(th)

注：＊相对于其他现有的气动导管，INL 的操作端口具有巨大的可用空间；

　　＊＊RR 是研究反应堆(Research Reactor)，MURR 是密苏里大学的研究反应堆，而 ATR 是先进的试验反应堆(Advanced Test Reactor)[39-41]。

　　上面提到的运行时间是包含停堆时间的总和，即也包含辐照之间物料的传送过渡时间。因此，有效辐照可低至反应器运行时间的 5% 或高至 70%。后面的计算都假定该值为 50%。

2.2.4　使用粒子加速器生产

　　放射性同位素的最后一种生产方法是使用粒子加速器生产。在这些加速器中，带电粒子束(例如质子)被外部磁场加速。当达到合适的能量，这些粒子就会与靶材同位素原子发生碰撞。在碰撞过程中，原子吸收了粒子，使自身转变为新的核素，同时释放亚原子粒子。经过足够的辐照后，从加速器中取出靶材同位素，然后加工出所需的放射性同位素以供使用。粒子加速器生产放射性同位素的一个范例是使用布鲁克海文直线加速器(LINAC)(图 2.14)，也被称为 BLIP 生产放射性同位素[42]。该加速器位于美国纽约州乌普顿的布鲁克海文国家实验室(BNL)，它通过加速质子运行。自 1972 年开机以来，BLIP 进行了两次升级：第一次在 1986 年，第二次在 1996 年[43]。如图 2.15 所示，BLIP 工作时使直线加速器产生的某些粒子束发生偏转。BLIP 从直线加速器的分叉点到靶材的长度为 98.4 ft。靶材为圆盘状，放置在直径 16 in① 的垂直密闭井中，该井内充满水。将这些靶材圆盘降低大约 30 in，直到与来自直线加速器的入射粒子束成一直线为止，一次最多可以插入 8 个靶材同位素圆盘，具体取决于粒子束强度和圆盘厚度[43]。目前，BLIP 质子束能量可高达 200 MeV，流强为 110 μA[44]。

　　BNL 使用 BLIP 技术可以生产多种放射性同位素。表 2.8 中给出了其 2012 年的放射性同位素生产能力。从表 2.8 中可以看出，要获得某些放射性同位素(例如 ^{7}Be 或 ^{52}Fe)，首先需要向 BNL 下订单。其他放射性同位素(例如 ^{63}Ni)也可能有现货。还有一些放射性同位素每月都生产(例如 ^{67}Cu 和 ^{86}Y)，而其他放射性同位素(例如 ^{73}As 和 ^{95m}Tc)则在该年度没有生产计划。值得注意的是，对于 2012 这一放射性同位素生产年，BLIP 仅在 1 月到 7 月保持运行[44]。这意味着长寿命的核素全年可用，而短寿命的核素供应在该年度关闭后就迅速消失了。

---

　　①　1 in≈2.54 cm。

图 2.14 布鲁克海文国家实验室的直线加速器(LINAC)[42]

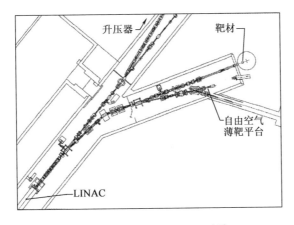

图 2.15 BLIP 射束示意图[42]

表 2.8 BLIP 在 2012 年的放射性同位素生产能力

同位素	半衰期	用途	生产频率
^{7}Be	53.3 d	研究	特殊订单
^{28}Mg	20.9 h	研究	特殊订单
^{52}Fe	8.3 h	研究	特殊订单
^{55}Fe	2.73 a	商业	有现货
^{63}Ni	100.1 a	商业	有现货
^{65}Zn	243.8 d	商业	有现货
^{67}Cu	61.9 h	研究	每月 1 次
^{68}Ge	270.8 d	商业	每月 1 次
^{73}As	80.3 d	研究	未安排
^{82}Sr	25.4 d	商业	每月 1 次
^{83}Rb	86.2 d	研究	有现货
^{86}Y	14.7 d	研究	每月 1 次
^{88}Y	106.6 d	商业	未安排
^{95m}Tc	61 d	研究	未安排
^{96}Tc	4.3 d	研究	未安排

生产出所需的放射性同位素后,必须将其与共同产生的其他同位素以及其他靶材物质分开。幸运的是,BNL 拥有 9 个热室,8 个放射化学开发实验室,1 个用于放射性同位素和化学分析的仪器实验室,以及放射性废物处理和存储设施,这些条件能够保障所需放射性同位素的后处理过程[43]。在这些实验室和设施中,BNL 采用了几种放射化学处理技术,包括离子交换色谱、溶剂萃取、蒸馏和沉淀[43]。

通过粒子加速器生产放射性同位素的第二个范例是利用超导直线加速器生产放射性同位素。Niowave 是一家美国位于密歇根州兰辛的超导直线加速器公司。与 BLIP 加速质子不同,Niowave 超导直线加速器可加速电子。它工作在 452 °F 温度条件下,可以产生 20 ~ 40 MeV 的电子,其粒子束功率的强度范围为 50 ~ 100 kW[45]。2014 年,Niowave 开始建设专门用于放射性同位素生产的直线加速器。Niowave 计划完工后,继续生产医用放射性同位素^{99}Mo、^{67}Cu 和^{225}Ac。它还计划工业放射性同位素^{54}Mn 和^{65}Zn 的生产[45]。

2.3　放射性同位素的成本

有许多因素会影响放射性同位素的生产成本。核能机构经济合作与发展组织(OECD)的 2010 年度报告审查了^{99}Mo 和^{99m}Tc 的生产成本。涵盖的所有因素可以通过以下公式分解为单位成本:

$$P_\alpha = \frac{\sum_t \left[\dfrac{I_t + O\&M + D_t}{(1 + r)^t} \right]}{\sum_t \left[\dfrac{\alpha_t}{(1 + r)^t} \right]} \tag{2.7}$$

式中,α 是要生产的特定放射性同位素;t 是设定的特定时间,表示所有有效时间的总和;I 是投资成本,通常在 $t = 0$ 时取值,但会包括贷款支付的利息;D 是任何设施的退役成本;$O\&M$ 是在指定时间内的运行和维护成本;r 是利率(认为是恒定的,但也可以随时间动态变化)。以上是影响单位成本的关键因素。化学/核产品的生产率和特定的化学计量法是每个行业专有的,因此并不能以可靠的方式呈现。本节将以先前的生产成本作为未来工作的参考来推算。

2.3.1　分离的成本

每种制造核电池同位素源材料的方法都有分离这个步骤。在中子俘获生产过程中,通常使用酸和液 - 液萃取步骤纯化源材料[46]。加速器靶材也采用类似方式处理。然而,特别令人感兴趣的是液 - 液和液 - 固萃取处理厂的预期成本。这些都是典型的设计,并采用相似的预期设备,从乏核燃料中收集材料并将其转换为源材料。

分离成本包括必备的重要设备和所需的加工材料。主要过程包括:基于介质的液 - 液萃取、离心分离、溶解和混合、蒸馏和干燥。虽然目前的讨论给出的是从乏核燃料中提取放射性物质的成本指南,但整个过程的各个部分都可以用特定方法提取,例如评估 PUREX 流程。

2.3.1.1　成本分析

成本分析中的第一个考虑因素是调查反应物和可循环化学物质组成。虽然精确的化学计量法和化学工程原理是如 AREVA 公司及其在法国运营部门的专有技术,但通过研究拉海牙工厂或美国华盛顿州汉福特市的核武器后处理工厂的运行情况,可以收集所用典型化学反应物的成分信息(表2.9)。

表 2.9　PUREX 典型流程的材料成本[47-50]

反应物名称	数量	成本/美元
硝酸	15 L	382.5
碳酸钠	12 kg	492.7
H_3PO_4—85% 质量比	25 kg	234
铋酸钠	100 g	276.5
重铬酸钠	5 kg	556
锆	100 g	82.7
硝酸铵铈中的铈	500 g	267.5
己酮(甲基异丁基酮)×98%	100 mL	30
氢氧化钠×97%	50 kg	971
磷酸三丁酯—TBP	500 mL	174
煤油	3.785 41 L	3
镓	1 kg	339

注:成本信息为多个线上和零售通道的最低售价。

通常,需要多个物理修饰步骤来实现化学反应的所需条件。因此,从溶解、混合和干燥的投资成本开始讨论。

2.3.1.2　溶解、混合和干燥设备

溶解、混合和干燥是蒸馏、液-液萃取和离心等核心流程的主要步骤。通常需要专门定制的核心设备。但是与这些流程相关的主要设备有很多,比如混合器、干燥机、容器和萃取塔等。一个工厂可能需要类似设备的多次迭代,这样可以降低制造成本(表2.10)。

表 2.10　生产商(Flour、Sulzer、URS)和用户提供的工业设备平均报价

设备	成本估算/美元
工业烘干机	5 000.00
填充萃取塔(ECP)	1 000 000.00
混合沉降塔	2 500 000.00
有机溶剂纳滤	3 000 000.00

2.3.1.3　沉没成本考虑

必须注意,公式(2.7)要在 $t=0$ 时考虑投资成本。在某些情况下,这些成本可能会失

控,从而导致项目终止。另外,在核燃料分离的早期研究中,发生了下面的情况,导致设施损坏,这时就需要重新进行全面设计。

在液-液萃取制备流程中,将金属溶解在极高浓度的酸溶液中,以分离出核燃料。在长时间的存储过程中,金属可能会发生轻微的氧化,当存储容器为不锈钢时,其直接与磷酸三丁酯(TBP)混合会造成灾难性后果。通过这些灾难总结出在组合步骤之前,需要在存储容器中加上聚合物衬里。它可以防止酸中的任何氧化金属与"TBP"相互作用发生剧烈的还原反应,消除了在储存过程中产生爆炸性气体的安全隐患[51]。

2.3.2 中子俘获的成本

估算中子俘获的成本需要多个步骤,但可以简单地用年度运行和燃料总成本除以给定参考材料俘获中子的潜在数量得到。

$$\frac{C}{n} = \frac{C_{op} + C_{fuel}}{n} \tag{2.8}$$

式中,C 为总成本,n 为俘获中子的潜在数量,C_{op} 为年度运行成本,C_{fuel} 为燃料总成本。

请注意,公式(2.8)要求基于相同时间计算成本。这项调查考虑了年度运行和燃料成本。参考某一作者的研究论文,研究堆的典型燃料成本约为每年 2 000 万美元。另外,一个典型的反应堆正常运行,并确保预防措施安全,至少需要 50 名工作人员。这个行业的中位数年薪约为 70 000 美元,而平均水平接近 100 000 美元。可用该平均值做保守估计[52, 53]。因此,在一年中,一个典型的研究堆每年将在运行和燃料上花费约 2 500 万美元。通常可用的中子是根据可用通量给出的,因此总中子为

$$n = \varphi \cdot \Delta t \tag{2.9}$$

注意,Δt 是运行期间材料的辐照时间。假设停堆时间占比 50%,基于美国各地已发布的测试反应堆通量值,表 2.11 给出了成本估计。

表 2.11　基于表 2.10 中的参数给出单位通量的中子成本估计值

反应堆	中子成本/美元	
	快中子($10^{-14}/(n \cdot cm^{-2})$)	热中子($10^{-14}/(n \cdot cm^{-2})$)
MIT – RR	2.87	5.74
MURR	6.43	0.53
INL – ATR	0.64	0.32
ONRL 反应堆	1.44	0.65

在中子被俘获时,应该更正确地分析中子数量,但这需要大量的假设,并且很复杂。首先,中子要分别考虑热中子和快中子,因为两者在靶材的俘获截面不同。其次,需要考虑衰减常数、照射时间、俘获截面以及其他物理参数。考虑到复杂性,假定材料的一些平均参数以及饱和值,这样更容易估算成本,而且还可以消除衰变效应的影响。保守起见,衰变效应可以与实验和照射的相关停机时间结合在一起考虑。

$$n_{cap} = \frac{1}{2}(\varphi_{f,prod}\sigma_f + \varphi_{th,prod}\sigma_{th}) \cdot \rho \cdot V \cdot \Delta t \qquad (2.10)$$

式中,n_{cap} 表示俘获中子数量,$\varphi_{f,prod}$ 表示产生的快中子通量,σ_f 表示快中子俘获截面,$\varphi_{th,prod}$ 表示产生的热中子通量,σ_{th} 表示热中子俘获截面。

请注意,有些情况下用于热中子和快中子生产的腔室体积 V 并不一样,这时该参数会具有一定分布。还考虑了密度 ρ,这个公式的俘获截面以每克为单位。通常,反应截面是按单位原子列出的,因此应乘以阿伏加德罗常数 N_A,除以分子量,再乘以中子通量。这样得到的结果表示测试堆单位俘获中子的成本。

注意,要考虑到有关材料密度和俘获截面的重要假设。表 2.11 假设材料的密度为 8 g/cm³,分子量为 80 g/mol,快中子截面为 1 靶(10^{-24} cm²/atom),热中子截面为 5 靶。

大多数核电池用到的同位素源材料的数量级为克,而不是原子。这需要将成本乘以生产 1 克放射性物质所需的中子俘获量,数量级大约为 10^{23}。从燃料成本的角度出发,上述每克材料的成本将骤然增加到千万级到亿级。对于批量生产,需要在束流端口进行照射操作,并且仅适用于成本较低的情况。INL – ATR 热中子和 MURR 热中子的产生是基于束流端口尺寸计算的(表 2.12)。

表 2.12 单位俘获中子的成本

反应堆	中子成本/美元	
	快中子(10^{-17}/n)	热中子(10^{-17}/n)
MIT – RR	103.68	41.47
MURR	232.25	3.87
INL – ATR	23.23	2.32
ONRL 反应堆	51.85	4.71

注:表格中的值表示单位俘获中子的成本,假设俘获中子与其他操作无关,并且为节省操作都除以了 2。

这里以 ^{63}Ni 为例子,给出如何使用中子俘获来计算同位素生产成本。^{63}Ni 半衰期为 101 a,衰变发射 β 粒子,其最大能量为 65.9 keV。半衰期长使得该核素在核电池领域有广阔的应用前景。^{63}Ni 通过 ^{62}Ni 的中子俘获反应(^{63}Ni(n,γ)^{63}Ni)产生。表 2.13 给出了天然镍的同位素成分及相应中子反应截面。^{62}Ni 的高热中子吸收截面(14.5 靶)和共振积分截面(6.6 靶)提高了中子吸收概率。天然镍中 ^{58}Ni 占据很大比例。为了提高 ^{63}Ni 的比活度,需要尽可能地富集 ^{62}Ni,并利用高中子通量进行辐照。

表 2.13　天然镍同位素的成分及反应截面

项目	^{58}Ni	^{60}Ni	^{61}Ni	^{62}Ni	^{64}Ni
丰度/%	68.07	26.22	1.14	3.63	0.93
热中子截面/靶	4.6	2.96	2.5	14.5	1.52
共振积分截面/靶	2.2	1.5	1.5	6.6	0.98

中子俘获反应期间或结束时产生的放射性同位素的活性可通过以下公式计算得到:

$$\frac{\mathrm{d}N'}{\mathrm{d}t} = nv\sigma_{\mathrm{act}}N_{\mathrm{T}} - \lambda N' \tag{2.11}$$

其中,N_{T} 是靶材的总原子数;nv 是中子通量,等于 φ;σ_{act} 是活化截面;N' 是活化原子数;$\lambda N'$ 是产品的衰变率。

对公式(2.11)积分可以得到活度值,具体公式为

$$A = \lambda N = \sigma_{\mathrm{act}}\varphi N_{\mathrm{T}}(1 - \mathrm{e}^{-\lambda t}) \tag{2.12}$$

上面的公式没有考虑以下因素,这将低估所计算的活度值。

- 反应堆中相邻样品引起通量降低,尤其当此类样品是高中子吸收体时;
- 靶材随时间消耗;
- 随后的中子俘获反应破坏产品核素;
- 靶材的自屏蔽效应;
- 反应堆功率波动;
- 靶材封装。

最终时间。辐照之后计数之前,时间 t' 将会逝去,因此,公式(2.12)变为

$$A = \sigma_{\mathrm{act}}\varphi N_{\mathrm{T}}(1 - \mathrm{e}^{-\lambda t})\mathrm{e}^{-\lambda t'} \tag{2.13}$$

式中,$1 - \mathrm{e}^{-\lambda t}$ 称为饱和项。上面的公式表明,活度呈指数增长,最后会达到饱和值,该值受到反应器中子通量的限制。经过足够长的照射时间($t \gg t_{1/2}$)后,活度近似为

$$A_{\mathrm{sat}} = \sigma_{\mathrm{act}}\varphi N_{\mathrm{T}} \tag{2.14}$$

式中,A_{sat} 称为饱和活度。与同位素的半衰期相比,对于相对较短的辐照时间,饱和项会接近 λt,活度随时间线性变化。

美国密苏里堪萨斯大学研究堆在通量陷阱处的中子通量为 6.0×10^{14} n·cm^{-2}·s^{-1}。该反应堆的束流端口处有多处位置指定可开展实验工作。在反应堆运行期间,可以轻松地在该位置处插入和拔出靶材。H1 处的通量为 1.0×10^{14} n·cm^{-2}·s^{-1}[54]。表 2.14 给出了 ^{63}Ni 的核反应以及比活度计算值。最大限度地减少靶中 ^{58}Ni 的含量,使得靶主要由 ^{62}Ni 组成。靶材中少量的 ^{58}Ni 在反应堆中燃烧产生少量的 ^{59}Ni。图 2.16 显示了在不同照射时间下,H1 位置产生 ^{63}Ni 的比活度,其定义为单位质量的活度。经过几个半衰期的照射后,能达到的最大比活度为 13.7 Ci/g。由于 ^{63}Ni 的半衰期较长,因此在计数之前,衰变掉的 ^{63}Ni 可以忽略不计。

表 2.14　核反应以及不同照射时间下计算得到的^{63}Ni 比活度

核反应	同位素丰度 /%	反应截面 /b	在 1.0×10^{14} n·cm^{-2}·s^{-1} 照射下的比活度值/(mCi·g^{-1})		
			1 周	1 月	1 年
^{62}Ni(n, γ)^{63}Ni	3.63	14.5	1.98	7.92	94.7

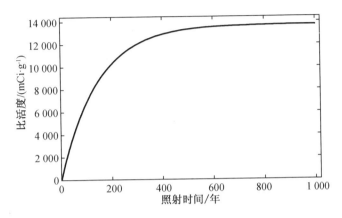

图 2.16　不同照射时间下，H1 位置产生^{63}Ni 的比活度

次级反应和产物如下：

(1) ^{58}Ni(n，γ)^{59}Ni（$t_{1/2} = 7.6 \times 10^4$ a，丰度 = 68.08%，$\sigma = 4.6$ b）；

(2) ^{58}Ni(n，α)^{55}Fe（$t_{1/2} = 2.73$ a，$\sigma < 1$ mb）；

(3) ^{62}Ni(n，α)^{59}Fe（$t_{1/2} = 2.73$ a，$\sigma = 0.002$ mb）；

(4) ^{64}Ni(n，γ)^{65}Ni（$t_{1/2} = 2.51$ h，丰度 = 0.926 5%，$\sigma = 1.52$ b）。

^{63}Ni 的反应截面也比较大（24 b），在反应堆中被活化生成^{64}Ni。这个现象限制了^{63}Ni 产品的比活度。通常在辐照之前，将 10 g ^{62}Ni 粉末封装在直径为 4 mm、高度为 2 mm（面积为 50.27 mm^2）的铝容器中。照射在 8～12 周进行[46]。表 2.12 已经给出了 MURR 单位中子的成本。根据此值推算，生产 1 Ci/g ^{63}Ni 的成本为 4 252 美元。需要注意的是，中子的成本通常只占总生产成本的一小部分。

2.3.3　加速器的成本

加速器可用于生产医学同位素。医学同位素对于与健康相关的诊断成像和治疗是必不可少的。因为与医学应用相关，所以这些同位素的价格较高。诊断成像通常使用短寿命同位素，而治疗用的同位素寿命会长一些。医学同位素通过带电粒子（质子、氘、氦或中子）反应或靶材的光核反应产生。

为了说明生产医学同位素的成本，本书以研究最多的^{99}Mo 为例。^{99}Mo 是最重要的医学同位素之一，已得到广泛研究[55, 56]。研究的工艺过程包括在高通量核反应堆中使用低浓铀，利用加速器产生^{100}Mo(γ，n)^{99}Mo 反应或使用多用途 30 MeV 回旋加速器或专用回旋加速器提供 10^{14} n·cm^{-2}·s^{-1} 的中子通量。表 2.15 分别给出这些生产工艺的成本。

表 2.15　使用各种工艺生产 ^{99}Mo 的成本　　　　　　　　　　　单位:美元

工艺	单位 Ci 成本	每克成本
反应堆	1 010.00	484 000 000
光核反应(富集靶)	356.67	171 000 000
光核反应(天然靶)	2 893.33	1 387 000 000
专用回旋加速器	1 216.67	583 000 000
多功能回旋加速器	766.67	367 400 000

医用放射性同位素用量大概仅在几十 mCi 量级,因此生产医用同位素的高成本是可以接受的,并且对于挽救生命的意义而言,其成本溢价是值得的。但是,这种类型的成本对于核电池而言是无法承受的。

基于直线加速器的新技术正在开发中[57]。超导直线加速器已有一些发展。目前这些新方法和新发展对价格还没有产生重大影响。

2.4　影响成本的其他因素

2.4.1　安全

与安全相关的成本将在 5.3.1 节中进一步详细讨论,会讨论关于特定核素的法规。通常情况下,将根据居民的资格和执照聘请驻地专家,薪水为 90 000～300 000 美元。此外,还需要采取特殊的预防措施,例如运输效果需求。

2.4.2　软件

通常,参考建模工具的行业标准和管理法规非常重要。化学工程工艺软件的领导者是 Aspen Technologies,根据所需的详细规格(致电报价),每个用户每年的许可费用为 5 000～20 000 美元。就核运营而言,为使用和修改 MCNP 程序,洛斯·阿拉莫斯国家试验室(LANL)的许可和特许权使用费可能超过 50 000 美元,具体取决于公司的规模。

2.4.3　资本流动性(现金)

初始方程中的一个重要因素是当前利率"r"。从历史上看,这种规模的贷款需要大量的利息成本,比中央银行的利率高许多。目前,全球利率处于创纪录的低位,以美国为例,十年期国债利率为 1.7%。如此规模和风险的项目的溢价通常要比拥有房屋的溢价高一些,目前为 4.3%。许多公司以发行可转换债券或优先股来为这些业务提供资金,收益率可能高达 10%。此外,如果情况发生变化或出现问题,则有必要借款和再贷款。在 2008 年,市场比较艰难,此类成本可能高达 17%。大多数工业模型预计会产生 6% 至 8% 的利息成本,但是时间安排无疑会影响项目成本[58]。

2.5　曼哈顿计划生产的同位素

核电池源材料可用的技术和功能已经牢固确立,但它们极其昂贵,难以组织进行,并且还需要遵守相关规定。由于存在这些风险,除去核反应堆或医用核素药物以外的核能几乎没有可应用的领域。在核时代初期,曼哈顿计划有很多产品,华盛顿州汉诺威的回收就是其中之一。核燃料分离的成本是技术发展的一部分,美国政府认为这是结束生产武器级钚的一种手段。尽管这推动了科学的发展,但它并没有为建立用于运营可盈利的其他放射性同位素的采购业务提供很好的模式[59]。

2.6　混合氧化物燃料制造设施(MOX FFF)

1999 年,美国政府批准了在南卡罗来纳州萨凡纳河厂区联合处理废核燃料设施的运营。16 年后,花费了大约 850 万美元,但因为某些工程失败、法规争端以及其他因素阻碍了进度,该项目仍在"进行中"。该项目已记录了超过 2 000 万小时的安全工作时间,并能够将3.5 kg 的武器级钚加工成混合氧化物燃料(MOX)。MOX 燃料包含钚和铀,可以放入现今许多典型反应堆中使用,唯一的变化是缓发中子的时间。该设施将具有每年生产 150 多个MOX 组件的能力。所有成本(不包括运行费用)约为 1 700 万美元,但最初预计为 200 万 ~500 万美元[59 - 61]。

2.7　总　　结

放射性同位素的来源有限。同位素可以来自天然,也可以来自人工(裂变以及其他基于中子俘获反应、高能带电粒子相互作用或光核反应的核反应)。放射性同位素的问题在于从自然资源或裂变中获取合适同位素的数量。这种类型的放射性同位素必须与其他材料分开,这就会增加同位素的成本。如果同位素必须来自核反应,那么中子源、高能带电粒子源或高能光子源的成本就成为重要因素。

同位素的可用性和成本对于核电池的开发是一个问题。

习　　题

1. 全球天然^{234}Th 的供应量需要多长时间才能达到 1 g(请注意,母体同位素正在对其进行补充)?^{227}Ac 呢?^{228}Ra 呢?

2. 通过提取以下核素而形成的子系列的母体同位素是什么?^{238}U,^{230}Th,^{226}Ra,^{231}Pa,^{227}Ac,^{228}Ra 和^{228}Th。

3. 假设发现了一个子系列的母体同位素为^{234}U。可能会提取出什么放射性同位素? 如果母体同位素是^{228}Th 呢?

4. 本章中提到的哪些放射性同位素可用于核电池设计？

5. ^{210}Pb 是核电池的可行同位素吗？说明你的理由。

6. 用现有的^{237}Np库存生产^{238}Pu是否可行？说明你的理由。

7. ^{241}Am是否可以替代放射性同位素热电发生器中的^{238}Pu？

8. 容量因子为90%的3 GW 热中子商业反应堆1年内可生产多少^{85}Kr？

9. 估算生产 1 g ^{39}Ar 的成本。

10. 估算生产 1 g ^{148}Gd 的成本。

参 考 文 献

[1] Masarik J (2009) Chapter 1 Origin and Distribution of Radionuclides in the Continental Environment. In: Klaus F (ed) Radioactivity in the environment, vol 16. Elsevier, pp 1 - 25

[2] Asimov I (1953) Naturally occurring radioisotopes. J Chem Educ 30:398, 1953/08/01

[3] Dalrymple GB (2001) The age of the Earth in the twentieth century: a problem (mostly) solved. Geol Soc Lond SpecPubl 190:205 - 221

[4] Prelas MA, Weaver CL, Watermann ML, Lukosi ED, Schott RJ, Wisniewski DA (2014) A review of nuclear batteries. Prog Nucl Energ 75:117 - 148

[5] Vance R (2014) Uranium 2014: resources, production and demand. NEA News 26

[6] Brookhaven National Laboratory (11/09/2015) Interactive Chart of the Nuclides. http://www.nndc.bnl.gov/chart/

[7] Haynes WM, Lide DR, Bruno TJ, CRC handbook of chemistry and physics: a ready-reference book of chemical and physical data, 96thedn

[8] Baum EM, Ernesti MC, Knox HD, Miller TR, Watson AM (2010) Knolls Atomic Power Laboratory. Nuclides and isotopes: chart of the nuclides, 17th edn. KAPL: BECHTEL

[9] O'Brien K (1979) Secular variations in the production of cosmogenic isotopes in the Earth's atmosphere. J Geophys Res: Space Phys (1978 - 2012) 84:423 - 431

[10] Glasstone S, Sesonske A (1994) Nuclear reactor engineering, 4th edn. Chapman & Hall, New York, NY

[11] DOE-HDBK - 1019/1 - 93 (1993) Nuclear physics and reactor theory. Department of Energy, Washington DC

[12] Murray RL (1981) Understanding radioactive waste PNL - 3570; Other: ON: DE82007628 United States 10. 2172/5155221 Other: ON: DE82007628Thu Sept 22 07:33:03 EDT 2011NTIS, PC A06/MF A01. PNNL; EDB - 82 - 141946 English

[13] Nuclear Regulatory Commission (2016) Nuclear fuel pellets. https://www.flickr.com/photos/ nrcgov/15420174614/

[14] Von Hippel FN (2001) Plutonium and reprocessing of spent nuclear fuel. Science 293:

2397 - 2398

[15] Albright D, Kelleher-Vergantini S (2015) Plutonium and highly enriched uranium inventories, 2015 [Text]. http://isis-online. org/isis-reports/detail/plutonium-and-highly-enriched-uraniuminventories - 2015/17

[16] Albright D, Berkout F, Walker W (1996) Plutonium and highly enriched uranium. Oxford University Press, Oxford

[17] Albright D, Kramer K (2005) Neptunium 237 and Americium: World Inventories and Proliferation Concerns. In: ISIS Document Collection, I. f. S. a. I. Security. ISIS 18. Ahlswede J, Hebel S, Ross JO, Schoetter R, Kalinowski MB (2013) Update and improvement of the global krypton - 85 emission inventory. J Environ Radioact 115:34 - 42

[19] National_Research_Council_Radioisotope_Power_Systems_Committee (2009). Radioisotope Power Systems: An Imperative for Maintaining US Leadership in Space Exploration: National Academies Press

[20] Department_of_Energy (2005) Draft EIS for the Proposed Consolidation of Nuclear Operations Related to Production of Radioisotope Power Systems, S. a. T. Office of Nuclear Energy. Washington DC: DOE

[21] Lastres O, Chandler D, Jarrell JJ, Maldonado GI (2011) Studies of Plutonium - 238 production at the high flux isotope reactor. Trans Am Nucl Soc 104:716 - 718

[22] Wagner JC, Peterson JL, Mueller D, Gehin JC, Worrall A, Taiwo T, et al (2012) Categorization of used nuclear fuel inventory in support of a comprehensive national nuclear fuel cycle strategy. Oak Ridge National Laboratory (ORNL)

[23] Yancey K, Tsvetkov PV (2014) Quantification of U. S. spent fuel inventories in nuclear waste management. Ann Nucl Energ 72:277 - 285

[24] Feiveson H, Mian Z, Ramana MV, Hippel FV (2011) Managing spent fuel from nuclear power reactors. International Panel on Fissile Materials References 77

[25] World Nuclear Association (2015) Processing of used nuclear fuel. http://www. world-nuclear. org/info/nuclear-fuel-cycle/fuel-recycling/processing-of-used-nuclear-fuel/

[26] U. S. Linking legacies: connecting the Cold War nuclear weapons production processes to their environmental consequences. [Washington, DC]: U. S. Dept. of Energy, Office of Environmental Management, 1997

[27] DOERichland Operations Office (2015) Projects and facilities. http://www. hanford. gov/page. cfm/ProjectsFacilities

[28] Schwantes JM, Sweet LE (2011) Contaminants of the bismuth phosphate process as signifiers of nuclear reprocessing history. Pacific Northwest National Laboratory

[29] Serne RJ, Lindberg MJ, Jones TE, Schaef HT, Krupka KM (2007) Laboratory-Scale Bismuth Phosphate Extraction Process Simulation to Track Fate of Fission Products. Pacific Northwest National Laboratory

[30] Todd T (2008) Spent nuclear fuel reprocessing. In: Nuclear regulatory commission seminar, Rockville, MD

[31] Prelas MA, Peck MS (2005) Nonproliferation issues for weapons of mass destruction. CRC Press, Boca Raton

[32] Oregon Department of Energy (2009) Hanford Cleanup: The First 20 Years. Oregon Department of Energy, Salem, OR

[33] Zabunoglu OH, Ozdemir L (2005) Purex co-processing of spent LWR fuels: Flow sheet. Ann Nucl Energ 32:151 – 162

[34] Ford GR (1976) Statement on nuclear policy. http://www. presidency. ucsb. edu/ws/? pid = 6561#axzz1zILTm1BT

[35] Carter J (1977) Nuclear power policy statement on decisions reached following a review. http://www. presidency. ucsb. edu/ws/? pid = 7316

[36] Williamson M, Pyroprocessing technologies: recycling used nuclear fuel for a sustainable energy future. Argonne National Laboratory, US Department of Energy

[37] Peterson J, MacDonell M, Haroun L, Monette F (2007) Radiological and chemical fact sheets to support health risk analyses for contaminated areas. Argonne National Laboratory

[38] World Nuclear Association (2016) Uranium mining overview. http://www. world-nuclear. org/ information-library/nuclear-fuel-cycle/mining-of-uranium/uranium-mining-overview. aspx

[39] Carpenter D, Koshe G, Hu L-W (2012) MITR User's Guide. Massachusetts Institute of Technology

[40] George K (1962) The Oak Ridge Research Reactor (ORR), the Low-Intensity Testing Reactor (LITR), and the Oak Ridge Graphite Reactor (OGR) as experimental facilities, USAEC Report ORNL-TM – 279. Oak Ridge National Laboratory, Oak Ridge

[41] Schultz C, Campbell J (2011) Advanced Test Reactor—Meeting U. S. nuclear energy research challenges. I. N. Laboratory

[42] Mausner L, BNL Radioisotope Research & Production Program. US Department of Energy, Brookhaven National Laboratory

[43] Mausner L, Isotope Production at High Energy. US Department of Energy, Brookhaven National Laboratory

[44] Srivastava S, Mausner L (2012) Radioisotope production. https://www. bnl. gov/cad/Isotope_ Distribution/Isodistoff. asp

[45] Niowave (2014) Medical and industrial radioisotope production. Niowave

[46] IAEA (2003) Manual for reactor produced radioisotopes. International Atomic Energy Agency

[47] Alibaba. http://www. alibaba. com/

[48] Ebay. http://www. ebay. com

［49］ Sigma-Aldrich. http：//www. sigmaaldrich. com/united-states. html

［50］ Grainger. http：//www. grainger. com/

［51］ Groenier W（1972）Calculation of the transient behavior of a dilute-purex solvent extraction process having application to the reprocessing of LMFBR fuels. Oak Ridge National Lab，Tenn

［52］ Monster Jobs. http：//www. monster. com/

［53］ Bureau of Labor Statistics. http：//www. bls. gov/78 2 Radioisotopes

［54］ Lecours MJ，Prelas MA，Gunn S，Edwards C，Schlapper G（1982）Design，construction，and testing of a nuclear-pumping facility at the University of Missouri Research Reactor. Rev Sci Instrum 53：952 － 959

［55］ C. o. M. I. P. W. H. E. U. N. a. R. S. B. D. o. E. a. L. S. N. R. Council（2009）Medical isotope production without highly enriched uranium. Washington，ED：National Research Council

［56］ Updegraff D，Hoedl SA（2013）Nuclear medicine without nuclear reactors or uranium enrichment. Center for Science，Technology，and Security Policy American Association for the Advancement of Science，Washington，DC 13：2013

［57］ Harvey JT，Isensee GH，Messina GP，Moffatt SD（2011）Domestic Production of Mo － 99. Presented at the 2011 Mo － 99 Topical Meeting，Santa Fe，New Mexico

［58］ Theodore L（2013）Chemical engineering：the essential reference. McGraw Hill Professional

［59］ Schneider M（2015）Independent review on escalating MOX plant costs and DOE reversal of MOX option for surplus plutonium. http：//fissilematerials. org/blog/2015/05/independent_ review_on_esc. html

［60］ MFF Facility（2012，2016）MOX fuel fabrication facility. http：//www. moxproject. com/about/

［61］ Rot PDW Group（2014）Analysis of surplus weapon - grade plutonium disposition options. US Department of Energy

第3章 电离辐射与物质的相互作用及直接能量转换

摘要:电离辐射是不同类型的辐射作用于物质并在其中产生离子对事件的统称。电离辐射包括离子(如裂变碎片和 α 粒子)、β 粒子、γ 射线、X 射线以及中子。放射性同位素源可以产生电离辐射,被当作核电池中最初的能量来源。本章将探究多种放射性同位素源以及它们的性能,并讨论用于转化放射性同位素源能量的换能单元。

关键词:辐射相互作用,射程,换能单元

3.1 电离辐射类型与射程

每种电离辐射源都有各自的射程范围。例如,像裂变碎片和 α 粒子这样的重离子在固体材料中的能量沉积范围为微米量级,电子的能量沉积范围在毫米量级;像 γ 射线和中子这种能量高且没有静止质量和净电荷的粒子,其能量沉积范围在米量级。

3.1.1 裂变碎片

射程最短的是离子,并且大多数重离子都是裂变碎片。裂变通常是重原子(如^{252}Cf)的自发裂变,同时释放快中子及裂变碎片。中子能谱及裂变产额分别如图 3.1 和图 3.2 所示。

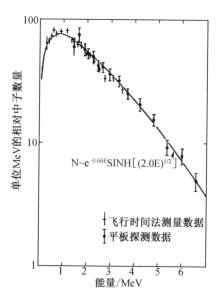

图 3.1 ^{252}Cf 自发裂变产生的中子能谱[1]

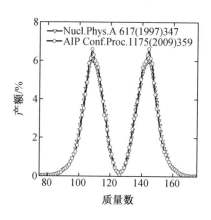

图 3.2 ^{252}Cf 的自发裂变产额[2]

自发裂变产物如公式(3.1)所示,其中ff_l为轻裂变碎片,ff_h为重裂变碎片,ν是统计瞬发中子 n_{fast} 平均计数。瞬发中子在裂变过程中被释放,并以典型的快中子分布发射[1,3]。裂变也可以通过中子俘获来激发,当原子核吸收一个入射中子时,会变得不稳定,随即会产生裂变。公式 3.2 展示了一个热中子与易裂变材料(如^{235}U)发生相互作用引发的裂变;其中 n_{th} 是一个能量约为 0.025 eV 的热中子。热中子引发的裂变还会释放快中子和裂变碎片,^{235}U裂变产生的中子能谱以及双峰裂变产额分别如图 3.3 和图 3.4 所示。表 3.1 中给出了^{235}U 裂变释放粒子的平均能量,其中包括中子、γ 射线、β 粒子和中微子。

$$_{98}^{252}Cf \rightarrow ff_l + ff_h + \nu \cdot n_{fast} \tag{3.1}$$

$$_{92}^{235}U + n_{th} \rightarrow _{92}^{236}U \rightarrow ff_l + ff_h + \nu \cdot n_{fast} \tag{3.2}$$

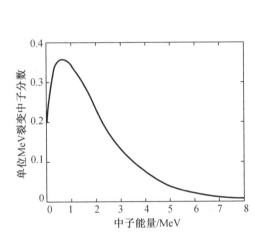

图 3.3　^{235}U 热裂变产生的中子能谱[4]

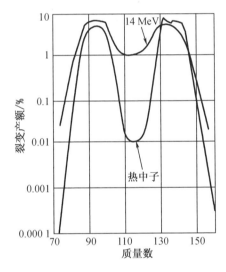

图 3.4　^{235}U 在高能和低能(热)入射中子下的裂变产额[4]

表 3.1　^{235}U 裂变释放粒子的平均能量的统计分布[4]　　　　单位:MeV

辐射	能量
裂变碎片的动能	167
裂变中子	5
瞬发 γ 射线	5
来自裂变碎片的缓发 γ 射线	6
俘获 γ 射线能量	10
来自裂变碎片的 β 粒子	7
中微子	10
总能量	210

如公式(3.3)和(3.4)所示，每个裂变碎片的动能取决于该裂变碎片的质量。其中 KE_{ffl} 是轻裂变碎片的动能，KE_{ffh} 是重裂变碎片的动能，KE_{ff} 是两类裂变碎片的总动能，m_h 是重裂变碎片的质量，m_l 是轻裂变碎片的质量。裂变碎片和其他重离子的线能量传递(LET)可用贝特－布洛赫(Bethe－Bloch)公式进行计算：

$$KE_{ffl} = \frac{m_h}{m_h + m_l} KE_{ff} \tag{3.3}$$

$$KE_{ffh} = \frac{m_l}{m_h + m_l} KE_{ff} \tag{3.4}$$

例如，公式(3.5)中所示的关于 ^{235}U 的特定裂变反应，产物为 ^{147}La 和 ^{87}Br。裂变碎片的动能可由公式(3.6)和公式(3.7)计算得到。裂变反应产物的能量如表3.2所示。正如前文所述，由于受到质量和电荷的限制，裂变碎片在物质中的射程都非常短。本示例中，两类裂变碎片的射程如图3.5和图3.6所示。^{87}Br 原子在金属铀中的穿行距离是 6.29 μm。材料中两类裂变碎片的空间能量分布分别如图3.7和图3.8所示，且有

$$_{92}^{235}U + n_{th} \rightarrow _{57}^{147}La + _{35}^{87}Br + 2n_{fast} + Q(195\ \text{MeV}) \tag{3.5}$$

$$KE_{^{147}La} = \frac{87}{147 + 87} \times 162 = 60.23\ \text{MeV} \tag{3.6}$$

$$KE_{^{87}Br} = \frac{147}{147 + 87} \times 162 = 101.77\ \text{MeV} \tag{3.7}$$

表 3.2 ^{235}U 产生特定裂变碎片 ^{147}La 和 ^{87}Br 的裂变过程中释放能量的统计分布[5]　　单位：MeV

辐射	能量
裂变碎片的动能	162
裂变中子	6
瞬发 γ 射线	6
来自裂变碎片的缓发 γ 射线	5
来自裂变碎片的 β 粒子	5
中微子	11
总能量	195

公式(3.8)表示的裂变反应是快中子(能量高于 1 MeV)与 ^{238}U 相互作用的结果。例如，^{238}U 的快裂变为热核武器提供了很大一部分爆炸能量。快裂变产物的能量分布与热裂变产物的能量分布相似：

$$_{92}^{238}U + n_{fast} \rightarrow _{92}^{239}U \rightarrow ff_h + ff_l + \nu \cdot n_{fast} \tag{3.8}$$

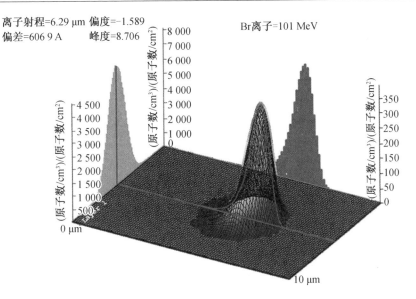

离子射程=6.29 μm　偏度=-1.589
偏差=606 9 A　　　峰度=8.706

Br离子=101 MeV

图 3.5　SRIM2011 模型显示了 101 MeV [87]Br 离子在铀中慢化的离子分布[6]

(图中纵坐标的单位为(原子数/cm³)/(原子数/cm²)。通过与离子剂量相乘([87]Br 剂量,单位是原子数/cm²),纵坐标转换为[87]Br 密度分布(单位是原子数/cm³)。离子源从左侧入射,二维平面图表示出离子分布的深度和宽度。)

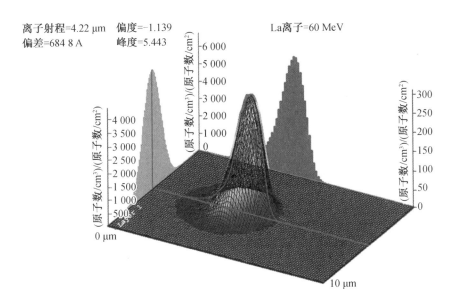

离子射程=4.22 μm　偏度=-1.139
偏差=684 8 A　　　峰度=5.443

La离子=60 MeV

图 3.6　SRIM2011 模型显示了 60 MeV [147]La 离子在金属铀输运的最终分布[6]

(图中纵坐标单位为(原子数/cm³)/(原子数/cm²)。通过与离子剂量相乘([147]La 剂量,单位为原子数/cm²),纵坐标转换为[147]La 的密度分布(单位是原子数/cm³)。离子源从左侧入射,二维平面图表示出离子分布的深度和宽度。)

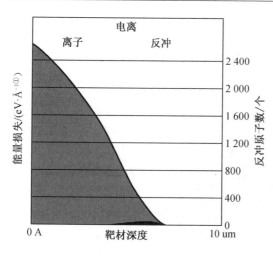

图 3.7 SRIM2011 模型显示 101 MeV ^{87}Br 离子在金属铀中的电离过程[6]

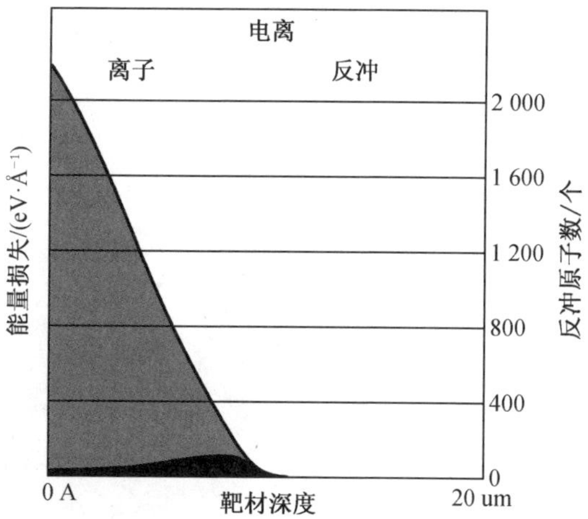

图 3.8 SRIM2011 模型显示 60 MeV ^{147}La 离子在金属铀中的电离分布[6]

3.1.2 α粒子

表 3.3 列出了适用于核电池中的 α 同位素源。公式(3.9)以 ^{210}Po 为例。

表 3.3 核电池可用的 α 同位素源

核素	衰变能 /MeV	半衰期/a	其他辐射/MeV（%）		生成反应
^{148}Gd	3.182	74.6		n/a	^{147}Sm（α,3n） ^{151}Eu（p,4n）
^{208}Po	5.216	2.897 9	β$^+$	0.378 3（0.002 23%）	^{209}Bi（d, 3n） ^{209}Bi（p,2n）
^{210}Po	5.305	0.379	γ	0.803（0.001 1%）	天然来源
^{228}Th	5.52	1.913 1	α	5.340（27.2%） 5.423（72.2%）	天然来源
			γ	0.216（0.25%）	
^{232}U	5.414	68.9	α	5.263（31.55%） 5.32（68.15%）	^{232}Pa（β） ^{232}Th（α, 4n）
			γ	0.1～0.3（少量）	
^{236}Pu	5.867	2.857	α	5.721（30.56%） 5.768（69.26%）	^{236}Np（β） ^{235}U（α, 3n）

① 1 Å = 0.1 nm。

表 3.3(续)

核素	衰变能/MeV	半衰期/a	其他辐射/MeV(%)		生成反应
^{238}Pu	5.593	87.74	α	5.456(28.98%) 5.499(70.91%)	^{238}Np(β) ^{237}Np(n,γ)
^{241}Am	5.638	432.2	α	5.442(13%) 5.485(84.5%)	^{241}Pu(β)
			γ	0.059 54(35.9%)	
^{243}Cm	6.168	29.1	α	5.742(11.5%) 5.785(72.9%) 5.992(5.7%) 6.058(4.7%)	^{238}U、^{239}Pu 的多重中子俘获
			γ	0.2~0.3(20%)	
^{244}Cm	5.902	18.1	α	5.762(23.6%) 5.805(76.4%)	^{238}U、^{239}Pu、^{243}Am 的 多重中子俘获
			γ	少量	
^{248}Bk	5.793	9			^{246}Cm(α,pn)
^{250}Cf	6.128	13.07	α	6.030 4(84.6%) 5.989(15.1%)	^{238}U、^{239}Pu、^{244}Cm 的多重 中子俘获
			γ	0.042 85(0.014%)	
^{252}Cf	6.217	2.645	SF	FF(3.092%)	^{238}U、^{239}Pu、^{244}Cm 的 多重中子俘获
			α	6.075 8(15.7%) 6.118(84.2%)	
			γ	0.043~0.155 (0.015%)	
^{252}Es	6.739	1.292	α	6.576 2(13.6%) 6.632(80.2%)	^{249}Bk(α,n) ^{252}Cf(d,2n)
			γ	0.043~0.924(25%)	

这些同位素的鉴定标准是基于 0.379~100 a 的半衰期。其他射线如 γ 射线等也被列出(它们需要额外的屏蔽)[7]。

$$\underset{84}{^{210}}\text{Po}_{126}\xrightarrow{t_{1/2}=138.376\ \text{d}}\underset{82}{^{206}}\text{Pb}_{124}+{}^{4}_{2}\text{He}^{2+}(5.305\ \text{MeV})\tag{3.9}$$

α 是瞬发重离子,因此当它与物质发生相互作用时,可以用贝特 - 布洛赫能量阻止本领方程来表示。α 粒子电荷较少、质量较轻,在铀金属中的射程大于裂变碎片。由此,图 3.9 中的 α 粒子运动距离为 9.32 μm,而重裂变碎片的距离为 4.22 μm,轻裂变碎片的距离为 6.29 μm。α 粒子在固体中运动产生的电离将遵循具有布拉格峰的典型布拉格曲线(图 3.10),而裂变碎片没有布拉格峰(图 3.7 和图 3.8),这是因为裂变碎片在慢化过程中吸收电子导致其线能量传递变化很大。此外,任何带电粒子的射程都是慢化材料电子密度的函数,低密度材料的阻止本领比高密度的低。例如,5 MeV 的 α 粒子在空气中的射程是 40.6 mm(在金属铀中为 9.32 μm)。因此,依据面密度来讨论射程是具有指导意义的,其定义为线性射程除以材料密度。面密度与吸收材料的密度变化无关,与邻近 Z 值的材料相似(相关概念的详细讨论请参见下一节)。

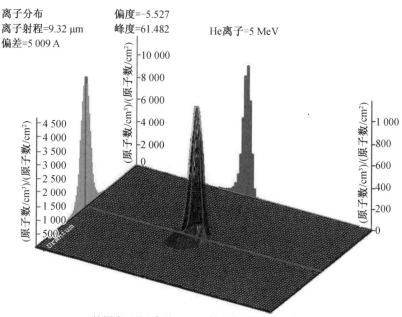

图 3.9　SRIM2011 模型显示了 5.3 MeV α 粒子在金属铀中的最终离子分布[6]

(图中纵坐标的单位为(原子数/cm^3)/(原子数/cm^2)。通过乘上离子剂量(^{4}He 剂量,单位为原子数/cm^2),纵坐标转换为 ^{4}He 的密度分布(单位是原子数/cm^3)。离子源从左侧入射,二维平面图表示出离子分布的深度和宽度。)

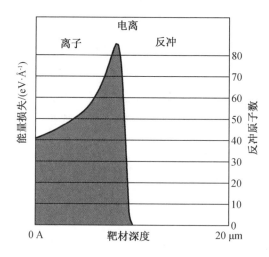

图 3.10　SRIM2011 模型显示 5.3 MeV 的 α 离子在金属铀中的电离分布[6]

3.1.3 β粒子和正电子

产生电子和反中微子的是 β⁻ 同位素源,产生正电子和中微子的是 β⁺ 同位素源。高能电子通过库仑散射和轫致辐射将能量转移到靶材料的电子中,该过程可由修正的 Bethe 公式计算得出。表 3.4 列出了具有适当半衰期的 β 放射性同位素。

表 3.4　核电池可用的潜在 β⁻ 源

核素	衰变能 /MeV	半衰期/a	β_{max}/MeV	其他辐射/MeV		生成反应
³H	0.019	12.33	0.019	无		⁶Li (n, α)
³⁹Ar	0.565	269	0.565	无		³⁸Ar (n, γ) KCl (n, γ)
⁴²Ar	0.6	32.9	0.6	无		⁴⁰Ar (n, γ) ⁴¹Ar (n, γ)
⁶⁰Co	2.824	5.271 3	0.318	γ	1.17 (50%) 1.33 (50%)	⁵⁹Co (n, γ)
⁸⁵Kr	0.67	10.755	0.67 (99.6%) 0.15 (0.4%)	γ	0.514 (0.4%)	裂变产物
⁹⁰Sr	0.546	28.77	0.546		β_{max}: 2.281 (⁹⁰Y, 子体)	裂变产物
¹⁰⁶Ru	0.039	1.023 4	0.039	无		裂变产物
¹¹³ᵐCd	0.58	14.1	0.58	无		¹¹²Cd (n, γ) ¹¹³Cd (n, n)
¹²⁵Sb	0.767	2.73	0.766 7	γ	0.5 (5% ~20%)	¹²⁴Sn (n, γ)
¹³⁴Cs	2.058	2.061	0.662 (71%) 0.089 (28%)	γ	0.6 ~0.8 (97%)	¹³³Cs (n, γ)
¹³⁷Cs	1.175	30.1	1.176 (6.5%) 0.514 (93.5)	γ	0.661 7 (93.5%)	裂变产物
¹⁴⁶Pm	1.542	5.52	0.795	γ	0.747 (33%)	¹⁴⁶Nd (p, n) ¹⁴⁸Nd (p, 3n)
¹⁴⁷Pm	0.225	2.624	0.225	无		¹⁴⁶Nd (n, γ)
¹⁵¹Sm	0.076	90	0.076	无		裂变产物
¹⁵²Eu	1.822	13.54	1.818	γ	0.1 ~0.3	¹⁵¹Eu (n, γ)

表 3.4(续)

核素	衰变能/MeV	半衰期/a	β_{max}/MeV	其他辐射/MeV		生成反应
^{154}Eu	1.969	8.592	1.845(10%) 0.571(36.3%) 0.249(28.59%)	γ	0.123(38%) 0.248(7%) 0.593(6%) 0.724(21%) 0.759(5%), 0.876(12%) 1.0(31%), 1.278(37%)	^{153}Eu(n,γ)
^{155}Eu	0.253	4.67	0.147(47.5%) 0.166(25%) 0.192(8%) 0.253(17.6%)	γ	0.086(30%) 0.105(21%)	^{154}Sm(n,γ)
^{171}Tm	0.096	1.92	0.0964(98%) 0.0297(2%)	γ	0.0667(0.14%)	^{170}Er(n,γ)
^{194}Os	0.097	6	0.0143(0.12%) 0.0535(76%) 0.0966(24%)	γ	0.01~0.08	^{192}Os(n,γ) ^{193}Os(n,γ)
^{204}Tl	0.763	3.78	0.763	无		^{203}Tl(n,γ)
^{210}Pb	0.063	22.29	0.0169(84%) 0.0635(16%)	γ	0.046(4%)	天然来源
^{228}Ra	0.046	5.75	0.0128(30%) 0.0257(20%) 0.0392(40%) 0.0396(10%)	γ	低能量 (低百分比)	天然来源
^{227}Ac	0.044	21.773	0.02(10%) 0.0355(35%) 0.0448(54%)	α γ	4.953(47.7%) 4.940(39.6%) 0.1~0.24	^{226}Ra(n,γ)
^{241}Pu	0.021	14.35	0.02082	α	4.853(12.2%) 4.896(83.2%)	^{238}U、^{239}Pu的多重中子俘获

如果同位素释放的不是负电子而是正电子,β^+ 将会在原子周围的轨道上与一些电子相遇,两者互相湮灭并产生两条高能 γ 射线。然后这些 γ 射线会通过完全不同于电子或其他带电粒子的反应机理与物质相互作用。

与高速重离子相比,电子在物质中的路径更为复杂。因为入射电子的质量等于靶材料中电子的质量,所以电子会严重散射,而且遵循如图 3.11 和图 3.12 所示的随机路径运动。

用于鉴定这些同位素的标准是基于 1～269 a 的半衰期。其他辐射如 γ 射线等也被列出（需要额外屏蔽）[7]。

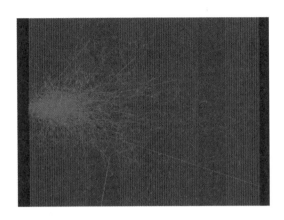

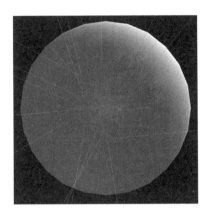

图 3.11　GEANT4 模拟⁹⁰Sr 的 β 衰变粒子在 SiC 平板模型中输运的过程，显示了 β 粒子轨迹（随机路径）和韧致辐射光子（直线）[8]

图 3.12　GEANT4 模拟⁹⁰Sr 的 β 衰变粒子在 SiC 球体模型中输运的过程，显示了 β 粒子轨迹（随机路径）和韧致辐射光子（直线）[8]

3.1.4　屏蔽注意事项

因为进行了屏蔽，所以核电池技术中采用的大多数 α 和 β 放射源不会释放大量的 γ 射线。例如，如果将⁶⁰Co 用于 β 型核电池，假设高能 γ 射线完全射出且转换效率为 100%，那么为了得到 1 mW 的输出，则放射源活度需要达到 1.76 Ci。如果这种高能 γ 放射源活度比较高（以几乎同样的概率发射出 1.17 MeV、1.33 MeV 的 γ 射线），就会限制它在许多情况下的适用性，它的辐射对周围材料（例如电子设备）和人员的影响是很严重的。在未屏蔽的情况下，距离放射源 20 cm 处的剂量率为 55.1 rem/h。如果设备周围有 20 cm 的铅屏蔽层，则铅屏蔽层表面剂量率会降至 0.000 569 rem/h。对于微型核电池而言，这是一个特别严重的问题，即将 γ 射线通量降至可接受水平所需的屏蔽措施，通常会严重降低电池的总功率密度（Wₑ/kg），而且还会增大核电池的占地面积。

需要着重强调的一点是，如果同位素辐射 γ 射线，并伴随带电粒子辐射，就将其认定为具有穿透性的放射源。这类源的辐照剂量率取决于 γ 射线的能量与出射率，可能会变得很大。例如，⁸⁵Kr 产生的辐射中 0.4% 是 514 keV 的 γ 射线[9-11]。尽管 0.4% 看起来很小，累积起来会形成很大的剂量。本书作者之一研发的间接换能核电池就是一个很好的例子。该器件非常简单，⁸⁵Kr 气体既作为气态放射源又作为换能单元。这种器件引起了商界的兴趣，两大公司和作者合作开发了该器件。同位素源发出的 β 粒子引起 Kr 气体的电离和激发。Kr 原子受激发迅速形成激发态的 Kr，然后退激发返回基态。这种准分子发射的光谱很窄（在 149 nm 处有一个峰，其半高宽为 10 nm）。这些准分子荧光被压力容器壁上的光伏组件捕获吸收。这种方法的理论效率超过 20%。这种器件最简易的装配方式是在球形压力

容器充入 ^{85}Kr 气体,该方法引起了商界的极大兴趣。作者与他的合作者设计了一种可用于空间任务,输出功率达 1 000 W 的设备,该设备需要活度为 1 000 000 Ci 的 ^{85}Kr 气体。球体中 Kr 的原子密度为

$$A(0) = \lambda N(0) \tag{3.10}$$

其中,$\lambda = 0.693/t_{1/2} = 0.693/(10.75\ a \times 365\ d/a \times 24\ h/d \times 3\ 600\ s/h) = 2.043 \times 10^{-9}\ s^{-1}$

$$N(0) = \frac{10^6 Ci \times 3.7 \times 10^{10}\frac{衰变数}{s \cdot Ci}}{2.043 \times 10^{-9} s^{-1}} = 1.811 \times 10^{25} 原子 \tag{3.11}$$

在标准温度和压力(STP)条件下,一个大气压下每立方厘米气体有 2.68×10^{19} 个原子(或分子),该数值用于计算 1 000 000 Ci 的 ^{85}Kr 气体在密闭球体中的压力。计算开始时先假设球体内的气压足够低,以满足理想气体状态方程。在一个大气压(N_{atm})下,球体中的原子(或分子)数通过将球体体积乘以常数($V_{球} \times 2.68 \times 10^{19}$)得到。球体中 ^{85}Kr 的压力可由关系公式 $P_{85Kr} = N(0)/N_{atm}$ 来估计。计算结果表明在 1 000 cm^3 的球体中 1 000 000 Ci 的 ^{85}Kr 的压强为 676 个大气压。从工程的角度看,计算球的尺寸和气体压强都不存在难点。

球体(半径 6.2 cm)小到可以在计算屏蔽层时近似为点源。使用 Radpro 计算器[12]估计距离球体 1 m 处(中间无遮挡)的剂量率,结果约为 12.27 rem/h。由于与电池一同部署的设备存在辐射敏感器件,这个剂量率值显然过高,这是工业厂商们无法接受的。为了将 1 m 处的剂量率降低到可接受的水平,该设备需要采取屏蔽措施。对比研究了不同厚度的屏蔽层,其中使用 8 cm 厚的铅屏蔽层可将剂量率降低到 24 μrem/h 的可接受水平。球外 8 cm 厚的铅屏蔽层的质量约为 124.6 kg。这表明该设备的质量功率比约为 0.124 6 kg/W,与 RTG 的质量功率比(约为 5 kg/W)相比非常有优势。

3.1.5 经验法则及其局限性

电子的射程 R 可用经验法则进行估算。例如,公式(3.12)和公式(3.13)可用于计算电子在空气中的射程。总的来说,诸如此类的经验法则可用于辐射防护,但如下文所述,在应用于核电池系统时任何经验法则都会失效。

$$R_{air}(ft) \approx 12\ ft/MeV \tag{3.12}$$

$$R(kg/m^2) = R(m) \cdot \rho\ kg/m^3 \tag{3.13}$$

β 粒子与物质相互作用产生离子对,这个过程包括在库仑相互作用下从核外电子轨道被打出的电子,该电子称为次级电子。次级电子的动能通常在 keV 量级[13]。二次电子通过电离产生三次电子,三次电子可通过相互作用产生四次、五次或更高次级的电子。由于它们的质量和电荷相等,电子可通过库仑相互作用将其全部能量转移到靶电子上。电子束激发等离子体中的电子能量分布[14]与轻离子轰击产生的能谱(图 3.13)非常相似。

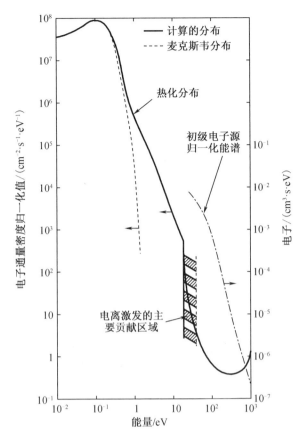

图 3.13　1 MeV 的 α 粒子轰击氦产生的初级和渐进的电子能量分布[13]

例如,由 ^{32}P 衰变产生的 β 粒子的最大能量为 1.71 MeV。根据公式(3.12),空气中该 β 粒子的射程为 1.71×12 ft = 20.5 ft ≈ 21 ft。对于健康物理学行业的专业人士来说,这个数字可用来计算与源的安全距离。

专业人士也使用类似的保守计算方法来估计屏蔽层的厚度。面密度的概念是该方法的基础。它也可以用作保守估计靶材料中 β 粒子的射程。面密度是每平方厘米靶材的密度。它与给定材料的电子密度相关,而该电子密度取决于材料的原子密度和原子序数。由于 β 粒子与构成原子的核外电子相互作用,因此面密度作为距离的函数,也可以用来估计 β 粒子的能量损失(μm^{-1})。具有较高电子密度的材料会有更多的电子与 β 粒子相互作用,从而在较短的距离内截止 β 粒子。使用公式(3.13)可计算特定材料的面密度,其中 ρ 是材料的质量密度,单位为 g/cm^3。在许多教材中,面密度用来表示"射程",符号为 R。读者有必要厘清每篇参考文献中是如何使用术语"射程"的。如公式(3.14)～公式(3.18)所示,面密度也有经验法则,其中 E_{max} 是最大 β 能量,单位为 MeV,面密度单位为 g/cm^2(使用符号 R)。

$$E_{max} \approx 2 \cdot R(g/cm^2) \quad 1 \leqslant E_{max} \leqslant 4 \text{ MeV} \tag{3.14}$$

$$E_{max} \approx 1.92 \cdot R^{0.725} \quad R \leqslant 0.3 \text{ g/cm}^2 \tag{3.15}$$

$$R(g/cm^2) \approx 0.407 \cdot (E_{max})^{1.38} \quad E_{max} \leqslant 0.8 \text{ MeV} \tag{3.16}$$

$$E_{max} \approx 1.85 \cdot R + 0.245 \quad R \geqslant 0.3 \text{ g/cm}^2 \tag{3.17}$$

$$R(\mathrm{g/cm^2}) \approx 0.542 \cdot E_{max} - 0.133 \quad E_{max} \geqslant 0.8 \text{ MeV} \tag{3.18}$$

这个模型首先使用经验法则计算能量沉积,给出面密度,进而得到粒子射程。如果将该模型用于核电池计算,就会引入很大的误差。要想确保足够的辐射防护,不能使用以上的经验法则,否则会高估粒子射程。这里分别以 β 源 ^{35}S($^{35}_{16}$S)、^{90}Sr($^{90}_{38}$Sr)、^{90}Y($^{90}_{39}$Y)为例进行说明。^{35}S 发射的 β 粒子的最大能量为 0.167 MeV,根据公式(3.16),所需的面密度为 $(0.167)^{1.38} \approx 0.034 \mathrm{~g/cm^2}$。对于密度为 $\rho = 3.210 \mathrm{~g/cm^2}$ 的碳化硅靶材,估计射程为 $R(\mathrm{cm}) \approx R(\mathrm{g/cm^2})/\rho \approx 0.034/3.210 \approx 0.0106 \text{ cm}$。^{90}Sr 发射的 β 粒子的最大能量为 0.546 MeV,估计其面密度为 $0.407(0.546)^{1.38} \approx 0.177 (\mathrm{g/cm^2})$,估计射程为 $R(\mathrm{cm}) \approx R(\mathrm{g/cm^2})/\rho \approx 0.177/3.210 \approx 0.055 \text{ 1 cm}$。^{90}Y 发射的 β 粒子的最大能量为 2.28 MeV,远远高于前两个示例。^{90}Y 的面密度为 $2.28/2 \approx 1.14 (\mathrm{g/cm^2})$,在碳化硅中的射程 $R(\mathrm{cm}) \approx R(\mathrm{g/cm^2})/\rho \approx 1.14/3.21 \approx 0.355 \text{ cm}$。

当两个经验法则在相同的能量范围有交集时,两者之间的差异显而易见。例如,公式(3.18)涵盖了能量大于 0.8 MeV 的 β 粒子。而公式(3.14)涵盖了能量 1~4 MeV 的 β 粒子。如果采用公式(3.18)估计 ^{90}Sr 的 β 粒子射程,它的结果为 $0.546\,546 \times 2.280 - 0.133 \approx 1.103 (\mathrm{g/cm^2})$。由此以厘米为单位,射程大约为 $R(\mathrm{m}) \approx R(\mathrm{g/cm^2})/\rho \approx 1.103/3.210 \approx 0.344 \text{ cm}$。两个经验法则(公式(3.14)和公式(3.18))之间的差别约为 11 μm,这比某些微型核电池的传感器尺度还大一个数量级。因此,绝不能使用经验法则设计核电池。

3.1.6 平均 β 能量的局限性

除了上面讨论的经验法则之外,还有其他简化方法可能会造成能量沉积以及电池效率的误判。一种常见但不正确的假设是,所有 β 粒子的平均发射能量为 $1/3\beta_{max}$[15]。这样假设简化了器件的能量沉积与深度曲线的计算,但精度会有所下降。β 粒子真实能谱产生的电离曲线与上述简单经验法则或 $1/3\beta_{max}$ 假设所呈现的结果明显不同。第二种存在致命错误的简化是假设衰变粒子不是各向同性发射的。精确度不高的输运模型会导致转换器内的能量沉积曲线产生偏移,认为入射粒子较大部分的能量会沉积在器件的更深处,而事实并非如此[16]。为了准确地表示电池内的能量沉积,真实源项的建模是必不可少的。公式(3.19)~公式(3.21)展示了三个低、中和高能 β 衰变反应。

$$^{35}_{16}\text{S} \rightarrow {}^{35}_{17}\text{Cl} + \beta^- + \bar{\nu} + 167.47 \text{ keV} \tag{3.19}$$

$$^{90}_{38}\text{Sr} \rightarrow {}^{90}_{39}\text{Y} + \beta^- + \bar{\nu} + 546 \text{ keV} \tag{3.20}$$

$$^{90}_{39}\text{Y} \rightarrow {}^{90}_{40}\text{Zr} + \beta^- + \bar{\nu} + 2.28 \text{ MeV} \tag{3.21}$$

分别采用 $1/3\beta_{max}$ 方法与全能谱分析计算给出平均能量,高能 β 源的平均能量差异很大[7]。

表 3.5 给出了三种 β 源的相关数据,包括半衰期、经验法则($1/3\beta_{max}$)得出的平均 β 能量以及使用 β 能谱计算的平均 β 能量。如图 3.14 所示,^{35}S 的 β 能谱强度会随着能量的降低而不断增加,中能 ^{90}Sr 的 β 能谱强度在低能时趋于平坦,而高能 ^{90}Y 的 β 能谱强度具有明显的峰值,然后随着能量的降低而下降。如表 3.5 所示,随着 β 粒子最大能量的增加,通过

$1/3\beta_{\max}$ 规则计算的平均能量与直接从能谱中计算的平均能量之间的差异显著。如果使用 $1/3\beta_{\max}$ 规则计算平均 β 能量,则该规则固有的误差会传播到其余系统计算中。这些不正确的平均能量数据将会错误地计算粒子射程和截止能量。因此,$1/3\beta_{\max}$ 规则不能应用于核电池设计中的计算和建模。

表 3.5　常见 β 同位素源的特性

同位素	半衰期	最大能量	平均能量		差别/%	子代同位素
			$1/3\beta_{\max}$ 规则/keV	能谱/keV		
^{35}S	87.51 d	167.47 keV	55.8	53.1	+5	^{35}Cl
^{90}Sr	28.8 a	546 keV	182	167	+9	^{90}Y
^{90}Y	2.67 d	2.28 MeV	760	945	−20	^{90}Zr

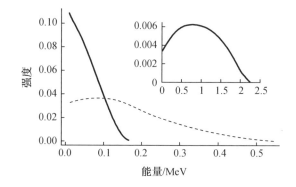

图 3.14　^{35}S(实线)、^{90}Sr(虚线)和 ^{90}Y(插图)的 β 发射能谱[8]

设计核电池时,准确的距离计算至关重要,以便在最佳位置匹配换能单元的有效区域(L_{trans})来收集 β 粒子(λ_{RadTr})能量。为了计算物质中 β 粒子的射程,应在模型中使用完整的 β 能谱(图 3.14),使用完整的 β 能谱开展的计算可以准确地得到能量沉积曲线。

接下来的示例中,可以清晰地显示出 ^{35}S、^{90}Sr 和 ^{90}Y 衰变的 β 粒子在平板中的实际射程[8]。这些结果与使用 β 能谱计算的平均 β 能量的射程结果明显不同。这进一步强化了一个前提,在设计核电池时任何经验法则都会导致不可接受误差的产生(公式(3.14)~公式(3.18))。根据经验法则得出的结果要比基于平均 β 能量(使用基于 β 能谱的平均值)或完整 β 能谱的计算结果大几个数量级。有趣的是,从平均 β 能量计算出的射程与以完整 β 能谱计算出的射程之间存在大约 4 倍的差异,其中完整 β 能谱的射程更远。

图 3.15 和图 3.16 分别表示基于平均 β 能量和完整 β 能谱计算的能量沉积与深度的关系。在平板几何中,β 粒子模拟为单向的,垂直于阻止材料,而在球体中的点源模拟为各向同性的。两者明显不同,再一次证明了为什么基于平均 β 能量的设计存在重大错误。图 3.14 展现了讨论的三种同位素源的 β 能谱,很明显它们都会发射大量低能 β 粒子。根据定义,平均能量是指高于平均能量的 β 粒子数与低于平均能量的 β 粒子数相等。对于 ^{35}S,低能 β 粒子的数量随着能量接近于零而持续增加;对于 ^{90}Sr,在 0.08 MeV 处有一个轻微

的峰值,但在较低的能量段总体是平坦的;对于^{90}Y,能谱中存在一个明确定义的最大值 0.8 MeV。当考虑到全能谱中的低能量 β 时,图 3.15 和图 3.16 之间的差异也就不足为奇了。

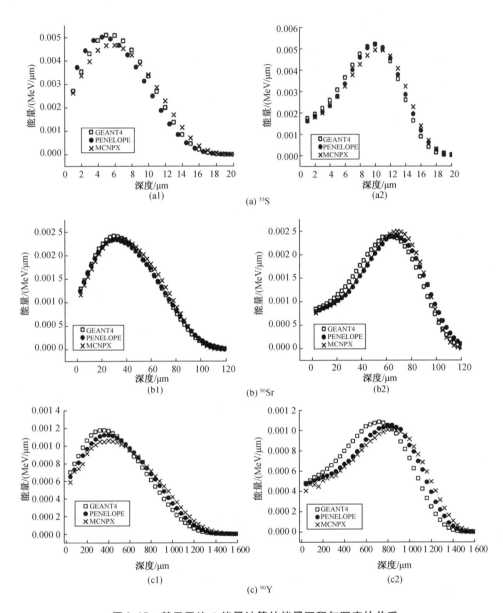

(a) ^{35}S

(b) ^{90}Sr

(c) ^{90}Y

图 3.15 基于平均 β 能量计算的能量沉积与深度的关系

(使用 GEANT4、PENELOPE 和 MCNPX 程序分别模拟计算了(a)^{35}S,(b)^{90}Sr,(c)^{90}Y 在平板（左）和球体（右）几何中的能量沉积与深度之间的关系,其中平板几何中 β 粒子垂直单向入射,球体几何中各向同性点源位于中心位置[8]。)

如图 3.15 所示,在基于平均 β 能量的计算值中,^{35}S、^{90}Sr 以及 ^{90}Y 的平板和球体几何都有明显的峰值;对于 ^{35}S,平板几何的峰值出现在 6 μm 处,球体几何的峰值出现在 10 μm 处。对于 ^{90}Sr,平板几何的峰值出现在 35 μm,球体几何为 65 μm;对于 ^{90}Y,平板几何的峰值出现在 400 μm,球体几何的峰值出现在 600 μm。相反地,图 3.16 表明能谱中低能量 β 的沉积占据主导地位。与高能 β 粒子相比,低能 β 粒子的射程更短。因此,对于 ^{35}S 和 ^{90}Sr 而言,单位深度能量沉积在阻止材料的表面附近最高,并随深度呈指数衰减。对于高能量的 ^{90}Y β 粒子,在某一深度处能量沉积达到峰值:平板情况下峰值为 150 μm,球体情况下峰值约为 300 μm。另一个有趣的现象是,全能谱计算的最大沉积能量与平均能量的计算值存在显著差异。

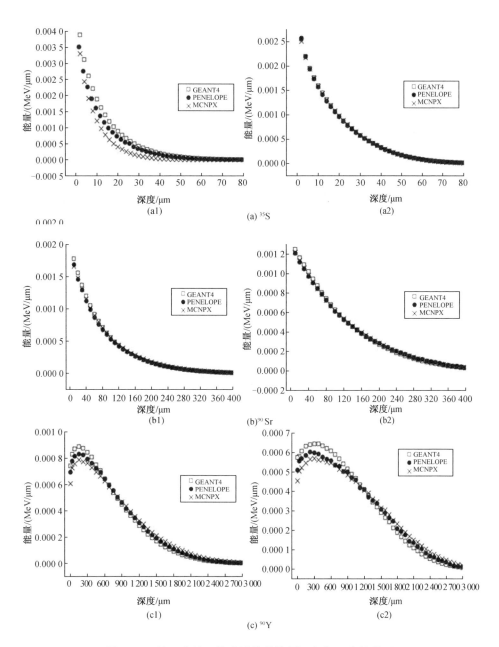

图 3.16　基于完整 β 能谱计算的能量沉积与深度的关系

(使用 GEANT4、PENELOPE 和 MCNPX 程序分别模拟计算了(a)^{35}S,(b)^{90}Sr,(c)^{90}Y 在平板(左)和球体(右)几何中的能量沉积与深度之间的关系,其中平板几何中 β 粒子垂直单向入射,球体几何中各向同性点源位于中心位置[8]。)

上述观察结果的意义是重大的。首先,在使用平均 β 能量来计算最大能量沉积的位置,进而确定换能单元的位置时,耗尽区在换能单元内的位置将存在非常大的误差。β 辐致伏特效应核电池的换能单元是一个由 P 型材料和 N 型材料通过相互补偿形成的 P – N 结,该区域在换能单元中称为耗尽区。正如所讨论的,通过调节 P 型杂质和 N 型杂质的密度,就可以改变耗尽区的宽度。通常设计良好的换能单元中的耗尽区宽度约为 1 μm。如果将 β 辐致伏特效应核电池视为一个方框,则可以将耗尽区定位在方框的边界内。现在面临的挑战在于,将尽可能多的来自源项的 β 粒子沉积到 1 μm 厚的耗尽区中。平板模型是一种理想化模型,因为其单向 β 粒子束的撞击垂直于换能单元表面。球体模型理想化地将点源放置在球体的中心,其中 β 源与球体壳等间距。这两个模型都预测了在耗尽区中沉积的 β 能量。现实的装置中,β 源是各向同性的。因此,要在较薄的耗尽区中沉积 β 粒子的能量会带来更大的挑战。总而言之,设计计算中使用平均 β 能量,则在确定耗尽区的最佳位置时会产生很大的误差,在计算向耗尽区的能量传输速率时也存在很大的误差(表 3.6)。

表 3.6　根据公式(3.13) ~ 公式(3.16)的经验法则,计算 β 粒子在 SiC 中的射程与图 3.15 和图 3.16 的结果进行比较

放射性同位素	射程/mm		
	经验法则	平均 β 能量	β 能谱
^{35}S	10.6	0.02	0.08
^{90}Sr	55.1	0.12	0.40
^{90}Y	344.0	1.6	3.00

β 能谱的结果是准确的,表 3.6 显示了使用经验法则或平均 β 能量计算时的预期误差量级[7]。

3.1.7　哪种类型的辐射最匹配核电池,为什么?

从以降低每瓦能量所需质量为主要目标的角度考虑,α 辐射和 β 辐射是与核电池技术匹配良好的电离辐射类型。α 辐射的射程最短,可以很好地与多种类型的换能单元耦合。β 辐射的射程比 α 辐射远得多,并且性质更加复杂,因此在使用时会带来更大的挑战。在下一节中,将讨论可在核电池设计中使用的换能单元类型示例,从而更加完整地描述如何将 α 辐射和 β 辐射耦合到换能单元上。

3.2　核电池用换能单元类型

核电池的基本工作原理可分为基于核电池产生的热能(热电式)和基于核电池产生的离子对(离子对式)。下面将探讨几个热电式及离子对式转换核电池的示例。

3.2.1　离子对式

α 和 β 辐致伏特效应核电池是典型的基于半导体进行能量转换的。自 1950 年以来人们就已经展开了相关研究[17,18]。电离辐射在半导体中产生电子－空穴对,由于 P 型和 N 型区域的补偿,形成 P－N 结的耗尽区会产生局部电势,并且该电势会将电子与空穴分开。正如要展示的,耗尽区的厚度限制在微米范围(～1 μm)。如果电离辐射在固体中的射程大于耗尽区,则该框架下可以收获的电子－空穴对较少。α 粒子在固体中的射程约为 20 μm。据报道,基于碳化硅的 α 辐致伏特效应核电池的最大理论效率约为 3%[19]。同样地,β 粒子在固体中的射程要大得多,因此 β 辐致伏特效应核电池的相应最大理论效率约为 1%[8]。

如果耗尽区可以扩展到超过 1 μm 的范围,则效率可以进一步提升[16]。针对 SiC 的理想几何条件,生成了能量输运效率(η_d)随源距离的变化函数的表格(平板上使用单向射束或球体中的点源都是有意高估输运效率,因为这些理想化的几何条件代表了将辐射输运到耗尽区的最有效方法,所有其他设计的效率都会降低。换句话说,这种逻辑导致了理论上的最大值)。通过选择耗尽区的厚度,并将其定位在 α 粒子的能量沉积曲线的峰值处(表 3.7),可以最大化输运效率。在参考文献[8][16][19]中,都将 SiC 耗尽区设置为 1 μm,因为高质量 SiC 晶片中的杂质水平通常为 1×10^{16} 原子数/cm³。如讨论的那样,将耗尽区扩大超过 1 μm,则掺杂剂密度应小于 1×10^{16} 原子数/cm³。然而,通过几种典型方法制造的晶体具有的杂质密度水平大致相同,这时要将杂质密度降至低于 1×10^{16} 原子数/cm³,就成为一项技术性难题。可以尝试通过分别掺杂受体或供体杂质,来补偿晶片中的高固有供体或受体杂质水平,或尝试将有效掺杂剂密度降低到 1×10^{16} 原子数/cm³ 以下,但是杂质密度的净增加(掺杂剂密度加上反掺杂剂密度)将缩短载流子寿命,降低电池效率。

P－N 二极管的主要问题是耗尽区中的 N 型和 P 型杂质被置换,并且由于电离辐射,结构变得更加混乱。因此,该结构会快速地失去 P－N 结的作用。即使在低剂量率下,典型的 P－N 结 β 或 α 辐致伏特效应核电池的寿命也很短。辐射损伤是剂量率的函数,在高剂量率下电池的寿命可能约为毫秒[20]。但这不单单是 P－N 结的问题,此外,辐射射程和换能单元尺寸之间的匹配度差也是个问题。

表 3.7　用 GEANT4 和 SRIM/TRIM 计算方法分别预测 5.307 MeV（如 ^{210}Po）α 射线或点源在平板和球体模型 1 μm 厚的耗尽区中的能量沉积[19]

射程 /μm	GEANT4						SRIM/TRIM	
	球体模型			平板模型			平板模型	
	能量/keV	沉积/%	σ/%	能量/keV	沉积/%	σ/%	能量/keV	沉积/%
0 ~ 1	208	3.92	0.006	208	3.92	0.006	211	3.98
1 ~ 2	214	4.03	0.006	214	4.03	0.007	218	4.11
2 ~ 3	220	4.15	0.006	220	4.15	0.007	223	4.19
3 ~ 4	228	4.29	0.006	228	4.29	0.007	226	4.26
4 ~ 5	236	4.44	0.006	236	4.45	0.007	235	4.42
5 ~ 6	245	4.61	0.006	245	4.61	0.007	243	4.59
6 ~ 7	254	4.79	0.006	254	4.79	0.007	258	4.85
7 ~ 8	265	5.00	0.006	266	5.00	0.007	269	5.06
8 ~ 9	279	5.25	0.006	279	5.25	0.007	279	5.25
9 ~ 10	294	5.55	0.006	294	5.55	0.007	296	5.58
10 ~ 11	312	5.89	0.006	313	5.89	0.007	315	5.94
11 ~ 12	335	6.32	0.006	335	6.32	0.006	337	6.35
12 ~ 13	364	6.86	0.005	364	6.86	0.006	365	6.88
13 ~ 14	402	7.58	0.006	402	7.58	0.006	405	7.62
14 ~ 15	456	8.60	0.006	457	8.61	0.006	454	8.56
15 ~ 16	527	9.93	0.006	527	9.94	0.006	508	9.57
16 ~ 17	408	7.68	0.017	407	7.66	0.017	382	7.19
17 ~ 18	59	1.12	0.118	58	1.09	0.121	0	0.00
18 ~ 19	0	0.00	——	0	0.00	——	0	0.00
19 ~ 20	0	0.00	——	0	0.00	——	0	0.00
合计	5 307	100.00	——	5 307	100.00	——	5 220	98.40

　　除了在 β 粒子能量非常低的情况下，β 粒子的射程与 P – N 二极管的耗尽宽度通常不能很好地匹配。表 3.8 显示了来自 ^{3}H（平均能量 5.45 keV）、^{63}Ni（平均能量 17.20 keV）、^{90}Sr（平均能量 196.03 keV）和 ^{90}Y（平均能量 934 keV）的 β 粒子在 SiC、Xe 和 ZnSe 中的能量沉积特性。从表 3.8 中可以看出，想要 99.95% 的 β 能量沉积在 SiC 中，^{3}H 对应的深度为 1.71 μm，^{63}Ni 对应的深度为 15.7 μm，^{90}Sr 对应的深度为 474 μm，^{90}Y 对应的深度为 2 873 μm。该数据表明，氚源与约 1 μm 的耗尽宽度匹配度较好，但随着 β 能量的增加，尺度匹配会变得糟糕。

表 3.8　四种放射性同位素释放的 β 粒子在不同靶材中的能量沉积特性

靶材	同位素	E_{exp}/keV	$E_{tot,M}$/keV	差异/%	% $E_{tot,M}$ 沉积能量对应的深度/μm			
					25%	50%	75%	99.95%
SiC	^{3}H	5.45	4.32	20.8	<0.1	0.128	0.292	1.71
	^{63}Ni	17.20	14.08	18.2	<1	0.968	2.47	15.7
	^{90}Sr	196.03	159.12	18.8	16.9	49.0	107.7	474
	^{90}Y	934.40	772.79	17.3	136	366	756	2 873
Xe	^{3}H	5.45	3.72	31.7	29.7	83.7	190	1 179
	^{63}Ni	17.20	11.95	30.6	181	548	1 329	8 929
	^{90}Sr	196.03	133.46	31.9	8 170	22 880	49 909	247 437
	^{90}Y	934.40	655.57	29.8	64 838	169 497	348 379	1 48 492
ZnSe	^{3}H	5.45	4.01	26.4	<0.1	0.098 7	0.236 1	1.394 1
	^{63}Ni	17.20	13.04	24.2	<1	<1	1.84	12.5
	^{90}Sr	196.03	101.62	48.2	10.9	31.5	70.5	344
	^{90}Y	934.40	476.51	49.0	86.97	236.4	498.9	2 119

重离子(如裂变碎片)的射程约为 5 μm。与 1 μm 耗尽区相比,该射程的尺度匹配度比大多数 β 源好(β 粒子能量非常低时,射程能降到 5 μm)。在这种情况下,理论上最大能量转换效率可以接近 20%。然而不幸的是,这些高能重碎片剂量率较大,对结区的辐射损伤会更加迅速。

E_{exp} 基于能谱分布给出的平均能量[21]。$E_{tot,M}$ 是由 MCNPX 计算得出的 β 粒子沉积在样品中的平均能量(其中 $L_{trans} \gg \lambda_{RadTr}$)。第 5 列显示了这两种方法之间的百分比差异。最后四栏描述了各种 β 源在靶材中沉积 $E_{tot,M}$ 的 25%、50%、75% 和 99.95% 对应的深度值[7]。

基于传统 P-N 结的 β 或 α 辐致伏特效应核电池的效率

在 N 型与 P 型半导体材料接触的区域形成结。在结的界面处,载流子在结中的扩散会形成空间电荷,从而形成电势和电场(图 3.17)。耗尽区因此具有电场,当辐射与材料相互作用产生电子 - 空穴对时,该电场将这些电子 - 空穴对分开。在耗尽区之外,辐射与物质相互作用产生的电子 - 空穴对没有电场使其分离。耗尽区以外的电荷载流子最可能的结果是重新复合或被缺陷捕获。还有一些电荷载流子可能会漂移到耗尽区中,并成为由结电场驱动的电池电流的一部分。

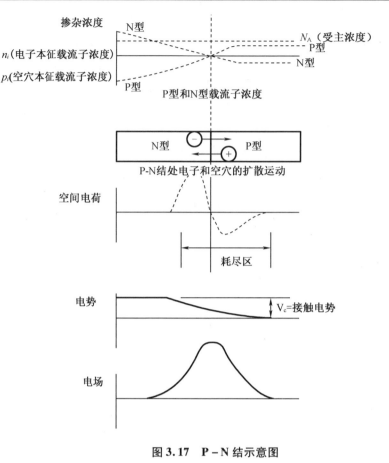

图 3.17 P – N 结示意图

（从上到下依次为：N 型和 P 型材料的掺杂浓度曲线；具有电荷载流子补偿的结界面；电荷载流子在结上扩散产生空间电荷；电势；电场[7]。）

一旦电场形成，电池内就存在驱动电流的电势。能量转换器件的绝对效率（η_{ab}）总是如公式（3.22）所定义的那样，其中 P_{out} 是能量转换器件的输出功率，由公式（3.23）计算得出；P_{total} 是沉积在器件能量转换区域的总功率，由公式（3.24）计算得出。

$$\eta_{ab} = \frac{P_{out}}{P_{total}} \tag{3.22}$$

$$P_{out}(W) = V(V) \cdot I(A) \tag{3.23}$$

其中，V 是以伏特为单位的电池电势，I 是以安培为单位的电池电流

$$P_{total}(W) = A(Bq) \cdot E_{dis}(eV \cdot Bq^{-1}) \cdot 1.6 \times 10^{-19}(J/eV) \tag{3.24}$$

其中，A 是放射源的活度，E_{dis} 是放射源衰变产生的粒子能量。

为了估算电池电流 I，首先要知道辐射与物质的相互作用在电池中可产生的最大电流。最大电流取决于辐射（β 或 α）到耗尽区的能量输运效率。这可以用一个参数来表示，该参数代表沉积在耗尽区中的功率分数，表示为 η_d（公式（3.25））。通常使用蒙特卡罗输运程序来计算该参数。

$$耗尽区吸收的功率 = P_{dpl} = P_{dpl} \cdot \eta_d \tag{3.25}$$

　　然后,通过单位时间在耗尽区中产生的电子 – 空穴对数量,得到耗尽区中最大的电荷产生速率。如前文所述,蒙特卡罗粒子输运程序并不具备模拟材料中电子和离子运动的能力。在这个计算中,必须使用 $W(\text{eV}/\text{对})$ 值,该值表示产生一个电子 – 空穴对所需的平均能量。蒙特卡罗程序可以计算材料中某一空间位置处的能量吸收速率。但是,如前文所述,电子和离子的时空分布应非常接近固体中的空间能量沉积分布。因此,合理的预估方法是,利用蒙特卡罗程序计算的能量损失空间速率来得到耗尽区中的功率密度,然后使用功率密度分布来估计电子和离子的密度分布。因此,在耗尽区中单位时间产生的电子 – 空穴对的数量(N_e)可以表示为

$$N_e(\text{对}/\text{s}) = \frac{P_{\text{total}}(\text{J}/\text{s}) \cdot \eta_d}{W(\text{eV}/\text{对})} \cdot 6.25 \times 10^{18}(\text{eV}/\text{J}) \tag{3.26}$$

　　假设不考虑电池因缺陷引起的损耗,则电子 – 空穴对的产生率与结中的最大理想短路电流(J_{sc})成正比。理想短路电流等于电子 – 空穴对的产生率乘以每个电子的电荷(1.6×10^{-19} C):

$$J_{sc} = N_e(\#\text{对}/\text{s}) \cdot 1.6 \times 10^{-19}(\text{C}/\text{对}) \tag{3.27}$$

$$J_{sc} = P_{\text{total}} \cdot \eta_d / W \tag{3.28}$$

　　输出功率 $P_{\text{out}}(\text{W})$ 与开路电压(V_{oc})、短路电流(J_{sc})的乘积以及填充因子(FF)有关。由此,公式(3.29)中给出了 P – N 结能够产生的最大功率。在公式(3.30)中,$P_{\max}$ 是电池的最大输出功率,对于性能良好的太阳能电池,FF 通常大于 0.7。

$$P_{\text{out}}(\text{W}) = V_{oc}(\text{V}) \cdot J_{sc}(\text{A}) \cdot FF = \frac{V_{oc} \cdot P_{\text{total}} \cdot \eta_d \cdot FF}{W} \tag{3.29}$$

$$FF = \frac{P_{\max}}{V_{oc} \cdot J_{sc}} \tag{3.30}$$

开路电压(V_{oc})和驱动电势效率

　　当固体材料中产生电子 – 空穴对时,任何转移到电子的能量大于带隙能量(E_g),多余的能量最终都会变成热量。因此,产生电子 – 空穴对的效率与材料自身属性相关(表3.9)。当产生电子 – 空穴对时,用于产生电荷载流子的能量为 $E_g(\text{eV})$。在 β 或 α 辐致伏特效应核电池中,电子 – 空穴对由结内电势驱动。最大电势是开路电压 V_{oc}。因此,电池产生的最大功率是开路电压和短路电流 J_{sc} 的乘积。电流 $I(\text{C}/\text{s})$ 是电子密度 ρ_e(电子/m³)、电子电荷量、漂移速度 $u(\text{m}/\text{s})$ 和表面积 $A(\text{m}^2)$ 的乘积。这个过程与光伏太阳能电池非常相似。因此,假设核电池不考虑复合损失,则最大可能电流等于单位时间在耗尽区中产生的电子 – 空穴对的数量。

　　换个角度来讲,可以从电子、空穴的产生速率出发,通过公式(3.26)中的辐射与物质的相互作用去定义公式(3.28)中的短路电流,以及公式(3.29)中的最大输出功率。产生电流所消耗的功率(P_{ex})可以定义为电子流速乘以形成一个电子 – 空穴对所需的能量(例如,带隙(E_g)能量)。

$$P_{ex}(\text{W}) = N_e(\text{对}/\text{s}) \cdot E_g(\text{eV}/\text{对}) \cdot 1.6 \times 10^{-19}(\text{J}/\text{eV}) \tag{3.31}$$

　　Oh 等人[19]引入了驱动电势效率(η_{dp})的概念。它源于开路电压与换能材料带隙之间

的关系,开路电压小于或等于材料带隙。判断这种关系的一种简单方法是,电池的输出功率小于产生电子 - 空穴对所消耗的功率。输出功率与消耗功率之比为驱动电势效率,如公式(3.32)和公式(3.33)所示。然后,开路电压可以表示为驱动电势效率和带隙的乘积,如公式(3.34)所示。

表3.9 一些可用于直接核能转换的常见半导体材料的性能[22]

性能	材料					
	金刚石	氮化镓	碳化硅	砷化镓	锗	硅
最小带隙	5.48	3.39	2.9	1.42	0.68	1.12
电子漂移迁移率 μ	1 800	1 000	400	8 500	3 900	1 450
密度 $\rho/(g \cdot cm^{-3})$	3.515	6.15	3.22	5.317	5.323	2.329
原子质量/$(g \cdot mol^{-1})$	12	83.7	40.1	144.6	72.6	28.1
摩尔密度/$(mol \cdot cm^{-3})$	0.293	0.073 5	0.080 3	0.036 8	0.073 3	0.0829
位移能量$(E_d)/eV$	43	24	28	10	30	~ 19
平均电离能 W/eV[22]	12.4	8.9	6.88	4.13	2.96	3.63
克莱因公式* W/eV	15.84	9.99	8.62	4.476	2.404	3.64
E_g/W	0.442	0.381	0.421	0.344	0.23	0.308

注:*用于预测半导体 W 值的克莱因公式($W = 2.8 \times E_g + 0.5 \text{ eV}$[23])。克莱因公式的预测值与测量值不同,尤其是在带隙较大时。

$$\eta_{dp} = \frac{P_{out}}{P_{ex}} = \frac{V_{oc}(\text{V}) \cdot \left(\dfrac{N_e(\text{电子/s})}{6.25 \times 10^{18}(\text{电子/e})}\right)}{E_g(\text{eV/对}) \cdot N_e(\text{对/s}) \cdot 1.6 \times 10^{-19}(\text{J/eV})} \tag{3.32}$$

$$\eta_{dp} = \frac{V_{oc}}{E_g} \tag{3.33}$$

$$V_{oc} = \eta_{dp} \cdot E_g \tag{3.34}$$

所以,最大效率可以用输出功率和辐射源的总功率来表示,并且可以根据公式(3.35)计算得出。将结果代入公式(3.32)使得该表达公式简化为公式(3.36)。类似地,如公式(3.37)所示,使用由 Oh[19] 等人讨论的电子 - 空穴对生成效率 η_{pp},公式(3.36)简化为公式(3.38)。

$$\eta = \frac{P_{out}}{P_{total}} = V_{oc}(\text{V}) \cdot \eta_d \cdot \left(\frac{FF}{W(\text{eV/对})}\right) \tag{3.35}$$

$$\eta = \eta_{dp} \cdot E_g \cdot \eta_d \cdot \frac{FF}{W(\text{eV/对})} \tag{3.36}$$

$$\eta_{pp} = \frac{E_g(\text{eV})}{W(\text{eV/对})} \tag{3.37}$$

$$\eta = \eta_{dp} \cdot \eta_d \cdot \eta_{pp} \cdot FF \tag{3.38}$$

效率计算还需要一个参数,即开路电压。使用图3.18中理想光伏组件的等效电路,通过获取电路的节点平衡,理想光伏组件的输出电流与 P – N 结的暗电流(I_D)和辐生电流(I_L)相关,如公式(3.42)所示。

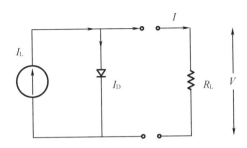

图 3.18　理想的 β 或 α 辐致伏特效应核电池等效电路

开路电压是暗电流(I_D)和辐生电流(I_L)的函数。二极管电流是公式(3.39)中暗电流的函数,其中 I_0 是反向饱和电流,它是材料和温度的函数,q 是电子电荷量(1.602×10^{-19} C),k_B 是玻尔兹曼常数(1.381×10^{-23} J/K),T 是电池的开尔文温度,n 是理想因子(对于理想电池,$n = 1$)。当辐生电流与二极管电流平衡时,就会产生开路电压。因此,设置 $I = 0$,使用表达 I_D 的公式(3.40),得到公式(3.41)中所示的开路电压值。

$$I = I_L - I_D \tag{3.39}$$

$$I_D = I_0 \left(e^{\frac{qV}{nk_BT}} - 1 \right) \tag{3.40}$$

$$V_{oc} = \frac{nk_BT}{q} \cdot \ln\left(\frac{I_L}{I_0} + 1 \right) \tag{3.41}$$

带隙宽度和开路电压之间也存在关系。由于受到电池温度 T 的影响,反向饱和电流 I_0 取决于电荷载流子。反向饱和电流与带隙能量 E_g 之间的关系由公式(3.42)给出。

$$I_0 = D \cdot T^3 \cdot e^{-\frac{qE_g}{nk_BT}} \tag{3.42}$$

随着带隙能量的增加,反向饱和电流减小,此时理想电池的开路电压将增加。宽带隙换能单元(如金刚石)达到的最高开路电压为 2.6 V[24],相当于 0.48 的驱动电势效率(η_{dp})。

耗尽区的宽度和电流

收集概率是指在换能区域通过辐射与物质的相互作用产生的载流子被收集,并贡献给辐生电流(I_L)的概率。在耗尽区中产生的载流子具有相同的收集概率,因为电子 – 空穴对被电场迅速分离,并最终被收集。在耗尽区之外,由于电子 – 空穴对必须要扩散到耗尽区中才可能被收集,所以收集概率会降低。如果距结区的距离大于一个扩散长度,则收集概率可以忽略不计(图 3.19)。例如,SiC 中的扩散长度在 0.07 μm 至几 μm 之间,具体取决于材料缺陷[25,26]。

在确定耗尽区的宽度时,电荷载流子的迁移很重要,但更重要的是半导体材料中电荷载流子的寿命。载流子的寿命定义为从产生或注入载流子到被真正的导体(如铜)收集的时间。半导体能带结构中存在的陷阱决定着载流子(电子和空穴)的寿命。这样导致的后果是耗尽区被限制在非常小的厚度区域。意味着仅耗尽区内由电离辐射沉积的能量具有统一的收集概率,用以产生功率输出。因此,耗尽区限制了能量转换系统的效率。公式(3.43)至公式(3.45)通过本征载流子浓度 n_i、耗尽区两端的电压 V_{bi} 和耗尽区宽度 W[27] 描述了半导体的相关特性。

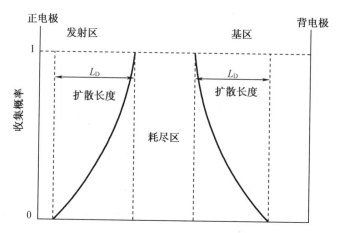

图 3.19 线性渐变的 α 或 β 辐射伏特结构的收集概率

(超过载流子的扩散长度,收集概率可以忽略不计)

$$n_i = 2\left(\frac{2\prod k_B T}{h^2}\right)^{3/2}(m_n m_p)^{3/4}\exp\left(-\frac{E_g}{2k_B T}\right) \tag{3.43}$$

其中,k_B 是玻尔兹曼常数,T 是半导体的开尔文温度,E_g 是带隙能量,m_p 和 m_n 分别是空穴和电子的有效质量。

$$V_{bi} = \frac{k_B T}{e}\ln\left(\frac{N_a N_d}{n_i^2}\right) \tag{3.44}$$

其中,e 是电子电荷,N_a 是 P 型区域中可用空位的相对浓度,N_d 是 N 型区域中电子的相对浓度。

$$W = \left(\frac{2\varepsilon_s V_{bi}}{e}\cdot\frac{N_a + N_d}{N_a N_d}\right)^{1/2} \tag{3.45}$$

式中,ε_s 是介电常数。

根据公式(3.43)~公式(3.45)可以知道,势垒和耗尽区宽度的大小既取决于半导体自身的特性,又分别和 N 型与 P 型半导体中的掺杂浓度 N_a 和 N_d 有关。掺杂浓度是改变势垒高度和耗尽区宽度的主要手段。从公式中可以得到,当掺杂浓度减小时,耗尽区宽度会变大,但是势垒高度会变低。当掺杂浓度乘积接近材料本征载流子浓度的平方时,电势会趋向于零,并且此时耗尽区宽度也为零。另外,掺杂浓度必须高于耗尽区注入的电荷浓度,从而使产生的电荷处在低注入水平,在半导体中极低的掺杂浓度是不起作用的。

这里以 4H - SiC 为例,来理解耗尽区宽度。它的介电常数大约是 10[28],m_n 和 m_p 分别

取 $1.2m_e$ 和 $0.76m_e$，在室温下带隙约是 3.25 eV[29]。当温度为 300 K 时，由公式 3.43 可以得到这种半导体的本征掺杂浓度为 9.0×10^{-9} cm^{-3}。为了计算碳化硅中耗尽区的宽度范围，公式（3.44）和公式（3.45）中都需要用到它的本征掺杂浓度。N_a 到 N_d 的浓度值在 10^{15} 到 10^{20} cm^{-3} 之间变化（图 3.20）。由图可知，碳化硅的耗尽区宽度最大为 2.6 μm。这表明耗尽区宽度是限制平面型单 P－N 结型核电池系统电离辐射吸收效率的因素。但若要想耗尽区宽度达到 2.6 μm，杂质浓度必须在 0.1 ppm① 左右，但这对于碳化硅来说是很困难的。它的杂质浓度一般为 1～10 ppm。由此可以得出结论，SiC 的耗尽区宽度能够做到的最大程度在 1 μm 左右[19]。

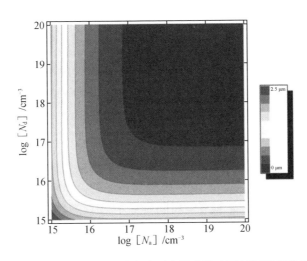

图 3.20 4H－SiC 中不同施主和受主掺杂浓度下耗尽区宽度的大小

3.2.2 肖特基势垒式

肖特基势垒是金属和半导体之间形成的势垒。势垒高度取决于半导体和金属接触的功函数之差。金属和半导体在接触面形成的耗尽区宽带为几百纳米，这个尺寸是很小的，与电离辐射的射程并不匹配。理论上，α 型肖特基势垒结构的最大效率近似为 0.3%，而低能量 β 型肖特基势垒结构的最大效率近似为 0.1%。肖特基势垒不太容易受到辐射损伤的影响，因为连接金属和半导体的原子层很薄，不容易发生由辐射引起的位移。肖特基势垒还可以在液态半导体与金属之间形成，液体不断地润湿界面，此类型的肖特基二极管不容易受到辐射损伤。

裂变碎片（射程约为 5 μm）与耗尽区 100 nm 的肖特基势垒二极管可以更好地匹配。若在肖特基势垒二极管内发生裂变反应，理论上最大效率可以接近 3%。但这对于裂变反应堆中的大规模能量转换来说，依旧是远远不够的。

当两种具有不同功函数的材料直接接触时，就会产生肖特基势垒。在材料的表面会形

----

① 　1 ppm = 1 mg/L。

成费米电势。因为两种材料的边界比较尖锐,肖特基势垒的耗尽区会比 P - N 结更薄。根据 Sze 和 Ng 的研究,肖特基势垒的耗尽区宽度(W)可以表示为[30]

$$W = \sqrt{\frac{2\varepsilon_s}{qN}(V_{bi} - V_A)} \tag{3.46}$$

$$\eta_{dp} = \frac{V_{bi}}{E_g} \tag{3.47}$$

式中,V_{bi} 是肖特基接触的内建电场,N 是掺杂密度,q 是电荷量,ε_s 是半导体的介电常数,V_A 是在正向偏压下接触两端的实际电场,在 β 或 α 粒子电流模型中 $V_A = 0$。肖特基势垒最常见的势垒高度是 1 V[31]。针对几种施主浓度,给出了 Ni/4H - SiC 肖特基势垒二极管的耗尽宽度[32]。掺杂浓度为 $1.0 \times 10^{17}/cm^3$ 时,Ni/4H - SiC 肖特基势垒二极管的耗尽区宽度大约为 0.25 μm。

相对于 P - N 二极管,肖特基势垒二极管的耗尽区宽度更小,并且势垒高度(V_{bi})更低,因而它的能量转换效率明显低于 P - N 二极管。耗尽区宽度越小,传感器尺度越小,效率就越低;较低的势垒高度会降低公式(3.46)(V_{bi} 代替 V_{oc})中的驱动电势效率。V_{bi} 与 V_{oc} 之间的差距可能很大,当 $V_{bi} = 1$ V,$V_{oc} = 2.04$ V 时,η_{dp} 会减小 50%。

3.2.2.1 液态半导体肖特基势垒

2003 年 11 月 21 日,用液态半导体来减轻核电池辐射损伤的技术获得了专利[34]。这种电池是将液态半导体(比如硒)放在两块平板之间形成的,一块平板上会形成肖特基势垒,另一块平板上会形成欧姆接触,这两个平板间进而形成一个势垒,作为收集电池中产生的电子 - 空穴对的驱动力。熔融半导体金属(如锗)的导电性会随着温度的升高而快速升高,因此这种熔融材料有金属的性质。但是并非所有的熔融材料都会显现出金属的导电性,一部分会保留它们的半导体特性。这些材料主要是氧族元素(氧、硫、硒、碲、钋)。硒元素比较有趣,它的导电性随着温度的升高反而降低,因此高温条件下显现出来的是它的半导体特性。在这种电池里有一个由肖特基势垒形成的耗尽区,这里的收集效率接近 100%;当扩散长度在耗尽区之外时,收集效率会急剧下降。由美国环球科技有限公司(Global Technology Inc.)制造的测试电池工作效率约为 1%,高于预期效率。然而,如果要使其效率高于固态肖特基电池,它的扩散长度必须大于固态肖特基电池中的扩散长度。因此报告中的 1% 效率是可以实现的。环球科技有限公司液态硒肖特基电池背后的基础技术已经被其他公司用在混合 β 放射源液体的研究中[35]。

美国喷气推进实验室(JPL)发表了一项关于液态核电池的理论,这个理论将液态镓作为电解液,在具有不同功函数的阳极和阴极之间生成驱动电势(约 1.6 V)。这种想法的基础是液态镓有半金属特性(液态镓的电导率与温度是线性关系,为 26 ~ 46 μΩ·cm,与金属相似,例如银在室温下的电阻率为 1.59 μΩ·cm)。此外,有人认为镓离子不会立即复合,因而电流收集效率会很高。不幸的是,该研究没有给出液态金属中离子和电子的迁移率以及载流子寿命,这就导致难以对其评价。

3.2.3 直接充电式

直接充电核电池(DCNB)的原理是将核衰变产生的带电粒子的动能转化为储存在电场

中的势能。目前已经有了一些理论来解释 DCNB 的工作过程[37, 38]。

接下来解释带电粒子的动能是如何转化为储存在电场中的电势的,这比许多其他方法介绍得更加具体。DCNB 包含一个同位素放射源,它也是带电粒子的发射源。这个源很薄,以至于发射的大部分粒子有足够的动能逃脱原材料层。DCNB 也有一个集电极,它与带电粒子源之间是真空(距离 L)。真空中的击穿电压大约是 1.0×10^5 V/cm[39]。真空中要避免存在原子,因为原子会与带电粒子相互作用并吸收其部分能量。带电粒子会因为电场而减速,并撞到集电极上,电荷留在集电极中,随着电荷的增加,电场强度也会增强。这种方法可有效地将带电粒子的动能转化为电场中的势能。

3.2.3.1　电场与电离辐射的理想匹配

在理想情况下,带电粒子平行于电场运动,经过充分减速,最终附着在集电极上时,速度降为零。因为在这种理想的匹配中,当带电粒子附着在集电极上时,它的动能已经全部转化成储存在 DCNB 中的势能。带电粒子与被困在放射性同位素层中的对偶粒子(例如 β 粒子的对偶粒子是离子)分离会产生电场,而额外的电荷逐渐增加时会增强这种电场。若匹配不理想,带电粒子与集电极碰撞时仍有动能,这部分动能会转化成热能和电离能(如第 1 章所述),使得集电极温度明显升高。这种情况下,多余的动能就浪费了。

没有一种 DCNB 的设计是理想的,因此辐射源射出的带电粒子与物质碰撞,将动能转化成热能。因此,下文将描述这种效率低的情况,效率低与不完美的几何形状和其他重要因素有关:

- 自吸收,当带电粒子穿过源层时,能量会损失。
- 由于带电粒子的发射是各向同性的,因此也会有损耗。粒子速度矢量中垂直电场的那部分能量会损失,因为它最终会与物质相互作用,转化成热量。
- 在电子收集过程中会出现效率低的情况,如在集电极侧电子背散射、发射电子。

DCNB 的设计和效率

将上述概念置于上下文中,设想一个过程,其中源(在这个构造中是 β 源)覆在与集电极距离"l"的矩形平板上,这两个板互相平行(图 3.21),而且中间是真空的。

每个粒子以任意角度发射的概率是相等的。集电极上聚集的电荷会产生电场,只有粒子的动能大于克服电场做功时,粒子才会打到集电极上。在电荷积聚过程中,释放出的第一个粒子不需要克服电场做功,所以它会直接与集电极相撞,并与材料反应,导致粒子减速,动能转化为热能。收集的每一个带电粒子都将增加电场的强度。平行板电容器的电场为

$$E = \frac{Q}{A\varepsilon_0}\hat{x} \qquad (3.48)$$

式中,Q 是平板上收集的总库仑电荷,A 是平板的面积,ε_0 是真空的介电常数(8.854 2 $\times 10^{-12}$ F/m),$\hat{x}$ 是 x 方向上的单位向量。

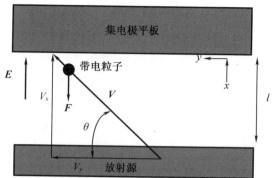

电场矢量，是作用在带电粒子上的洛伦兹力

平行平板式DCNB

图 3.21　DCNB 平行板示意图

（电子发射角度为 θ。电场方向为 x 轴正向，洛伦兹力阻碍了电子在 x 方向上的速度矢量。注意：若带电粒子是离子，反转电场即可；在 x 方向上离子会受到洛伦兹力的阻碍。）

平板间的电势为

$$|V| = El \tag{3.49}$$

式中，$|V|$ 是电压的绝对值，E 是电场矢量的大小，l 是两个平板间的距离。

若要知道在电荷积累阶段有多少能量损失，可以假设带电粒子的来源是一个沿 x 轴正向移动的单能电子束（能量为 100 keV），撞击一个 $0.1\ m \times 0.1\ m$ 的平板（这是一个足够大的区域，边缘效应不明显）。如前文所述，真空中的击穿电压为 1.0×10^7 V/m。因此，极板之间 0.01 m 的间距（l）可有效防止 1.0×10^5 V 的电压击穿（即电场与 100 keV 粒子的理想匹配）。利用公式（3.48）和公式（3.49），可算出产生 100 kV 的电压所需电荷为

$$Q = E_x A \varepsilon_0 = 10^7 \times 10^{-2} \times 8.854 \times 10^{-12} = 8.854 \times 10^{-7}\ \text{C} \tag{3.50}$$

产生这些电荷所需的电子数（N_e）为

$$N_e = 8.854 \times 10^{-7}\ \text{C}/1.66 \times 10^{-19}\ \text{C/电子} = 5.53 \times 10^{12}$$

对于每分钟发射 3.7×10^{10} 个电子的源来说，使金属板充满电的时间（τ_b）是

$$\tau_b = 5.535\ 3 \times 10^{12} 电子/3.77 \times 10^{10} = 150\ \text{s} = 2.5\ \text{min}$$

当电荷在平板上积累时，每个撞击在平板上的电子都会失去一部分动能转化为平板材料的内能。动能损失（KE_{lost}）可以通过对每个电子的能量损失加和来计算。电子的动能（KE_e）是

$$KE_e = 100 \times 10^3\ \text{eV/电子} \times 1.66 \times 10^{-19}\ \text{J/eV} = 1.66 \times 10^{-14}\ \text{J}$$

在电场中转化为电势能的能量为 $eE_x l$，当一个电荷被平板捕获时，电场会增加 $e^2 l / A \varepsilon_0$，因此，KE_{lost} 可加和为

$$KE_{lost} = \sum_0^{5.53 \times 10^{12}} (1.6 \times 10^{-14} - n \cdot 2.881 \times 10^{-27}) \sim 0.5 \tag{3.51}$$

其中

$$\frac{e^2 l}{A \varepsilon_0} = 2.881 \times 10^{-27}$$

在电荷积累阶段,将动能转化为储存的电场能的理想效率大约是 50%。

如果 DCNB 依靠放射性同位素来增加平板上的电荷,那么粒子中动能的一半用来建立电场,其余的用于发热。因此动能转为电场能的理想效率大约是 50%。

一些 DCNB 系统工作时先充电再放电,这是动态直接充电核电池。它的效率受到充电阶段的限制,除此之外,还有电场强度不均匀、粒子的运输效率、发射粒子的角分布、电子背散射以及表面电子发射的限制。

一些 DCNB 系统当它们持续收集电荷的速率和失去电荷的速率相等时,认为这个系统处于稳定状态。在处于稳态时,平板上积累了足够的电荷从而产生了一个静电场,在这个静电场中,源发射的带电粒子会减速。稳态系统的效率主要受到电场强度不均匀(η_{ED})、粒子的运输效率(η_{tr})、发射粒子的角分布($\eta_m \eta_f$)、电子背散射(η_{BS})以及表面的电子发射(η_{EM})的限制。下面我们将讨论这些效率对 DCNB 系统整体效率的影响。

DCNB 系统整体的效率为

$$\eta_{Dynamic} = \eta_b \eta_{ED} \eta_{tr} \eta_m \eta_f \eta_{BS} \eta_{EM} \tag{3.52}$$

稳态系统的效率为

$$\eta_{SS} = \eta_{ED} \eta_{tr} \eta_m \eta_f \eta_{BS} \eta_{EM} \tag{3.53}$$

平行板间的电场在单位体积内存储的势能为

$$\rho_E = \frac{能量}{体积} = \frac{1}{2} \varepsilon_0 E_x^{\ 2} \tag{3.54}$$

式中,ε_0 是真空的介电常数,ρ_E 是能量密度,体积为板表面积(A)乘以板间距(l)。

电场与粒子能量分布不匹配

当足够多的电荷被捕获在集电极上,会产生一个电场,使从源处发射的粒子减速,粒子动能的很大一部分可以储存在电场中。这个过程减慢带电粒子速度的是电场力(公式(3.55))。

$$F = -eE \tag{3.55}$$

式中,E 是电场强度。

将带电粒子从源板移动到集电极板所做功为

$$W = \int_0^l -eE \cdot x = E_x l \tag{3.56}$$

如果粒子的速度足以克服电场力,它将在集电极板上累积电荷,并将逐步增强电场强度。只有 x 方向上的速度分量(V_x)受到电场力的阻碍。由于各向同性发射,V_x 分量(公式(3.57)和公式(3.58))将随着发射角变化而变化。V_y 分量不会贡献储存在电场中的能量,与速度的 y 分量有关的能量也会丢失。

$$KE_x = \frac{1}{2} m_q V_x^{\ 2} \tag{3.57}$$

式中,m_q 是带电粒子的质量。

x 方向上的速度分量是

$$V_x = V \sin \theta \tag{3.58}$$

所以

$$KE_x = \frac{1}{2}m_q V^2 \sin^2\theta = KE\sin^2\theta \qquad (3.59)$$

带电粒子储存在电场中的电势能等于 x 方向上的动能分量占总动能的比值,再乘以它储存在电场中的能量(公式(3.60)和公式(3.61))。

$$\eta_q = \frac{KE\sin^2\theta}{KE}\eta_E = \eta_E\sin^2\theta \qquad (3.60)$$

$$\eta_E = \begin{cases} \dfrac{eE_x l}{KE\sin^2\theta}, & KE\sin^2\theta > eE_x l \\ 1, & KE\sin^2\theta = eE_x l \\ 0, & KE\sin^2\theta < eE_x l \end{cases} \qquad (3.61)$$

η_q 是能量分布因子 η_{ED} 的理想化形式(即 $\eta_q > \eta_{ED}$),因为 η_q 是由单能带电粒子源产生的。β 粒子以能谱形式发射,见附录 A。若要计算 η_{ED},需要进行更加复杂的分析。公式(3.60)中 KE 项必须要考虑粒子的能谱分布。这一项变成了粒子动能 $F(E)$ 的分布函数。

像前文讨论的一样,能量分布只是导致效率低的一个因素。降低 DONB 效率的因素,还包括各向同性发射($\eta_f \cdot \eta_m$)、带电粒子离开原材料后运动过程中的能量损失(η_{tr})、电子二次发射的影响(η_{SEE})以及电子背散射。

角分布的影响

源发射粒子的角分布会降低装置的效率。首先,电场中的洛伦兹力会减小与电场方向平行的速度分量,与电场方向垂直的速度分量不会受到影响,因此垂直电场方向的速度分量的动能就会丢失。另一个重要的影响是,由速度分量与电场不匹配而造成的能量损失。只有 $KE_x = eE_x l$ 时,粒子才与电场完全匹配,并将动能转化为储存在电场中的势能。当 $KE_x > eE_x l$ 时,那么只有一部分动能转化为储存在电场中的势能(这部分能量等于 $eE_x l$),而其余的能量就丢失了。如果 $KE_x < eE_x l$,那么将没有能量转化为势能。因此,基于这些结果,应该存在一个发射角使得 DCNB 的效率达到最大。基于各向同性源的电池的工作电压会低于基于单一能量、单一方向源的电池的工作电压,这是由于发射角的存在,使得 V_x 的范围变宽。最佳的工作电压可以通过分析确定。

为了更好地理解各向同性发射,假设粒子的动能是单能的。当它以 θ_m 角出射,到达集电极时,能够使 V_x 正好减小到零。这个发射角是决定直接充电核电池工作电压的关键点(图 3.22)。以 θ_m 角出射的粒子的 V_x 为

$$V_x = V\sin\theta_m \qquad (3.62)$$

这个粒子的动能为

$$KE_x = \frac{1}{2}m_q V^2 \sin^2\theta_m = KE\sin^2\theta_m \qquad (3.63)$$

使公式(3.56)等于公式(3.63),可以得到使以 θ_m 角出射的粒子的 V_x 减小的电场:

$$elE_x = KE\sin^2\theta_m \qquad (3.64)$$

所以

$$E_x = \frac{KE\sin^2\theta_m}{el} \qquad (3.65)$$

式中,KE 是电子伏特值,e 等于 1.6×10^{-19} C,l 是两板之间的距离。电场强度单位为 V/m。

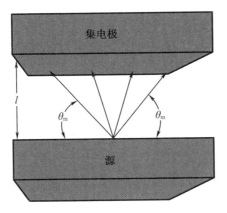

图 3.22　以最小发射角(θ_m)发射的粒子,最终会停在集电极上,电荷被其吸收,从而增强电场强度(E_x)

小于 θ_m 角度发射的粒子在到达平板之前,会由于电场作用而反向运动,只有那些发射角度大于或等于 θ_m 的粒子才会打到集电极上。然而,正像公式(3.61)表明的那样,粒子以大于 θ_m 的发射角发射,它的一部分能量($KE - elE_x$)会转化为集电极的热能。对于发射角大于或等于 θ_m 的粒子来说,动能对电场势能的贡献为

$$\eta_m = \frac{KE\sin^2\theta_m}{KE} = \sin^2\theta_m \tag{3.66}$$

由各向同性源发射的,发射角从 θ_m 到 $\pi - \theta_m$ 范围内的粒子占总粒子数的比例为

$$\eta_f = \frac{\pi - 2\theta_m}{2\pi} \tag{3.67}$$

因此,直接充电核电池单能各向同性源平行板的理想效率为

$$\eta_{ideal} = \eta_f \eta_m = \sin^2\theta_m \frac{\pi - 2\theta_m}{2\pi} \tag{3.68}$$

如果粒子不是单能的(例如 β 能谱)、有背散射或者材料表面发射电子都会使理想效率降低。

根据公式(3.68)和计算理想效率(η_{ideal})可以找到发射粒子的最小发射角度(θ_m),而理想 DCNB 的最佳效率可以通过各向同性的单能源得到(图 3.23)。

理想系统的效率与能量分布(η_{ED})、粒子运动(η_{tr})、电子背散射(η_{BS})或者材料表面发射电子(η_{EM})没有关系,它只是给出了稳态 DCNB 系统理论上的最大效率。如图 3.23 所示,各向同性源发射粒子能量为 100 keV,发射角度为 1 rad(或者 57.3°)时,工作电压会达到最大值为 70.8 kV,此时的理想效率大约为 13.5%。

3.2.3.2　往复悬臂梁式

往复悬臂梁核电池是 DCNB 的一种,它的工作原理是:放射性同位素源发射电荷,电荷被收集在接收器(悬臂梁材料)上。带电粒子的动能转化为储存在电磁场中的势能。悬臂梁是一个比较灵活的棒子,洛伦兹力使它向正离子聚集的平板弯曲。当柱子接触到平板,就会产生电流。这是由公式(3.51)所描述的动态电荷积累过程。在动态 DCNB 中,电荷聚

集到一个点上,该点的电场强度足以使悬臂梁弯曲进而接触到板。动态 DCNB 中,固有效率为 50%,即一半的能量以热能的形式损失,一半以势能的形式储存在电场中。这个固有效率不包括粒子涂层发射粒子后的运输效率(η_{tr}),也不包括传感器一次性放电的效率($\eta_{discharge}$)以及公式(3.52)中的其他因素(例如,粒子的能量分布(η_{ED})、粒子发射的角分布($\eta_m\eta_f$)、电子背散射(η_{BS})以及材料表面发射电子(η_{EM}))。由图 3.23 可知,在发射粒子的角分布理想的情况下,有一个效率的最大值 13.5%。由于动态直接充电核电池的固有效率为50%,所以往复悬臂梁式的理想化效率为 6.75%($\eta_{tr}\eta_{ED}\eta_{BS}\eta_{EM}\eta_{discharge}$)(图 3.24)。

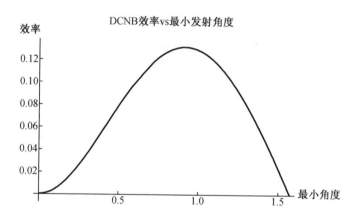

图 3.23　DCNB 的理想效率和最小发射角之间的函数关系

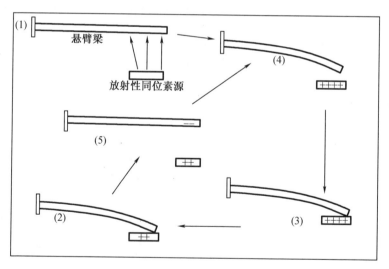

(1)β 源发射的电子聚集到悬臂梁上;(2)悬臂梁上的正电荷是由电荷转移引起的,静电力将悬臂梁拉向 β 源;(3)悬臂梁与源接触,电荷被中和;(4)电荷中和后,没有足够的拉力使悬臂梁与源保持接触;(5)弹簧力使悬臂梁恢复到原来的位置,重复上述步骤。

图 3.24　自悬臂梁系统工作原理

3.2.4　间接式

NASA 已经成功将放射性同位素热电发生器(RTG)系统应用在大量的空间任务中(例

如,阿波罗 SNAP - 27 发电机、旅行者号和卡西尼号)。放射性同位素衰变之初产生的能量水平非常高。不过一般情况下在 RTG 固态放射性同位素燃料中,带电粒子输运很短的距离(微米)就会被吸收,并将燃料加热到中等温度(600 K 范围内)。在这种温度下,后面的热能转化效率很低,该能源会被认为是"低等级"。接下来是要将热量转化为更为实用的、高等级形式的能量,比如电能。

基于塞贝克(热电偶)效应的热电发电机制已经成功地用于多个卫星的动力装置。直接在反应堆堆芯内进行的热离子发电技术再次被用于空间动力。

相比之下,由放射性同位素衰变产生的带电粒子与荧光材料相互作用产生荧光的技术,已被用作偏僻区域的低强度照明,例如跑道上的灯。这些装置的输出功率相对较低。核电池技术可以借鉴荧光产生法中的优点。荧光可以从辐射源传输到被屏蔽的换能单元。将核反应中带电粒子的能量转换成可用的能量形式,如电能、化学品或相干光。这种基于光子的间接过程包括两个步骤。第一步,核反应产生的离子的能量会转移到一个中间光子发生器——一种荧光媒介,这一步需要使用辐致荧光材料或 NDF(一种产生非相干窄带电磁辐射的媒介)。第二步,辐致荧光材料产生的中间光子,会被某一种材料吸收,进而转化为更高等级的能量形式。这种将荧光转化为有用产物的介质称为换能单元。荧光材料可以是固体、液体或气体。需要的产品不同,换能单元也随之不同。例如,用于发电的光伏组件、通过光解产生有用化学品(如氢气)的化学介质、产生激光的激光增益介质。

3.2.4.1　气态荧光材料

气态荧光材料作为一种照明光源已被广泛研究。这些应用案例包括使用汞蒸汽放电产生 254 nm 的光。输出的 245 nm 的光与荧光粉相互作用,产生用于照明的可见光。另外,还有钠灯,即使用钠蒸气产生路灯发出的淡黄色光。这两个案例中的荧光光源由于依靠线发射而受到自吸收效应的限制,这是因为它们依赖于线发射机制。

PIDEC 和 RECS

在气体中,能量以电离能和激发能的形式存在。在典型的气体混合物中,电离和激发会使组成气体的部分原子和分子处于激发态。低功率密度情况下,激发现象大多发生在中性原子和分子中。线发射分散在从紫外线到红外线的宽光谱范围内。基于线发射的光学发射体容易发生自吸收,并且仅在有限的尺寸和压力下会变得光学薄。频率较窄的特定路线的效率一般小于 1%,这通常是单条路线的理论极限(少数例外)。汞是一个例外,它在非常低的功率密度和压力(高达 70%)下可以具有很高的效率。钠也是一个例外,它在低功率密度和低压力(高达 40%)下也可以具有很高的效率。出于多种原因,汞和钠都不能用于核电池。低功率密度意味着为了获得合理的功率输出,荧光剂的尺寸必须非常大。其次,由于线发射体的自吸收效应,光源的效率会随着灯尺寸的增加而降低(这意味着发射体的较低能态足够致密,可以吸收由高能态自发出射所产生的光子)。汞灯和钠灯分别用于荧光灯或路灯,因为这些灯可以被缩放到相对较小的尺寸,并具有低功率密度,从而避免了自吸收,因此,它们的光学厚度很小。当灯变大时,其光学厚度变厚,效率降低。

准分子发射体的注意事项

准分子是激发态二聚体的简称。二聚体是由两个原子组成的短寿命二聚体或异二聚体分子,其中至少有一个原子具有完全填满的价层(比如稀有气体)。例如,稀有气体在基态时不能形成分子,而可以在电子激发态形成分子。准分子的例子包括稀有气体准分子 Ar_2^*(* 表示激发态)、Kr_2^* 和 Xe_2^*,稀有气体卤化物准分子 ArF^*、KrF^*、$ArCl^*$、$KrCl^*$、$XeCl^*$ 等,以及许多其他的准分子气体组合[40]。当一个准分子通过自发辐射衰变时,由束缚激发态变为非束缚态释放出一个光子,此时构成分子的原子会变为中性且独立。在准分子气体混合物(形成准分子的气体混合物)中,电离和激发都有助于形成准分子态(稀有气体准分子的光子产生效率约为 50%)。因此,准分子取决于电离辐射与气体的相互作用形成的离子和亚稳态。在形成准分子的气体中,如果气体的压力足够高(通常大于半个大气压),则形成准分子比形成原子激发态更加容易。准分子发射的波长范围很窄(± 10 nm)。此外,准分子没有束缚态基态,不受自我吸收的影响。因此,在大尺寸、大功率密度和高压下,准分子气体混合物保持光学薄(意味着没有自吸收)。

如果准分子是像氙气准分子这样的稀有气体准分子,那么它的大部分能量会用于形成氙离子和氙的亚稳态,进而形成氙准分子。从表 3.9 中可以看出,形成一个离子对需要 21.9 eV。形成氙气亚稳态的 W^* 值(42 eV/亚稳态)也是已知的[40]。理论上生成氙准分子的最大效率(η_f)是氙准分子光子能量(7.2 eV)与产生离子对的 W 值之比,加上氙光子能量与产生氙亚稳态的 W^* 值之比,如公式(3.69)所示。

$$\eta_f \cong \frac{7.2}{21.9} + \frac{7.2}{42} = 0.5 \tag{3.69}$$

因此,使用氙准分子形成的能量转换方法的最大理论效率约为 50%。对于所有稀有气体准分子,这个值大致是正确的。

由于研究往往使用高通量核反应堆作为动力源来产生可观的功率密度的准分子气体,因此很难进行准分子荧光效率的实验测量。例如,对氙气中的准分子荧光效率的校准测量[41]。该实验的目的是测量核泵浦氙准分子系统的真空紫外线(VUV)荧光产生效率。实验使用密苏里大学研究堆(MURR)的 F 束端口作为中子源来泵送 $^{10}B(n, \alpha)^7Li$ 反应。必须考虑以下几个限制因素:(1)准分子气体产生的真空紫外辐射光路需要真空;(2)探测器需要屏蔽从端口开口发出的辐射,因此需要一个转向镜;(3)活化产物的产量必须最小化。实验设置的约束条件如图 3.25 所示。F 束端口的使用带来了一个有趣的设计问题。首先,端口的有限空间(内径 1.2 in)成了重大挑战。此外,由于该数据未知,因此有必要测量沿端口活动区长度方向的中子通量分布。

使用空心 6061 铝合金管进行通量测量。在空心铝管中放置了一根绕有极细的研究级金线的棒。此外,在空心管的两端和中间安装了康铜热电偶线。利用热电偶测量空心管的温度分布。

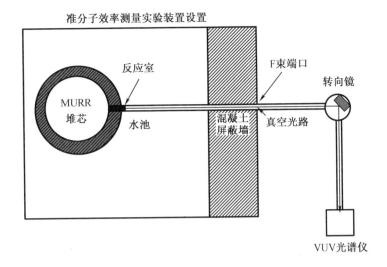

图 3.25　MURR 反射器 F 束端口的实验位置

空心铝合金管放置在组件的活动区域,在光路管和反应室组件放置于 F 束端口之前进行真空测试。开发了一种泵送程序,在此程序下束端口管先抽真空,再充氦。对光路要做真空检查。之后,将反应堆的功率提升到 500 kW。测量温度并记录从反应堆最近的反应室到另一端 50 °F 的梯度(从 $T=130$ °F 到 $T=80.0$ °F)。反应堆功率水平以及运行期间的辐照时间都进行监控。运行结束后,取出金丝,切成 0.5 cm 长的段,记录每一段在反应室中的位置。每一段都分析原子质量为 198 的金同位素(由热中子活化反应 $^{197}\text{Au}(n_{\text{thermal}},\gamma)^{198}\text{Au}$ 产生)的数量。^{198}Au 的数量与热中子通量成正比。因此,通过测量每根导线中 ^{198}Au 的含量,就可以知道热中子通量。

光学系统的主要部件是反应室、真空密闭光路和转向镜。在主要部件中,反应室和转向镜组件是最难设计的。

考虑到光束端口管空间有限,必须开发一种用气态样本填充反应室的独特方法。此步骤是通过在端盖上使用多重密封来完成的(图 3.26)。

还要开发一种能够在 $X-Y-Z$ 方向上移动,并保持真空完整性的转向镜组件。该项任务通过使用波纹管安装座和旋转馈通件来完成(图 3.27)。

光学系统需要初步测试。设计并进行了一个实验,该实验使用了不会产生活化产物的氦气。为了校准光学系统,需要校准光源或校准探测器。在本实验中,使用经过校准的 Sampson 型紫外线灯来校准光学系统。另外,还进行了一项实验,使用带状图记录仪测量相当高分辨率的氦光谱所需的时间(在 Acton 真空紫外光谱仪中使用电机来移动光栅)。实验确定了在 3 min 内可以成功获得光谱。所获得的氦光谱与先前工作中获得的氦光谱非常匹配[42]。在准分子荧光解析器中,氙气是最危险的活化产品。这些产品包括 ^{125}Xe 和 $^{133\text{m}}\text{Xe}$。研究发现,运行 5 min,在此期间积累的活化产物,是处于反应器的最大允许浓度范围之内的。

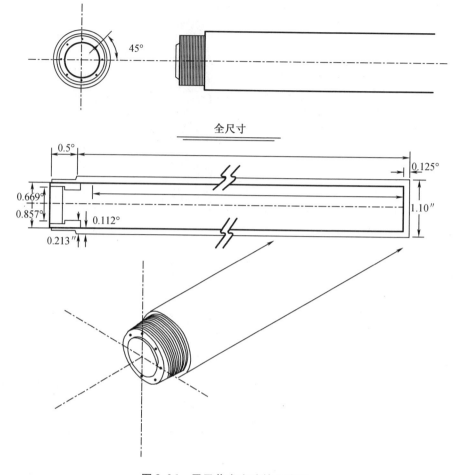

图 3.26　用于荧光实验的反应室

氙准分子实验使用 1 个大气压的氙样品进行。测量了 172 nm 下氙准分子荧光产生的效率,发现效率为 49% ±10% ,这与 50% 的理论效率非常吻合。一般来说,核泵浦准分子系统似乎非常接近理论上的最大效率[40]。值得注意的是,在任何情况下准分子效率都不能超过理论上的最大值。

杂质对准分子效率的影响

杂质会引起寄生反应,将能量从准分子通道带走。形成氙准分子的主要反应(图 3.28)为表 3.10 中的 1,7,11,13,14,22 和 36[43]。

如图 3.29 所示,实验数据与模型吻合较好。由于杂质能将能量从 Xe* 和 Xe+ 态转移出去,所以存在寄生反应。这些反应是:

$$Xe^* + M \rightarrow X + M^* (or\ M^+) \tag{3.70}$$

其中,M 是杂质原子或分子,M* 是杂质原子或分子的激发态,M+ 是杂质原子或分子的电离态。

$$Xe^+ + M \rightarrow Xe + M^+ \tag{3.71}$$

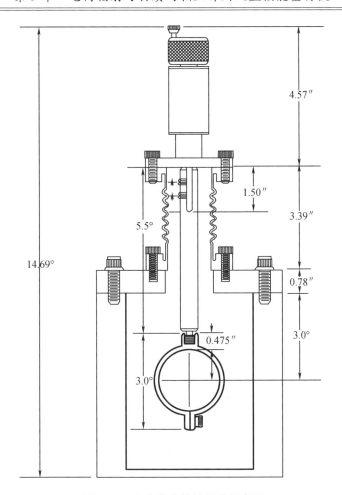

图 3.27　真空紫外转镜组件示意图

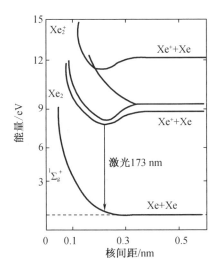

图 3.28　氙分子的能级结构[44]

表 3.10　氙模型中使用的反应[43]

标号	反应	速率常数 (s^{-1}, $cm^{-3} \cdot s^{-1}$ 或 $cm^{-6} \cdot s^{-1}$)
1	$Xe^* + 2Xe \rightarrow Xe_2^*(1\Sigma) + Xe$	1.7×10^{-32}
2	$Xe^{**} + Xe \rightarrow Xe^* + Xe$	1.0×10^{-10}
3	$Xe^* + Xe \rightarrow Xe + Xe$	3.5×10^{-15}
4	$Xe^{**} + 2Xe \rightarrow Xe_2^{**} + Xe$	1.0×10^{-31}
5	$Xe_2^{**} + Xe \rightarrow Xe^* + 2Xe$	1.0×10^{-11}
6	$Xe_2^*(1\Sigma) + Xe \rightarrow Xe_2^*(3\Sigma) + Xe$	1.2×10^{-13}
7	$Xe^* + Xe^* \rightarrow Xe^+ + Xe + e$	2.0×10^{-9}
8	$Xe_2^*(1\Sigma) + Xe_2^*(1\Sigma) \rightarrow Xe_2^+ + 2Xe + e$	5.0×10^{-10}
9	$Xe^+ + 2Xe \rightarrow Xe_2^+ + Xe$	2.5×10^{-31}
10	$Xe_2^+ + e \rightarrow Xe^{**} + Xe$	2.3×10^{-7}
11	$Xe_2^*(1\Sigma) \rightarrow 2Xe + h\nu$	2.1×10^{-8}
12	$Xe^{**} \rightarrow Xe^* + h\nu$	1.5×10^{-7}
13	$Xe_2^*(3\Sigma) + e \rightarrow Xe_2^*(1\Sigma) + e$	1.8×10^{-7}
14	$Xe_2^*(1\Sigma) + e \rightarrow Xe_2^*(3\Sigma) + e$	4.9×10^{-7}
15	$Xe_2^{**} + e \rightarrow Xe_2^*(3\Sigma) + e$	5.0×10^{-7}
16	$Xe_2^{**} + e \rightarrow Xe_2^*(1\Sigma) + e$	2.0×10^{-7}
17	$Xe_2^*(1\Sigma) + e \rightarrow 2Xe + e$ $Xe_2^*(1\Sigma) + e \rightarrow 2Xe + e$	1.3×10^{-9}
18	$Xe_2^+ + e \rightarrow Xe^* + Xe$	2.3×10^{-7}
19	$Xe^* + 2Xe \rightarrow Xe_2^*(3\Sigma) + Xe$	4.4×10^{-32}
20	$Xe_2^*(3\Sigma) + Xe_2^*(3\Sigma) \rightarrow Xe_2^+ + 2Xe + e$	5.0×10^{-10}
21	$Xe_2^*(3\Sigma) + Xe_2^*(1\Sigma) \rightarrow Xe_2^+ + 2Xe + e$	5.0×10^{-10}
22	$Xe_2^*(3\Sigma) \rightarrow 2Xe + h\nu$	1.0×10^{-7}
23	$Xe_2^*(3\Sigma) + e \rightarrow 2Xe + e$	1.3×10^{-9}
24	$Xe^+ + Xe + e \rightarrow Xe^* + Xe$	1.0×10^{-26}
25	$Xe_2^+ + e + Xe \rightarrow Xe_2^*(1\Sigma) + Xe$	1.0×10^{-26}
26	$Xe_2^*(1\Sigma) + e \rightarrow Xe_2^+ + 2e$	5.0×10^{-9}
27	$Xe_2^*(3\Sigma) + e \rightarrow Xe_2^+ + 2e$	5.0×10^{-9}
28	$Xe_2^+ + e + Xe \rightarrow Xe_2^*(3\Sigma) + Xe$	1.0×10^{-26}
29	$Xe^{**} + Xe \rightarrow Xe + Xe$	1.0×10^{-15}
30	$Xe_2^*(3\Sigma) + Xe \rightarrow Xe_2^*(1\Sigma) + Xe$	4.6×10^{-15}
31	$Xe^{**} + e \rightarrow Xe^* + e$	8.0×10^{-7}
32	$Xe_2^*(3\Sigma) + e \rightarrow Xe_2^{**} + e$	3.0×10^{-7}

表 3.10（续）

标号	反应	速率常数 （ s^{-1} , $cm^{-3} \cdot s^{-1}$,或者 $cm^{-6} \cdot s^{-1}$ ）
33	$Xe^{**} + Xe^{**} \rightarrow Xe^{+} + Xe + e$	5.0×10^{-10}
34	$Xe_2^{**} + Xe_2^{**} \rightarrow Xe_2^{+} + 2Xe + e$	5.0×10^{-10}
35	$Xe^{*} + e \rightarrow Xe + e$	1.0×10^{-9}
36	$Xe^{+} + 2e \rightarrow Xe^{*} + e$	1.0×10^{-20}
37	$Xe_2^{**} \rightarrow Xe^{*} + Xe + h\nu$	1.0×10^{-8}

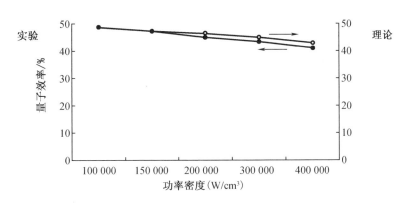

图 3.29　3 个标准 Xe 大气压下电子束驱动 Xe_2^{*} 荧光效率的理论和实验数据比较

即使实验级纯稀有气体也有一些杂质含量,如表 3.11 所示。例如,如果一个腔室充满一种氙气,则每立方厘米有 2.44×10^{19} 个氙原子。百万分之一的杂质代表着每立方厘米有 2.44×10^{13} 个杂质原子或分子。这些杂质将从形成预期准分子的反应中吸收能量。有一位作者进行的动力学研究表明,当杂质处于百万分之一水平、泵送功率密度低于 1 mW/cm^3 时,准分子形成过程被吸取的能量是显著的。随着功率密度的增加,杂质的虹吸效应"烧尽",从准分子形成过程中虹吸的能量百分比降低。"烧尽"效应是由于杂质离子形成(如复合或进一步激发)后使反应速度变慢。当功率密度大于 1 mW/cm^3 时,大部分能量形成准分子。由于稀有气体亚稳态或离子态与低水平杂质之间的相互作用,准分子因在低于 1 mW/cm^3 功率密度下的虹吸作用而失去效率。然而,在功率密度超过 1 mW/cm^3 时,因为杂质基态被迅速耗尽,准分子接近于气体的理论上的最大效率。

表 3.11　研究级氙气中的杂质(纯度 99.999%)

污染物	研究级氙, 99.999% 纯/ppm
Ar	1.0
CO_2	1.0

表 3.11（续）

污染物	研究级氚，99.999% 纯/ppm
CF_4	0.5
H_2	2.0
Kr	5.0
N_2	2.0
O_2	0.5
总碳氢化合物	0.5
H_2O	0.5

直接能量转换（PIDEC）

一位作者在 1981 年提出了一种利用核光源产生电力的想法[45]。核光源基于图 3.30 所示的光子 – 中间体直接能量转换（PIDEC）过程，被认为是一种可用于各种核反应的能量转换方法，包括裂变、先进燃料聚变和放射性同位素衰变[45-47]。在可预见的未来，先进燃料高温聚变技术还无法实现。然而，来自裂变反应和放射性同位素的潜在离子源是可行的短期能源。1977 年，E. P. Boody 和他的同学及他的导师 G. H. Miley[48] 首次提出了核驱动荧光剂概念，最初它被作为核泵浦激光的光解驱动器，这是核光源的基本组成部分。这一概念通过从固体中移除核源材料（在那里它会阻止光子传输），并通过四种方法中的一种将其移动到荧光气体的体积中，使可行的、高效的、离子驱动的光子源成为可能；气体源，嵌入在任意形状和大小的薄片中的源或作为气溶胶源（图 3.31）[40]。核光源的一个关键方面是固体光源的尺寸应选择得足够小，以使大部分颗粒能逃逸到周围的气体中，形成一个产生光子的弱等离子体。弱等离子体与气溶胶的共存会带来一系列独特的问题。核光源的另一个关键方面是，产生光子的弱等离子体和气溶胶源或薄胶片源的组合在光学上仍然需要很薄，以使得光子能够从系统中传输出去。正如将要讨论的：核光源怎么才能减小光学厚度。核光源和放射性同位素一起引领了放射性同位素能量转换系统（RECS）的发展[49]，如图 3.32 所示。

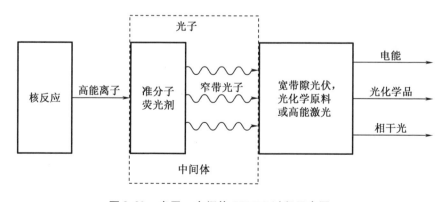

图 3.30 光子 – 中间体 PIDEC 过程示意图

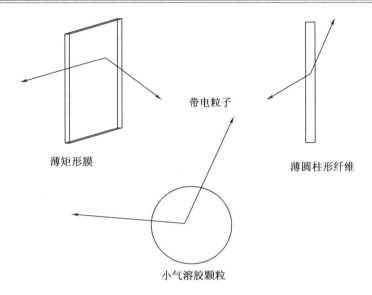

带电粒子

薄矩形膜

薄圆柱形纤维

小气溶胶颗粒

图 3.31　使用薄固体几何结构的图解

(该几何结构允许反应产物从固体基质逸出到周围的气体中。)

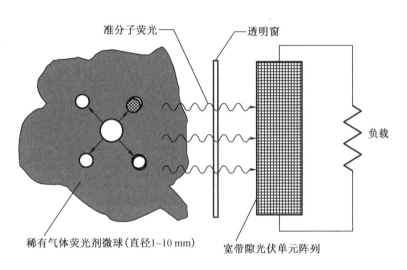

准分子荧光

透明窗

负载

稀有气体荧光剂微球(直径1~10 mm)

宽带隙光伏单元阵列

图 3.32　以气溶胶形式使用放射性同位素的 RECS 示意图

RECS 利用两步法直接将核反应中带电粒子的能量转换成可用的能量形式,如电能、化学能或相干光能。在第一步中,核反应产生的离子将其能量转移到一个中间光子发生器——荧光媒介。RECS 的这一部分包括所谓的核驱动荧光剂或 NDF(一种产生非相干窄带电磁辐射的媒介)。在第二步中,来自核驱动荧光剂的中间光子被一种材料吸收,这种材料将光子转换成有用的高级能量形式。RECS 的这部分是光子能量转换器。

热能转换是一个多步骤的流程。用于 RECS 的两步 PIDEC 流程的效率与热能转换相比有两大优势:①PIDEC 是一个从高质量离子源直接产生高质量光子源的过程,从而避免了热化带来的卡诺循环效率限制;②PIDEC 的机械简单,可以使用更紧凑、更可靠和更便宜的系统。

相比于直接能量转换方法,两步法的优势在于其可行性。初级高能离子源输运的尺度必须与能量转换器的几何尺度相匹配。高能离子的输运长度为微米,而有用的能量转换器的尺度为几分之一米。正因为如此,核能的直接转换在以前是不可能的。所需要的(来源于核光源的概念)是一种能在微米尺度上与源材料相混合的高水平中间能量转换器,而由此产生的是一种可以传输到米尺度的直接转换器(产出有用输出)的能量形式,也称之为一种能量尺度上的"阻抗匹配"。与 PIDEC 的尺度匹配的媒介是一种荧光气体,核驱动荧光剂。它产生的光子可以远距离传输,使它们能够耦合到各种能量转换过程中。而且,某些转换过程需要的功率密度比一次能源所能提供的更大。PIDEC 可以有效地实现光学集中器,使光解激光等转换过程所需的高阈值功率密度成为可能。

利用放射性同位素与宽带隙光伏组件耦合产生高效率光的 RECS 概念,使得核光源特别适用于紧凑型电源。

核驱动荧光剂

核驱动荧光剂(NDF)是直接利用电离辐射能量产生光子的媒介。例如,闪烁体材料构成产生荧光的媒介。读者可以在苏联的文献中找到参考资料,其中提到了作为闪烁体的NDF 媒介[50]。荧光媒介可以是固体、液体和气体[40]。

离子源

如图 3.32 所示,一种离子源可能来自分散在荧光气体中的放射性同位素的衰变。有效的分散是必要的,以便放射性同位素衰变产生的离子将其大部分动能沉积在准分子气体中,而不是放射性同位素材料中。实现所需分散的方法有以下几种:气态放射性同位素[46]、嵌入薄膜中的放射性同位素[51]、放射性同位素的微气溶胶[47,52,53]或嵌入碳 C_{60} 笼中的原子[54]。离子能量从放射性同位素到荧光媒介的输运效率随薄膜或气溶胶的尺度(或在气态放射性同位素的情况下,微粒辐射在气体中的输运距离)、放射性同位素的化学形式和放射性同位素密度的均匀性而变化。A. Chung 和 M. Prelas 的工作[51]讨论了从微球到薄膜微球荧光媒介的离子能量输运效率的变化。对于设计合理的薄膜,能量输运效率为 60% ~ 70%;对于设计合理的微球,能量输运效率为 70% ~ 80%。媒介中的平均原子密度必须在每立方厘米 1.0×10^{19} 个粒子左右,这足以达到合理的功率密度,但不会显著降低通过气溶胶的荧光传输。效率和光学透明性的限制决定了薄膜或微球的尺度以及数量密度。例如,直径为 5 微米且数量密度为 1.0×10^{6} cm^{-3} 的微球,这不会显著吸收荧光[53,55],此时燃料密度为 0.63 mg·cm^{-3},尺寸相当合理,放射性同位素平均数量密度良好(3.9×10^{19} cm^{-3})。也可以通过在气溶胶粒子上覆盖一层薄的反射光学材料来提高平均数密度。还有一种方法,将离子能量 100% 与荧光媒介耦合,即使用气态放射性同位素,如^{85}Kr[9,10]。

准分子荧光剂

准分子荧光剂未束缚态能级低,不会自吸收,是已知的最高效的准分子荧光剂。它们以一个相对狭窄的波段辐射,适合于高效的光伏能量转换。根据标准 W 值理论,稀有气体和稀有气体卤化物准分子的本征荧光效率列于表 3.12 的第 2 栏。可实现的效率应接近核反应功率和电子密度特性的本征值。当结合光伏组件作为换能单元时,准分子荧光和光伏组件的结合可以具有很高的本征效率,如表 3.13 所示。

表 3.12 准分子荧光效率

准分子	λ/nm	η_{max}	准分子	λ/nm	η_{max}
NeF*	108	0.43	I_2	343	0.24
Ar_2	129	0.50	XeF*	346	0.24
Kr_2	147	0.47	Kr_2F*	415	0.17
F_2	158	0.44	Na_2*	437	0.46
Xe_2	172	0.48	HgI*	443	0.19
ArCl*	175	0.48	Li_2*	459	0.42
KrI*	185	0.37	Hg_2*	480	0.21
ArF*	193	0.35	HgBr*	502	0.17
KrBr*	206	0.33	KrO*	547	0.15
KrCl*	222	0.31	XeO*	547	0.15
KrF*	249	0.28	HgCl*	558	0.15
XeI*	253	0.37	K_2*	575	0.42
Cl_2	258	0.32	Rb_2*	605	0.41
XeBr*	282	0.29	CdI*	655	0.13
Br_2	290	0.29	Cs_2*	713	0.37
XeCl*	308	0.27	CdBr*	811	0.10

表 3.13 选用的稀有气体和稀有气体卤化物准分子荧光剂(η_f)耦合匹配良好的宽带隙光伏材料的效率

准分子	η_f	E_λ/eV	光伏材料	带隙能/eV	$\eta_{pv} = E_g/E_\lambda$	$\eta_{ie} = \eta_{pv} \times \eta_f$
Ar_2^*	0.5	9.6	AIN	6.2	0.645	0.324
Kr_2^*	0.47	8.4	AIN	6.2	0.789	0.345
	0.47	8.4	金钢石	5.5	0.655	0.308
Xe_2^*	0.48	7.2	AIN	6.2	0.861	0.413
	0.48	7.2	金钢石	5.5	0.764	0.367
ArF^*	0.35	6.4	AIN	6.2	0.969	0.339
	0.35	6.4	金钢石	5.5	0.859	0.301
$KrBr^*$	0.33	6	金钢石	5.5	0.917	0.302
$KrCl^*$	0.31	5.6	金钢石	5.5	0.982	0.304
Na_2^*	0.46	2.84	ZnSe	2.7	0.951	0.437
	0.46	2.84	SiC	2.4	0.845	0.389
W	0.42	2.7	$CuAlSe_2$	2.6	0.963	0.404
	0.42	2.7	SiC	2.4	0.889	0.373

对于给定的准分子光谱与光伏组件带隙匹配的理论最大本征效率为 η_{pv}（或为 η_{in} 最大值）；离子 – 电转化效率为 η_{ie}，$E_\lambda(eV)$ 是平均光子能量；E_g 是光伏材料的带隙宽度。

大量准分子荧光剂的实验数据表明效率符合 W 值理论。事实上，有一个研究小组报告称，测量的核驱动稀有气体准分子荧光效率比 W 值理论预测的效率高 68%[56]。显然这是一个异常值。其他所有的具有各种激发源（如电子、裂变碎片、质子）和粒子密度的实验都给出了接近 W 值的理论极限荧光效率值[40]。最有效的准分子荧光剂是稀有气体准分子。

光子能量转换器

光伏光子能量转换器是实现放射性同位素能量转换系统的关键。人们对光伏发电的普遍印象是它们不是非常有效。这种误解源于这样一个事实，即光伏组件通常被用作"太阳能电池"。太阳能电池的效率不是很高，商用电池的效率在 10% ~ 20%，实验室电池效率可达 25%。然而，这种低效率更多的是由于太阳光谱的特性，而不是光伏器件本身，特别是对于效率为 25% 的实验室电池。太阳光谱的问题在于它非常宽的频带，平均光子能量与光谱宽度（半高宽）的比值（$E_{mean}/\Delta E$）约为 1。这对色觉有好处，但对有效的能量转换非常不利。然而对于准分子，这个比值大于 10。在这些条件下，光伏发电的本征效率为 75% ~ 95%。

直接转换中间光子能量发电的光伏组件需要开发一种带隙与紫外辐射匹配的掺杂半导体材料。利用宽带隙光伏组件，研究了 PIDEC 系统中的聚变离子驱动荧光现象[45,57]，还研究了 PIDEC 系统中裂变离子驱动的荧光源[58]。

窄带荧光的光伏转换

对于给定的光谱，转换效率基本上取决于辐照度随光子能量的变化和光伏转换器的衬底带隙能量。由于太阳光谱宽，完全转换（100%）是不可能的，这导致了效率的两种竞争效应。第一个效应是，量子能量 $h\nu < E_g$ 的所有光子的能量都会损失，因为它们没有足够的能量来激发电子从价带到导带。在这种情况下，损失的功率密度由以下公式给出：

$$P_{lost} = \int_0^{E_g} W(E)\,dE \tag{3.72}$$

其中，$W(E)$ 是辐照度，单位为（$W/cm^2/eV$）。

因此，光伏换能单元的带隙越窄，转换的总光谱的比例就越大。但对于量子能量 $h\nu > E_g$ 的光子，其中超过带隙能量的那部分光子的能量将得不到利用。因此，假设一个理想的收集装置，光伏转换的最大本征效率为

$$\eta_{in} = \frac{\int_{E_g}^\infty W(E_i)\dfrac{E_g}{E_i}dE_i}{\int_{E_g}^\infty W(E_i)\,dE_i} \tag{3.73}$$

其中，E_i 是碰撞电离能。

图 3.33 和 3.34 显示了宽带（太阳能）的这两种效应，图 3.35 显示了窄带（Xe_2^*）辐射。从这两个图可以看出，对于像太阳光谱一样的宽带光谱，不存在能转换大部分能量的 E_g 值。另一方面，在图 3.35 中可以看到，E_g 值小于 E_{min} 时，发生了有效的能量转换。

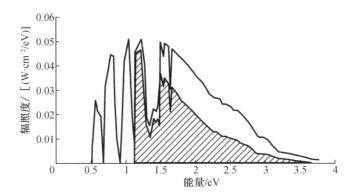

图 3.33　$E_g = E_{min}$ 的光伏组件对宽带太阳辐射的光伏转换效率

（数据点是所有能量大于 E 的光子数与归一化为平均光子能量的光子数之比。）

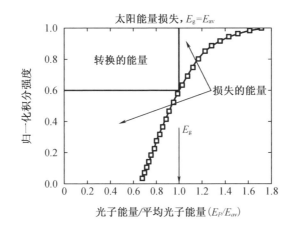

图 3.34　$E_g = E_{av}$ 的光伏组件对宽带太阳辐射的光伏转换效率

（数据点是所有能量大于 E 的光子数与归一化为平均光子能量的光子数之比。）

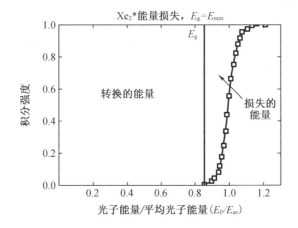

图 3.35　宽带隙光伏组件对窄带准分子辐射的光电转换效率

（数据点是所有能量大于 E 的光子数与归一化为平均光子能量的光子数之比。）

通常,太阳辐射光谱对计算总转换效率的影响体现在光子通量密度变化上,这与理想短路电流密度相关。这是一个很好的假设,即每一个被有效吸收或收集的光子都会导致一个电子在电路中移动。此外,在每个电子热化(向晶格释放超过 E_g 的能量)之后,它对整个过程贡献的最大能量约为 E_g。

利用光伏组件中 P - N 结的理想 Shockley 模型可以方便地模拟这种贡献。使用这些概念,本征转换效率便可由以下关系表示:

$$\eta_{in} = \frac{E_g \int_{E_g}^{\infty} N_{ph}(E)\,dE}{\int_{E_g}^{\infty} N_{ph}(E)\,dE} = \frac{E_g N(E > E_g)}{E_{mean} N_{total}} = \frac{E_g \eta_{eg}}{E_{mean}} \tag{3.74}$$

式中,N_{ph} 是光子通量密度,单位为 $\#/s \cdot cm^2 \cdot eV$,$N(E > E_g)$ 是区间 $E > E_g$ 的光子通量,N_{total} 是总光子通量,η_{eg} 是 $E > E_g$ 的光子比例。

图 3.36 和 3.37 中的实线分别显示了大气质量 2(AM2)的太阳光谱辐照度($W/cm^2 \cdot eV$)[11] 和窄带荧光剂 Xe_2^* 的辐照度。对于 Xe_2^*,$E_{mean}/\Delta E = 14$,而 AM2 太阳光谱的对应值为 1.3。对于窄带光谱分布,$E_g/E_{mean} \sim 1$ 且仍有 $\eta_{EG} \sim 1$。因此,窄带光谱将具有最高本征效率。图 3.36 和 3.37 中的阴影区域分别表示太阳光谱和 Xe_2^* 光谱可转换的功率密度。在这两种情况下,阴影区域与总面积的比例表示本征效率,每条曲线下的白色区域对应于不能转换的功率。这些图表明宽带源(如太阳能)中的大部分能量不能利用,而窄带源(Xe_2^*)中只有小部分能量被浪费。

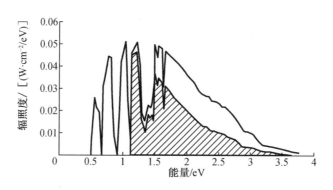

图 3.36 太阳光谱(AM2)的光谱辐照度

(曲线下的阴影区是带隙为 1.1 eV 的光伏组件可用的能量部分)

图 3.38 是 P - N 结换能单元的最大效率与换能单元衬底材料带隙宽度的关系图。这两个图中,一个是 AM2 太阳光谱,另一个是 Xe_2^* 光谱。先前推导出的方程就是用来计算这些曲线的。图中还显示了垂直的线,这些线表示理论上可以最大限度地转换这两种光谱的两种材料的带隙宽度。图中显示了 Si 和金刚石的垂线以供比较。太阳光谱的曲线位于这两种最著名的曲线之间[40]。单一材料的 P - N 结转换太阳光谱的比例最高约 30%。迄今为止,对高度优化的 MIS 太阳能电池,硅的最高转换效率已达到 26%[40]。

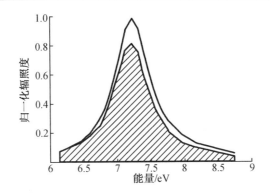

图 3.37　Xe₂ 激发源的归一化辐照度

（曲线下的阴影区是带隙为 6 eV 的光伏组件可用的能量部分）

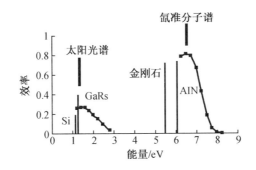

图 3.38　采用太阳光谱或 Xe₂* 光谱的不同带隙能量下的光伏组件的理论最大转换效率

（显示了 Si、GaAs、金刚石和 AlN 相关的带隙能。）

与相对较低的太阳光谱转换值相反,从图 3.38 中可以看出,理论上使用 P – N 结转换 Xe₂* 光谱可以获得高达 80% 的效率。图 3.38 中的效率填充因子假设为 1。填充因子为 1 是理想的假设,但填充因子为 0.8 是合理的[59]。

宽带隙光伏材料

表 3.14 列出了几种潜在的宽带隙材料。最近,金刚石(5.4 eV)已作为微电子器件的衬底得到了广泛的研究。然而,效率最高的激发态紫外线辐射源、激发态稀有气体具有较大的光子能量(> 7 eV),因此,需要为这些激发态分子开发更高带隙的光伏组件。表 3.13 将表 3.12 中更有效、更理想的荧光剂与表 3.14 中具有适当带隙的材料进行了匹配,理论上的最大本征光电效率(带隙能与平均光子能量之比)在 75% 到 95% 之间,相应地将离子能转换为电能的理论最大效率(光电效率与荧光效率的乘积)在 30% 到 45% 之间。

宽带隙光伏组件的前景可观,因为一些材料可以采购到(例如 SiC 和 GaN),而且基于这些材料已经制备成 P – N 结。基于其他宽带隙材料(例如金刚石)制成的 P – N 结也取得了一些进展[24]。

也存在光子能量比激发态稀有气体低的荧光材料。例如,激发态稀有气体卤化物光子能量较低(XeF* 为 3.5 eV,KrF* 为 5.0 eV,ArF* 为 6.4 eV),它们的荧光效率可能会低于激发态稀有气体,它们的光子能量能适配某些市售半导体材料的 P – N 结宽度范围(表 3.15)。

表 3.14　几种半导体的带隙能量　　　　　　　　　　　　单位:eV

材料	带隙	带隙能
Si	1.1	1 685
CdSe	1.44	1 370
ZnSe	2.26	1 510
3C-SiC	2.36	3 103
6H-SiC	3.05	3 103
4H-SiC	3.21	3 103
GaN	3.4	2 770
ZnS	3.54	1 920
UO$_2$	5.2	3 150
金刚石	5.5	100 *
AlN	6.02	2 500

注: * 石墨化温度

　　PIDEC 是一种间接能量转换方案,它使用高效率的荧光剂将电离辐射能转换为光子,然后将这些光子传输(带隙能量与光子能量匹配的光伏组件)以产生电流。围绕 PIDEC 开展了大量的工作,研究了电离辐射和激发态发射体之间的不同几何界面。PIDEC 是为了克服 20 世纪 50 年代发现的 α 辐致伏特和 β 辐致伏特 P – N 结局限性而开发的(例如辐射损伤、寿命短和效率低)。PIDEC 解决了一些重要的问题:这是一种将辐射源尺度与换能单元相匹配的方法(通过调整尺寸和压力可以使荧光剂吸收辐射源的全部能量)。它具有很高的理论转换效率,并提供了一种防护敏感换能单元免受辐射的方法。典型的理论最大系统效率可以接近表 3.13 所示的激发态稀有气体荧光剂的理论极限,其中 η_f 是荧光效率,$E_k(eV)$ 是平均光子能量,E_g 是光伏材料的带隙宽度。设计参数导致效率的变化(例如,荧光剂气体和辐射源之间的界面、系统尺寸、到换能单元的光子传输、P – N 结的工作特性,以及换能单元与光子的匹配)。PIDEC 建议用于聚变[57]、裂变[58]和传统衰变源[46,60,61]。

气体

　　如果使用气态体源,可以将 PIDEC 电池缩放得到可观的功率密度。在本节中,使用了一个基于高压[85]Kr 的示例。[85]Kr 使用它释放的 β 粒子激发气体并产生激发光子[9]。之所以选择此示例,是因为它说明了体源的效率。

　　如果 PIDEC 电池在 1 000 atm 下体积为 1 L,则将包含约 3 450 g [85]Kr。[85]Kr 的质量比功率约为 0.51 W/g(详见第 1 章)。1 000 atm 下每立方厘米[85]Kr 产生的绝对最大功率密度为 0.51 W/g 乘以 3.45 g/cm^3,即 1.76 W/cm^3,1 L 的[85]Kr 沉积的总功率约为 1 760 W。使用[85]Kr 作为产生荧光的中间换能单元,能将 50% 沉积在电池中的功率转换为荧光。如果 PIDEC 电池使用 SiC 光伏组件作为换能单元,则光伏组件将 Kr 的激发光子转换为电能的近似效率约为 16%[60]。如果 SiC 光伏组件完美地耦合荧光源,则 PIDEC 电池将产生约 140.8 W 的功率或约 0.140 8 W/cm^3 的功率密度,这是一个比较好的值。但正如第 2 章所述,世界范围内的 373 000 g [85]Kr [62]库存量仅够 108 个这样的电池。

表 3.15　一些商用宽带隙材料的性能参数(3.20)

性质	GaP	3C - SiC	6H - SiC	4H - SiC	GaN	ZnO	金刚石	AlN	BN
晶体结构	闪锌矿型(立方)	闪锌矿型(立方)	纤锌矿型	纤锌矿型	纤锌矿型	纤锌矿型	金刚石型	纤锌矿型	闪锌矿型
群对称性	$T_d^2 - F43\,m$	$T_d^2 - F43\,m$	$C_{6v}^4 - P6_3\,mc$	$C_{6v}^4 - P6_3\,mc$	$C_{6v}^4 - P6_3\,mc$	$C_{6v}^4 - P6_3\,mc$	$O_h^7 - Fd3m$	$C_{6v}^4 - P6_3\,mc$	$T_d^2 - F43\,m$
原子数/cm³	4.9×10^{22}				8.9×10^{22}		1.7×10^{23}	9.6×10^{22}	
德拜特征温度/K	445	1 200	1 200	1 300	600		1 860	1 150	1 700
密度/(g·cm⁻³)	4.14	3.166	3.21		6.15	5.642	3.515	3.255	3.48
介电常数(静态)	11.1	9.72	9.66	9.66	8.9	8.75	5.7	9.14	7.1
介电常数(高频率)	9.11	6.52	6.52	6.52	5.35	3.75		4.84	4.5
有效纵向电子质量 m_l	1.12 m_o	0.68 m_o	0.20 m_o	0.29 m_o	0.20 m_o		1.40 m_o	0.4 m_o	0.35 m_o
有效横向电子质量 m_t	0.22 m_o	0.25 m_o	0.42 m_o	0.42 m_o	0.20 m_o		0.36 m_o		0.24 m_o
有效重孔质量 m_h	0.79 m_o				1.4 m_o		2.12 m_o	3.53 m_o	0.37 m_o
有效轻孔质量 m_{lp}	0.14 m_o				0.3 m_o		0.70 m_o	3.53 m_o	0.150 m_o
电子亲合势/eV	3.8				4.1		-0.070	0.6	4.5
晶格常数/埃	5.450 5	4.359 6	a = 3.073 0 b = 10.053	a = 3.073 0 b = 10.053	a = 3.189 c = 5.186	a = 4.75 c = 2.92	3.567	a = 3.11 c = 4.98	3.615 7
光学声子能量/MeV	51	102.8	104.2	104.2	91.2		160	99.2	130
带隙/eV	2.26	2.26	3.0	3.3	3.5	3.37	5.47	6.2	6.2~6.4
击穿电压 MV/cm	~1.1	~2	~3	~3	~3		1~10	1.2	2
电子迁移率/(cm²·V⁻¹·s⁻¹)	250	1 000	380	800	300	80	2 200	300	200
空穴迁移率/(cm²·V⁻¹·s⁻¹)	150	50	40	140	350		2 000	14	500
熔点/C	1 457	2 830	2 830	2 830	2 500	1 977	4 373	3 273	2 973
导热系数/(W·cm⁻¹·C⁻¹)	1.1	4.9	4.9	4.9	1.3	0.54	20	2.85	7.4
摩氏硬度	5	9.2	9.2	9.2		4	10		9.5

可以模拟气体的固体源

通过将气溶胶形式的固态放射性同位素与气体混合,或者通过将固态放射性同位素嵌入悬挂在气体中的细纤维或薄膜中,固态放射性同位素可以有效地模拟类似气体的行为(图3.31和3.39)。混合相体系中放射性同位素的平均密度可能非常高。这种混合相系统接近真实体源的最大可能功率密度[10]。

固体

在结构配置上,注重辐射输运过程的尺度与换能单元的匹配性,控制辐射损伤,有可能提高效率。一个可能产生有趣结果的例子是使用固态荧光剂,其发射光子的自吸收有限或者根本没有,这不同于固态闪烁体研究的讨论(如聚合物、荧光粉、液体闪烁体等)。闪烁体是为在剂量率比核电池低几个数量级的情况下进行辐射探测而研制的,在以往的核电池研究中也存在将闪烁体用于核电池的情况。当闪烁体的功率密度增大时,并没有得到充分考虑这些类型射线源的自吸收问题,因此,强电离辐射源下固态闪烁体寿命较短[63-67]。

通过范德瓦尔斯状态方程来描述压强和温度的关系,进而估计 Kr 的质量,如下面公式所示:

$$\left[P + a\frac{n^2}{V^2}\right]\left(\frac{V}{n} - b\right) = RT$$

其中 n 为 Kr 的摩尔数,对 Kr,$a = 0.5193\ Pa \cdot m^6/mol^2$,$b = 0.000106\ m^3/mol$;$R$ 为理想气体常数($8.3145\ J/mol \cdot K$);T 是开尔文温度。

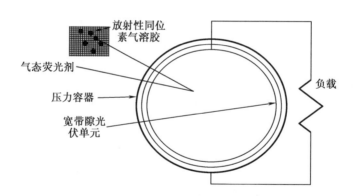

图3.39 采用气溶胶形式的放射性同位素燃料的 PIDEC 核电池示意图[10]

可以研究直接的宽带隙材料和激发子来解决固态发射体的自吸收问题[68]。在这种方法中,辐射源被嵌入到金刚石晶体中,当辐射与金刚石晶格相互作用时,形成的电子-空穴对束缚较弱,并产生一个激发电子(结合能为约70 mV)。假设晶体温度与液氮温度在同一数量级,电子-空穴对就会一起扩散,且不需要声子就可以直接复合。光子能量约为5.1 eV。光子可以轻易离开晶体,传输到带隙与光子能量良好匹配的光伏组件(例如,$Al_xGa_{1-x}N$ 带隙在 3.4 eV($X_{Al}=0$)到 6.2 eV($X_{Al}=1$)之间[69])。利用放射性同位素诱导产生激发电子的固态发电机(SEGRIEP)是为空间探索而构想的。由于金刚石具有较高的导热系数,空间背景温度为4 K,因此建立辐射冷却系统来维持金刚石晶体中的液氮温度是可行的。

3.2.5　固态发射体和 PV 单元

金刚石不是一种直接带隙半导体材料,但它确实有束缚的激子,可以像直接带隙发射体一样使用。但由于光子能量(5.1 eV)小于金刚石的带隙(5.49 eV),激发光子不会被吸收。形成激子的电子 – 空穴对的结合能为 70 mV。该器件存在温度限制,尚需探索。此结构的理论最大效率为 33%。

一些学者正在研究的一种类似于 SEGRIEP 概念的方法,它使用基于高质量的具有宽带隙和直接带隙跃迁的二元固态晶体的固态发射体。在宽直接带隙二元材料中,直到光子逃离固体前光子的自吸收和再吸收过程是平衡的。合理的设计可以限制表面发光和俄歇复合等损耗过程。光子可以通过耦合到光伏组件换能单元的损耗锥逃逸(图 3.40)。电离辐射会在固态晶体中产生位错,位错率大概为每个离子碎片产生 170 个位错。每个碎片(估计能量为 10 MeV)产生的光子数约为 200 万(形成电子 – 空穴对的能量分数(0.42)乘以碎片能量(10 000 000 eV)/半导体带隙(2.2 eV))。因此,光子产生的速率比形成潜在缺陷的速率高出 20 000 倍。随着时间的推移,潜在缺陷会继续积累。但是,如果该装置在可发生自退火的温度下工作(600 ~ 800 K),则存在一定的修复速率,在该速率下,点缺陷(位错)的修复速度应足以限制由辐射损伤产生的位错的影响。利用缺陷产生和缺陷修复的这种平衡来延长固态发射体的寿命是可行的。该设备仍存在辐射损伤问题,发射体中会产生缺陷,形成的缺陷可吸收光子和电子,延长发射体寿命的关键是通过自退火来减少缺陷的形成。与金刚石(在 SEGRIEP 概念中使用)相比,Ⅲ – Ⅴ等二元材料的位错问题更为严重。这一过程的物理机制仍在研究和完善中。

3.2.5.1　荧光粉

许多荧光粉已被开发用于基于阴极射线管的彩电和辐射探测器。接下来讨论下材料方面的进展。

当材料被电子束或其他电离辐射(如 α, β, 中子或伽马射线)激发时,材料可能会通过热发光(所有原子辐射)或冷发光(有几个发射中心原子的辐射)方式发光。该机制基于电离辐射与物质的相互作用[70],电离辐射通过在介质中发生电离和激发与物质相互作用。离子会发射高能电子(一次电子),这些电子会通过碰撞进一步倍增,从而产生二次和更高阶的电子。这些高能电子激发发光中心产生光子。

本节讨论的核电池类型使用固体荧光粉。当高能电子入射到固体表面时,一小部分电子被散射和反射,而大部分电子继续进入固体并产生电子 – 空穴对。对于直接或间接带隙,通过经验法则给出在带边附近形成电子 – 空穴对所需的平均能量(E_{av}):

$$E_{av} = 2.67 E_g + 0.87 (eV) \tag{3.75}$$

其中,E_g 是直接带隙材料或间接带隙材料的带隙宽度。

无机荧光粉在晶体结构中有缺陷,如形成发射中心的掺杂剂(或激发剂)或位错,且发射的波长与材料有关。存在多种影响因素,导致大多数荧光粉随着时间的推移效率降低。输入荧光粉的能量会导致激活剂发生价态变化,晶格由于辐射引起的位错而退化,激发剂可以在材料中扩散,并且表面可以被氧化,从而产生吸收激发粒子或由荧光粉发射的光子的层。

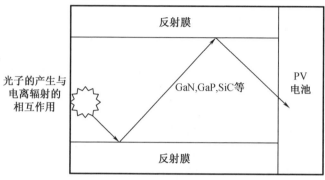

光子产生后，产生内反射，最后被光伏电池吸收

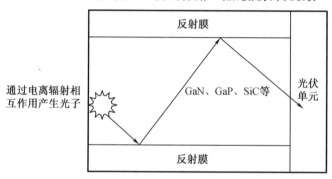

光子产生，发生内反射，最后被光伏单元吸收

图3.40　光子通过耦合逃逸

（固态材料与辐射相互作用并产生电子－空穴对。电子－空穴对再复合并产生光子，然后该光子被重新吸收以形成另一个电子－空穴对或直接从表面反射出去。如果形成电子－空穴对，则其重新复合并产生光子，该过程几乎没有其他损失，并且一直持续到光子通过损失锥进入 PV 单元消失为止。该结构的理论最大效率为33%。）

　　荧光粉已得到广泛应用,例如照明设备（如荧光管和白光 LED）、荧光体测温（测量温度）、夜光玩具、辐射发光（通过与电离辐射相互作用而发光）、电致发光（液晶显示器）和阴极射线管（CRT）。用于阴极射线管或辐射发光的荧光粉有较好的抗辐射损伤能力,因此也成为核电池研究的目标。表3.16列出了一些发光效率高的荧光粉。

表3.16　典型高效率荧光粉[71]

材料	能量效率	峰值波长/nm
$Zn_2SiO_4:Mn^{2+}$	8	525
$CaWO_4:Pb:$	3.4	425
$ZnS:Ag,Cl$	21	450
$ZnS:Cu,Al$	23，17	530
$Y_2O_2S:Eu^{3+}$	13	626

表 3.16　（续）

材料	能量效率	峰值波长/nm
$Y_2O_3:Eu^{3+}$	8.7	611
$Gd_2O_2S:Tb^{3+}$	15	544
$CsI:Tl^+$	11	绿色
$CaS:Ce^{3+}$	22	黄绿色
$LaOBr:Tb^{3+}$	20	544

表 3.16 中比较高效的荧光粉已用于核电池研究。例如,$ZnS:Cu$ 在绿色波段发射[72],如图 3.41 所示;$Y_2O_2S:Eu$ 在红色波段发射[73],如图 3.42 示。

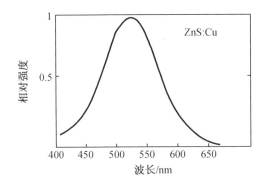

图 3.41　ZnS:Cu 荧光粉的发射光谱

（发射范围约为 400 ~ 650 nm,峰值位于 530 nm。）

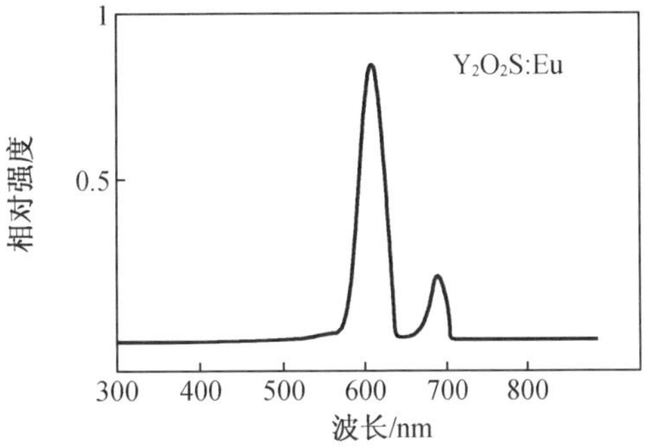

图 3.42　$Y_2O_2S:Eu$ 荧光粉的发射光谱

（发射范围约为 570 ~ 650 nm,峰值位于 626 nm。）

常见的电池设计基于矩形形状。图 3.43 给出了一个电池设计的例子,它说明了所涉及的主要问题。在这里,一层薄的 β 辐射同位素层被放置在电池的中间位置。同位素层厚度"d"应足够薄,以允许尽可能多的各向同性 β 粒子离开放射性同位素层,并进入荧光层。优化"d"需要用考虑 β 发射谱(附录 A)和发射角度的模型。该电池是对称的,因此带有向上和向下矢量分量的 β 粒子有很高的概率进入荧光层,通常要求"d"小于 ^{147}Pm 层(R_β)中 β 粒子的射程。但荧光层的厚度"b"必须足够厚以吸收来自 β 粒子的能量,β 粒子必须穿过荧光层并与之相互作用产生光子。光子发射是各向同性的,除非在 ^{147}Pm 层的两面都设计了一层薄的铝反射层,否则在向 ^{147}Pm 层方向上带有矢量的光子将丢失。另一个复杂因素是荧光层在光学上并不薄,因此将存在光子的自吸收。荧光层的设计很复杂,因为荧光层的厚度应大于荧光层中 β 粒子的射程(R_β),但小于荧光层中光子的平均自由程(λ_{ph})。网格的透明效率(η_{Gtr})定义为通过网格传输的光子的比例。然后,光子进入光伏组件,进入的角度与太阳能电池的角度大不相同,这有些复杂(图 3.44 和图 3.45)。

核电池中使用的光伏组件基本上与捕获太阳能的单元类型相同。光伏组件有带隙 E_g,需要尽可能接近荧光粉的发射光谱。如前文关于气态荧光剂的部分所述,由于荧光粉具有宽的发射光谱,因此能量转换效率不高。光伏组件是将 P 型材料与 N 型材料界面连接起来而制成的。在 N 型和 P 型半导体材料之间形成结。在结的界面处,穿过结的载流子扩散产生空间电荷,进而形成电势和电场(图 3.17)。因此,当辐射与材料相互作用产生电子 – 空穴对时,耗尽区有一个电场将它们分离。在耗尽区之外,辐射与物质相互作用产生的电子 – 空穴对没有电场使其分离,该区域的载流子很有可能重新复合或被缺陷所束缚。一些载流子可能会扩散到耗尽区,并在结电场的驱动下成为电池电流的一部分。

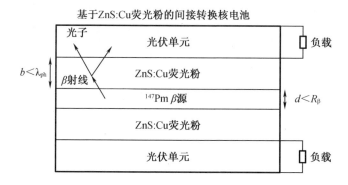

图 3.43　使用 Pm – 147 β 源和能与 β 粒子相互作用产生光子的 ZnS∶Cu 荧光粉的间接核电池示意图

(光子被传输到光伏组件[73])

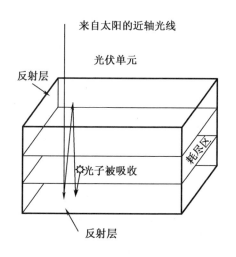

图 3.44　由 N 型层、P 型层和耗尽区组成的光伏组件

(太阳辐射由近轴光线组成,这些近轴光线撞击太阳能电池并在反射层之间反射,直到光子被吸收为止。太阳能电池的结构经过优化,使得光子有很高的概率在耗尽区被吸收掉。)

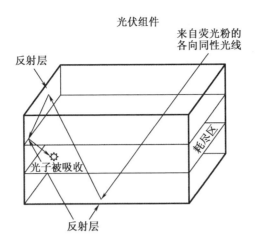

图 3.45　由 N 型层、P 型层和耗尽区组成的光伏组件

(间接电池的荧光粉产生的荧光光线撞击到光伏组件上,在反射层之间反射,直到光子被吸收为止。间接电池的结构
必须进行设计,使得光子最大化地被耗尽区吸收。)

　　太阳光源和荧光光源还有另一个重要的区别。首先,假设光子是从源发出的射线。如图 3.44 所示,太阳能电池从太阳捕获光子(作为近轴光线运行),这些光线是近轴的,这是因为太阳是一个距离地球约 9 300 万 mile[①] 的各向同性的光子发射体,地球只与以非常小的立体角发射的光子相交,这些光子本质上是平行光线或"近轴光线"。

　　近轴光线以相同的角度进入太阳能电池。电池上沉积一层抗反射材料,使得光线以最小的反射率进入。它穿过电池,最终被吸收。但是在耗尽区吸收光子是一个挑战,因为有一些光子没有被耗尽区吸收,而是被界面反射,这是由于抗反射涂层的折射率低于光伏组件材料。当光从一种折射率为 n_1 的介质传播到另一种较低折射率 n_2 的介质时,如果光照射到界面上的角度大于临界角(θ_c),就会发生 90°的折射,这叫作全反射。这个临界角可以由斯涅耳定律确定:

$$\sin \theta_c = \frac{n_2}{n_1} \tag{3.76}$$

其中,$n_1 > n_2$。

　　因此,任何没有被吸收的光子会从底面反射。这使得光子在 P - N 结所在的耗尽区被吸收时多了一次。如果光子被耗尽区以外的区域吸收,也会形成电子 - 空穴对。这些电子 - 空穴对极有可能重新复合,从而发射出能量为 E_g 的各向同性光子,这些光子将穿过介质,并有望被耗尽区吸收。如果不是这样,即如果光子能够从顶部或底部表面反射,并被耗尽区外吸收,它将再次形成电子 - 空穴对,并重新复合产生能量等于带隙的光子,实际上会延长光子的寿命,直到它被耗尽区吸收。在这一点上,电子 - 空穴对最可能被电场分开,从而产生电流。

----

① 　1 mile = 1 609.34 m。

太阳能电池的尺寸可以调整,使光子在顶部和底部表面之间反弹,直到光子在耗尽区以很高的概率被吸收。

根据发射角和引导光子到光伏组件的波导的反射特性,各向同性荧光源(如荧光粉)能以不同角度进入光伏组件。由于光子能从不同角度进入电池,在光子被吸收或丢失之前所经过的路径多种多样,因此效率更低。这些光子在耗尽区被吸收的概率将低于近轴光线被吸收的概率。

3.2.6 混合固态发射体

解决自吸收问题的一种混合方法:在固态材料中利用受激准分子形成微气泡,微气泡可在非常高的压力条件下(高达 4 GPa)使用离子注入固态材料形成[74]。在压强为 4 GPa条件下,氙微气泡的密度约为 4 g/cm³。高压氙微气泡中辐射的输运长度约为 5 μm,与重碎片的尺度相当。如图 3.46 所示,可以将放射性同位素覆在电池表面。在放射性同位素层与P-N 结结合处之间存在一系列微气泡。来自放射性同位素的粒子是按各向同性发射的,微气泡既是一个可以保护结的屏蔽,又是一个以受激准分子波长发射的光子源。光子在光伏组件中共振并被吸收。即使在如此高的密度下,压力展宽的问题也不应导致损失,微气泡也不应自吸收。因此,该电池具有兼容辐射源和光伏组件的换能单元标尺长度。这种方法的优点是:宽带隙 P-N 结结构可以使用覆着放射性同位素的薄片或将同位素嵌入到换能结构中。宽禁带材料能在高温下工作,无效率损失,且导热系数高。薄膜可以折叠,使得在相对较高的功率密度下能缩放电源(参见关于核电池功率密度限制的讨论)。但这种方法的确也存在问题。即使众所周知,通过离子注入会形成微气泡,但气泡分层的可能性仍然是个问题。该构型的理论最大效率在 20% ~30% 之间。

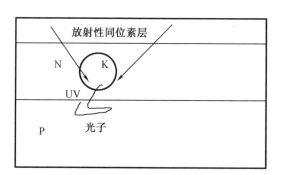

图 3.46　方案 A:将放放射性同位素覆在电池表面

(微气泡是一种辐射屏蔽,也是一种将辐射动能转换成被 P-N 结吸收的窄带紫外光子的结构。)

3.2.7 热电转换

基于热产生的核能源转换系统可以利用"所有电离辐射能量都可以转化为热量"这一事实,不像那些基于电离辐射产生离子的系统最多只有50%的能量可以转换成离子。基于热产生的直接能量转换系统包括 RTG(利用塞贝克效应)、热电能量转换和热离子能量转换。

3.2.7.1　赛贝克效应与 RTG

1821 年 Thomas Johann Seebeck 首次观察到热电效应。在这个实验中,当一个磁针被放置在由两个不同导体组成的电路附近时,磁针会发生偏转。Seebeck 将观察结果归因于温度,但没有将温度产生的电流(电流会产生磁场)相联系起来。他继续研究了许多类型的材料,并看到了效果的变化。他选择的其中一种材料可以产生将近 3% 的热电效率,这与当时蒸汽机的效率相当[75]。1834 年,Jean Charles Athanase Peltier 观察到,当电流流过由两种不同材料构成的接触点时,会根据电流方向导致金属冷却或升温。这一发现在 1838 年圣彼得堡学院的 Emil Lenz 的工作中得到了进一步发展,Lenz 证明了在铋 – 锑结合处的水可以在电流流向一个方向时形成冰,形成的冰也可以在电流流向另一个方向时融化。

William Thompson(也被称为开尔文男爵)认为赛贝克效应和珀尔帖效应(Peltier effect)是有关的。根据热力学分析,开尔文男爵得出结论:一定有第三种效应存在,即当电流沿温度梯度方向流动时,加热和冷却在均质导线中同时发生。这被称为汤普森效应。

在最基本的结构中,如图 3.47 所示,当两种不同的金属连接在高温侧(T_h)和低温侧(T_c)之间时,就会发生热电效应。点 1 和点 2 之间电压($V_{1,2}$)为赛贝克电压。如公式(3.77)所示,赛贝克电压通过赛贝克系数(α)与热源和散热器之间的温度差($T_h - T_c$)有关。

$$\Delta V = V_2 - V_1 = V_{1,2} = (\alpha_A - \alpha_B)(T_h - T_c) = (\alpha_A - \alpha_B)\Delta T \tag{3.77}$$

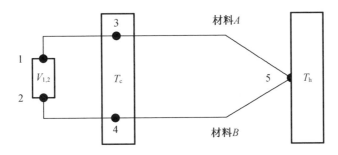

图 3.47　热电偶基本电路

(有两种材料(A 和 B)构成热电接点;点 5 是两种材料连接并附着在热源(T_h)上的地方;点 3、点 4 分别是材料 A、材料 B 附着在散热器(T_c)上的地方;点 1 和点 2 之间的电压是赛贝克电压。)

因此,有

$$\frac{dV_{1,2}}{dT} = \alpha_A - \alpha_B \tag{3.78}$$

基本的热电发生器有一个热源(温度为 T_h)和一个散热器(温度为 T_c);有两个半导体腿,一个为 P 型材料,另一个为 N 型材料,如图 3.48 所示。两腿部(n 极和 p 极)之间连接有一个负载(电阻 R_L)。

热电发生器效率定义为

$$\eta = \frac{P_0}{q_h} \tag{3.79}$$

其中，P_0 是发电器的输出功率，q_h 为输入的热功率。

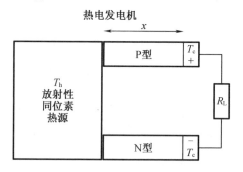

图 3.48 由热源、两个热电腿、散热片和负载组成的热电发生器
（热电腿的长度为 x。）

从热源进入热电换能单元中热电腿的热能取决于热电腿的热性能（即导热系数，在公式 $K-T$ 中，K 即为热腿材料的导热系数）。由于热电腿的电流也会产生损失（这部分由公式 $1/2 I^2 R$ 来计算，其中 R 是热电腿材料的电阻，I 是流经热电腿材料的电流）。此外，珀尔帖效应（$\alpha T_h I$）也会产生热量。由于电子从 N 型热电腿流向 P 型热电腿，电流将有一个负号。式中 1/2 就是由于珀尔帖效应引起热吸收时有一半的焦耳热会返回给热源。因此

$$q_h = K\Delta T + \alpha T_h I - \frac{1}{2}I^2 R \tag{3.80}$$

该热电发生器的输出功率为

$$P_0 = I^2 R_L \tag{3.81}$$

其中，R_L 是负载电阻。

热电发生器的开路电压（V_{oc}）就是赛贝克电压：

$$V_{oc} = \alpha\Delta V \tag{3.82}$$

所以，流过发电器的电流是

$$I = \frac{\alpha\Delta V}{R + R_L} \tag{3.83}$$

将公式（3.81）和公式（3.82）代入公式（3.80），则系统效率为

$$\eta = \frac{R_L I^2}{K\Delta T + \alpha T_h I - \frac{1}{2}I^2 R} \tag{3.84}$$

上式为最基本的效率方程，文献中有更加复杂的形式。

在评价热电发生器时，所用材料的一组重要性能是热电优值（Z）。

$$Z = \frac{\alpha^2}{RK} \tag{3.85}$$

Z 是一个经常报道的数值，用来判断材料在某一温度范围内的适用性。经常报道的另一个值是乘积 ZT，它是一个无量纲数，提供的信息与 Z 基本相同，如图 3.49 所示。

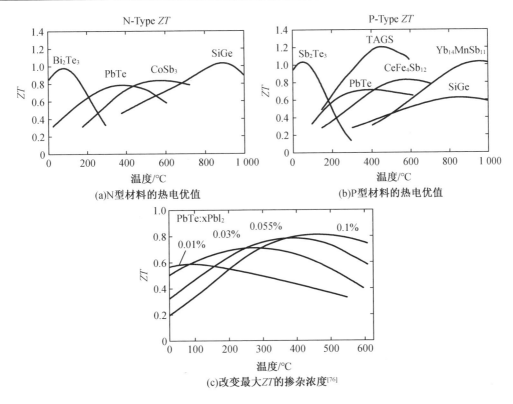

(a)N 型材料的热电优值　　(b)P 型材料的热电优值

(c)改变最大 ZT 的掺杂浓度[76]

图 3.49　热电优值

RTGs 是核电池技术中的"黄金标准"。如表 3.17 所示,它们有着成功执行任务的悠久历史。部分 RTGs 如图 3.50、图 3.51、图 3.52、图 3.53 和图 3.54 所示。

表 3.17　各种 NASA 任务中使用的 RTGs[76]

任务	RTG	TE	目的地	年份	任务周期/年
Tansit 4A	SNAP – 3B7（1）	PbTe	地球轨道	1961	15
Tansit 4B	SNAP – 3B8（1）	PbTe	地球轨道	1962	9
Apollo 12 图 3.50	SNAP – 27 RTG（1）	PbTe	月球表面	1969	8
Pioneer – 10 图 3.51	SNAP – 19 RTG（4）	PbTe	外行星	1972	34
Triad – 01 – 1X	SNAP – 9A（1）	PbTe	地球轨道	1972	15
Pioneer – 11 图 3.51	SNAP – 19 RTG（4）	PbTe	外行星	1973	35
Viking 1 图 3.51	SNAP – 19 RTG（2）	PbTe	火星	1975	4
Viking 2 图 3.51	SNAP – 19 RTG（2）	PbTe	火星	1975	6

表 3.17（续）

任务	RTG	TE	目的地	年份	任务周期/年
LES 8 图 3.52	MHW – RTG	Si – Ge	地球轨道	1976	15
LES 9 图 3.52	MHW – RTG	Si – Ge	地球轨道	1976	15
Voyager 1 图 3.52	MHW – RTG	Si – Ge	外行星	1977	31
Voyager 2 图 3.52	MHW – RTG	Si – Ge	外行星	1977	31
Galileo 图 3.53	GPHS – RTG	Si – Ge	外行星	1989	14
Ulysses 图 3.53	GPHS – RTG（1）	Si – Ge	外行星/太阳	1990	18
Cassini 图 3.53	GPHS – RTG（3）; RHU（117）	Si – Ge	外行星	1997	11
New Horizons 图 3.53	GPHS – RTG（1）	Si – Ge	外行星	2005	3
MSL 图 3.54	MMRTG	PbTe	火星表面	2011	3

图 3.50 阿波罗 12,14,15,16,17 号任务中使用的 SNAP – 27 反应器

（最初的功率输出是 70 W,设计寿命为 2 年[77]。）

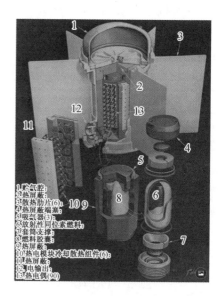

1.空气腔;
2.热屏蔽;
3.散热肋片(6);
4.热屏蔽端塞;
5.吸气器(3);
6.放射性同位素燃料;
7.套筒支撑;
8.燃料胶囊;
9.热屏蔽;
10.热电模块冷却散热组件(6);
11.热屏蔽;
12.电输出;
13.热电偶(90)

图 3.51 用于 Pioneer 和 Viking 系列任务的 SNAP – 19 RTG

（Pioneer 系列任务的初始功率为 40.3 W, Viking 系列任务的初始功率为 42.6 W[77]。）

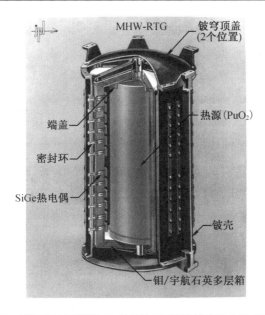

图 3.52　百瓦级(MHW)热功率的 RTG 能够产生 158 W 的电能

(用于 Voyager 系列任务。)

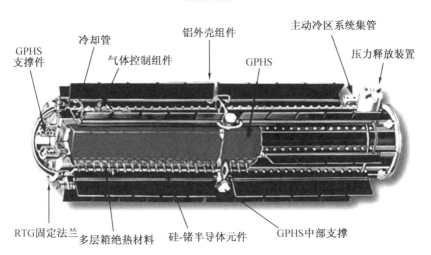

图 3.53　用于 Ulysses 和 Cassini 系列任务的 GPHS – RTG

(输出功率为 292 W[77]。)

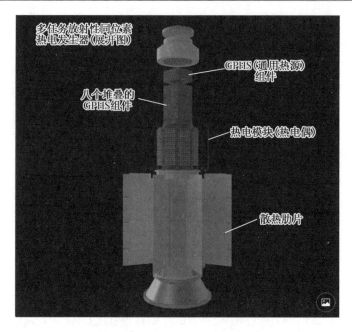

图 3.54　多任务放射性同位素热电发生器(MMRTG)

(将用于 NASA 火星科学实验室漫游者任务[77]。)

3.2.7.2　热离子发生器

热离子发生器基本上是由两个电极表面(发射极、集电极)构成,如图 3.55 所示。发射极是一种具有已知逸出功的金属。电子可以在金属中自由移动,但由于晶格中电子和离子之间的引力而与金属结合在一起。逸出功(φ)是指电子逸出时克服表面势垒必须做的功。

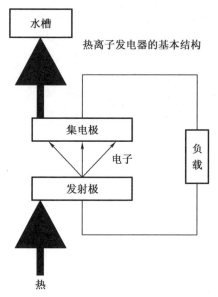

图 3.55　热离子发电器的基本结构

(该发电器由发射极和集电极组成;发射极被加热,集电极被水槽冷却。)

当热量加到发射极上时,自由电子的能量将呈现为玻尔兹曼能量分布(公式(3.86))。如图 3.56 中,函数 $f(E)$ 被绘制成能量的函数。该图中发射极被加热到 1 800 K,表面的逸出功为 4.15 eV。阴影区代表能量超过逸出功而被发射的电子。一个潜在的复杂问题是空间电荷累积,它增加了电子必须克服的势垒。在这种情况下,被收集的电子是那些能量大于逸出功和势垒的电子。

$$f(E) = 2\sqrt{\frac{E}{\pi}}\left(\frac{1}{k_B T}\right)^{3/2} e^{-\frac{E}{k_B T}} \tag{3.86}$$

加热表面发出的理想电流由 Richardson – Dushman 方程描述,

$$J = A_1 T^2 e^{-\frac{\varphi}{k_B T}} \tag{3.87}$$

其中,A_1 是常数,T 是开尔文温度,φ 是逸出功,k_B 是玻尔兹曼常数。

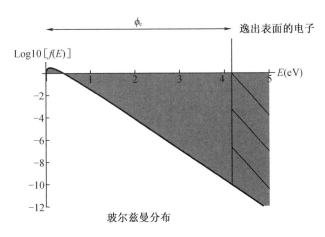

图 3.56　加热到 1 800 K 时表面的电子能量玻尔兹曼分布

(对于逸出功为 4.15 eV 的材料,显示结果是一条线。能量高于 4.15 eV 的电子会从表面发射出来。)

Richardson – Dushman 方程表示在温度 T 下,从单位面积发射极表面产生的饱和电流。热离子发射极和集电极结构的势能图如图 3.57 所示。

如图 3.57 所示,发射极产生的电子必须有一定速度,这样它们才能克服势能 $\delta + \varphi_c + V + \varphi_e$。将这一势能项代入到 Richardson – Dushman 方程(公式(3.87))中,可以得到发射极电流:

$$J_e = A_1 T_e^{2}\exp\left[-\frac{e\varphi_e}{k_B T_e}\right]\exp\left[-\frac{e(\delta + \varphi_c + V + \varphi_e)}{k_B T}\right] \tag{3.88}$$

其中,$V_e = \varphi_k + \varphi_e = \delta\varphi_e + V$

根据 V_e 的定义,公式(3.88)变为

$$J_e = A_1 T_e^{2}\exp\left(-\frac{eV_e}{k_B T_e}\right) \tag{3.89}$$

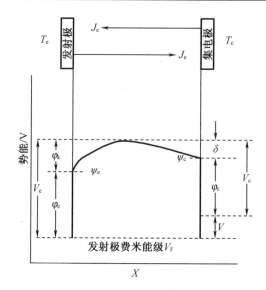

图 3.57　热离子装置的发射极和集电极之间的势能级图

(V_e 是发射极的势能，V_c 是收集极的势能，φ_k 是空间电荷累积产生的阻滞势垒，δ 是由于收集极端空间电荷累积产生的阻滞势垒，φ_c 是发射极的逸出功，ψ_e 是发射极的电势，ψ_c 是收集极的电势。)

从集电极到发射极的电流(又称为反向电流)来自集电极中克服了势垒 δ 的电子。这种反向电流可以由 Richardson – Dushman 方程(公式(3.87))计算得到：

$$J_c = A_1 T_c^2 \exp\left(-\frac{e\varphi_c}{k_B T_c}\right)\exp\left(-\frac{e\delta}{k_B T_c}\right) \tag{3.90}$$

当 $V_c = \varphi_c \delta$ 时：

$$J_c = A_1 T_c{}^2 \exp\left(-\frac{eV_c}{k_B T_c}\right) \tag{3.91}$$

净电流为：

$$J = J_e - J_c = A_1 T_e{}^2 \exp\left(-\frac{eV_e}{k_B T_e}\right) - A_1 T_c{}^2 \exp\left(-\frac{eV_c}{k_B T_c}\right) \tag{3.92}$$

其中，J 是 T_e、T_c、δ 和 φ_c 的函数。

输出电压(V)为

$$V = V_e - V_c = (\varphi_e - \varphi_c) + (\varphi_k - \delta) \tag{3.93}$$

电路中加入负载电阻(R_L)，则负载两端电压(V_L)为

$$V_L = V_e - V_c - IR_L$$

其中，I 为电流。

当净电流(J)为零时，即为开路。因此，$J_e = J_c$ 的条件是

$$A_1 T_e{}^2 \exp\left(-\frac{eV_e}{k_B T_e}\right) = A_1 T_c{}^2 \exp\left(-\frac{eV_c}{k_B T_c}\right) \tag{3.94}$$

得

$$\frac{T_e^2}{T_c^2} = \exp\left(-\frac{eV_e}{k_B T_c}\right)\exp\left(-\frac{eV_e}{k_B T_e}\right) \tag{3.95}$$

公式(3.95)可变形为

$$\left(\frac{T_e}{T_c}\right)^2 = \exp\left[-\frac{e}{k_B}\left(\frac{V_e}{T_e} - \frac{V_c}{T_c}\right)\right] \tag{3.96}$$

在公式(3.96)两边同时取自然对数 log：

$$2\ln\left(\frac{T_e}{T_c}\right) = \frac{e}{k_B}\left(\frac{V_e}{T_e} - \frac{V_c}{T_c}\right) \tag{3.97}$$

已知

$$V_e = \varphi_c + \delta \text{ 和 } V_c = \delta + \varphi_e + V$$

$$2\ln\left(\frac{T_e}{T_c}\right) = \frac{e}{k_B T_e}\left[(\delta + \varphi_c + V_{oc}) - \left(\frac{T_e}{T_c}\right)(\varphi_c + \delta)\right] \tag{3.98}$$

整理得到 V_{oc}：

$$V_{oc} = \frac{2k_B T_e}{e}\ln\left(\frac{T_e}{T_c}\right) + (\varphi_c + \delta)\left(\frac{T_e}{T_c} + 1\right) \tag{3.99}$$

电池的效率是输出功率($V(J_e - J_c)$)除以输入功率(q_s,即发射极提供的热量)。

$$\eta = \frac{V(J_e - J_c)}{q_s} \tag{3.100}$$

公式(3.100)没有考虑寄生热损失、空间电荷损失以及反向电流损失。

热离子器件的性能取决于工作温度和用于发射极和集电极的材料。表 3.18 是对使用直接能量装换方法的核反应堆的总结。得到的效率与本章所讨论的 DCNB(热离子能量转换器的基本机制)是一致的。

表 3.18　多年来发展的各种以不同能量转换机制运行的空间核反应堆

参数	SNAP 10 US	SP－100 US	Romashka USSR	Bouk USSR	Topaz 1 USSR	Topaz 2 USSR	SAFE 400 US
服务时间	1965	1992	1967	1977	1987	1992	2016
热功率/KW$_{th}$	45.5	2 000	40	~100	150	135	400
电功率/KW$_e$	0.65	100	0.8	~5	10	6	100
燃料	U－ZrHx	UN	UC$_2$	U－Mo	UO$_2$	UO$_2$	UN
转换器	热电	热电	热电	热电	热离子	热离子	布雷顿循环
质量/kg	435	5 422	455	~390	320	1 061	512
中子能量	热	快	快	快	热	超热	快
控制棒	Be	Be	Be	Be	Be	Be	Be
冷却剂	NaK	Li	无	NaK	NaK	NaK	Na
堆芯温度/℃	585	1 377	1 900	NA	1 600	1 900	1 020
发射极					有钨涂层的单晶钼	有钨涂层的单晶钼	
收集极					多晶钼	多晶钼	
效率/%	1.4	5	2	~5	6.67	9.3	25

3.2.7.3 热光伏

热光伏原理与 PIDEC 相似[75,78-85]。主要不同点在于：

1. 光子光谱更宽。它是来源于热源的黑体光谱(遵循公式(3.101)中普朗克辐射公式)。

2. 光伏电池必须具有低的带隙，以便最大限度地将黑体光谱转化为电能，因为热辐射器发射的大部分能量都位于红外波段(图 3.58)[75]。

$$S_\lambda = \frac{8\pi hc}{\lambda^5} \frac{1}{\exp\left(\dfrac{hc}{\lambda k_B T}\right) - 1} \tag{3.101}$$

其中，S_λ 单位为 $J \cdot m^{-3} \cdot nm^{-1}$，$h$ 是普朗克常数($6.620\ 7 \times 10^{-34} \cdot m^2 kg \cdot s^{-1}$)，$c$ 是光速($2.997\ 999\ 79 \times 10^8\ m \cdot s^{-1}$)，$k_B$ 是玻尔兹曼常数($1.38 \times 10^{-23}\ m^2 \cdot kg \cdot s^{-2} \cdot K^{-1}$)，$\lambda$ 是波长(m)，T 是黑体温度(K)。

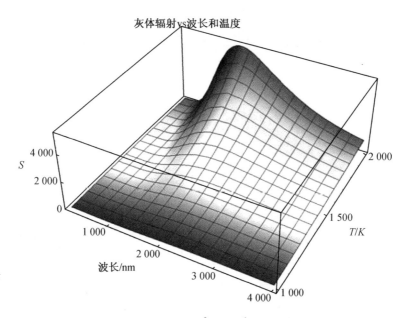

图 3.58 黑体发射 $S(J \cdot m^{-3} \cdot nm^{-1})$ 随波长和温度的变化

Wein's 位移理论给出了在特定温度下黑体的峰值波长，如表 3.19 所示。

$$\lambda_{\text{peak}} = \frac{b}{T} \tag{3.102}$$

其中，$b = 2.9 \times 10^6\ nm \cdot K$。

表 3.19 不同黑体温度下的峰值波长

温度/K	峰值波长/nm	能量/eV
1 000	2 900.00	0.43
1 200	2 416.67	0.51
1 400	2 071.43	0.60

表 3.19（续）

温度/K	峰值波长/nm	能量/eV
1 600	1 812.50	0.69
1 800	1 611.11	0.77
2 000	1 450.00	0.86
2 200	1 318.18	0.94
2 400	1 208.33	1.03
2 600	1 115.38	1.12
2 800	1 035.71	1.20
3 000	966.67	1.29
3 200	906.25	1.37
3 400	852.94	1.46
3 600	805.56	1.54
3 800	763.16	1.63
4 000	725.00	1.72
4 200	690.48	1.80
4 400	659.09	1.89

热光伏材料应与发生器产生的灰体辐射谱相匹配。热光伏池的示意图如图 3.59 所示。

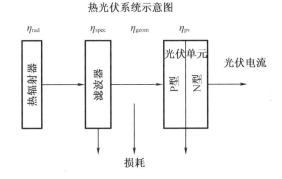

图 3.59　热光伏系统示意图

图 3.59 中，热辐射器发出的灰体辐射效率为 η_{rad}，随后辐射穿过滤波器，其中一部分光子可以被光伏组件吸收，且光谱效率为 η_{spec}。发射出的辐射会拓宽，一部分能到达光伏组件，用几何因子 η_{geom} 来描述该部分。一旦被光伏组件吸收，光子就转换成电能，这一部分用 η_{pv} 来描述。

热光伏发电器系统效率（η_{system}）为

$$\eta_{system} = \eta_{rad}\eta_{spec}\eta_{geon}\eta_{pv} \tag{3.103}$$

低带隙材料（二元系、三元系或四元系半导体）与辐射器温度的典型匹配如表 3.20 所示。

表 3.20 热光伏材料特性和可能的辐射器温度[79]

材料	带隙 E_g/eV	典型的工作带隙宽度/eV	可能的工作灰体温度/K
InP	1.344	1.344	3 100
InGaAsSb	0.5~0.6	0.55	1 300
InGaAs	0.4~1.4	0.55	1 300
InPAsSb	0.3~0.55 eV	0.5	1 200
Ge	0.66	0.66	1 500
GaSb	0.72	0.72	1 899

热光伏系统的前景广阔。理论上,预测表明其效率可达30%以上[83]。在实际应用中,该系统效率为0.04%~24%[80]。

3.3 总 结

电离辐射与物质相互作用,使构成材料的原子或/和分子产生电离和激发。在一个依赖于离子产生的能量转换系统中,由于离子的产生能力(35%~50%)与换能单元材料特性有关,因此效率会有所降低。而对于依赖热的系统,电离和激发最终都会转化成热。

以离子为基础的能量转换装置包括α辐射伏特、β辐射伏特、肖特基势垒、直接充电和间接换能系统如PIDEC。基于热的直接能量转换系统,包括RTG、热离子和热光伏技术。

习 题

1. 一个电子从DCNB的源板上以角$\theta=30°$发射出来。假设这个角度超过了θ_m,粒子的初始动能有多少会到达集电极? 如果最小发射角确定为25°,平行板DCNB的理想效率为多少?

2. 假设源和集电极之间的距离是1.5 cm。一个来自^{90}Sr的粒子以60°的最小发射角从源表面发射出来。电源和集电极之间的电场强度是多少? 分别使用由$1/3\beta_{max}$规则确定的平均能量和全能谱来计算。

3. 利用赛贝克效应的RTG被放置在放射性同位素热源和散热器之间产生700 K的温度梯度的环境中。如果材料A的赛贝克系数为7.3 μV/K,材料B的赛贝克系数为−15 μV/K,则产生的电压是多少?

4. 讨论基于离子对的换能单元的最大效率极限。

5. 讨论α辐致伏特效应核电池的效率极限。

6. 讨论β辐致伏特效应核电池的效率极限。

7. 讨论肖特基势垒式核电池的效率极限。

8. 讨论直接充电核电池的效率极限。

9. 讨论直接充电核电池在电荷收集和释放循环过程中的效率极限。

10.设计一种基于^{85}Kr的1 We间接核电池。根据你的设计,未屏蔽的核电池对人的剂量率是多少?

11.讨论使用固态同位素的间接核电池的效率极限。

12.讨论可用于准分子荧光转换光伏组件的最佳宽带隙半导体。

13.氩准分子荧光源对 SiC、GaN、金刚石和 AlN 的光谱匹配效率如何?

14.荧光发射体是否比准分子发射体更加有效?并给出解释。

15.解释赛贝克效应及其原理。

16.解释热离子系统是如何工作的。

17.热光伏技术的优点和缺点是什么?

参考文献

［1］ Smith A, Fields P, Roberts J（1957）Spontaneousfifission neutron spectrum of Cf252. Phys Rev 108:411－413

［2］ Zeynalov S, Hambsch F-J, Obertstedt S（2011）Neutron emission in fifission of ^252Cf （SF）. J Korean Phys Soc 59:1396

［3］ Nicodemus DB, Staub HH（1953）Fission neutron spectrum of U^{235}. Phys Rev 89: 1288－1290

［4］ DOE-HDBK-1019/1－93（1993）Nuclear physics and reactor theory. Department of Energy, Washington, DC

［5］ Turner JE, Kelsey KA（1995）Atoms, radiation, and radiation protection. Wiley, New York

［6］ Ziegler JF, Ziegler MD, Biersack JP（2010）SRIM-The stopping and range of ions in matter（2010）. Nucl Instrum Methods Phys Res, Sect B 268:1818－1823

［7］ Prelas MA, Weaver CL, Watermann ML, Lukosi ED, Schott RJ, Wisniewski DA（2014）A review of nuclear batteries. Prog Nucl Energ 75:117－148

［8］ Oh K, Prelas MA, Rothenberger JB, Lukosi ED, Jeong J, Montenegro DE et al（2012）Theoretical maximum effifiencies of optimized slab and spherical betavoltaic systems utilizing Sulfur－35, Strontium－90, and Yttrium－90. Nucl Technol 179:9

［9］ Prelas M, Charlson E, Charlson E, Meese J, Popovici G, Stacy T（1993）Diamond photovoltaic energy conversion. In: Yoshikawa M, Murakawa M, Tzeng Y, Yarbrough WA （eds）Second international conference on the application of diamond fifilms and related materials. MY Tokyo, pp 5－12

［10］ Prelas M, Popovici G, Khasawinah S, Sung J（1995）Wide band-gap photovoltaics. In: Wide band gap electronic materials. Springer, pp 463－474

［11］ Prelas MA, Hora HP（1994）Radioactivity-free effifient nuclear battery. Germany Patent

［12］ Radprocalculator（2015）Gamma emitter point source dose-rate with shielding. http://

www. radprocalculator. com/Gamma. aspx

[13] Guyot J, Miley G, Verdeyen J (1972) Application of a two-region heavy charged particle model to Noble-gas plasmas induced by nuclear radiations. Nucl Sci Eng 48:373 – 386

[14] Giuliani JL, Petrov GM, Dasgupta A (2002) Electron energy deposition in an electron-beam pumped KrF amplififier: Impact of the gas composition. J Appl Phys 92:1200 – 1206

[15] Bernard S, Slaback Jr Lester A, Kent BB (1998) Handbook of health physics and radiological health. Williams & Wilkins, Baltimore

[16] Oh K (2011) Modeling and maximum theoreticalefffficiencies of linearly graded alphavoltaic and betavoltaltaic cells. M. Sc. , Nuclear Science and Engineering Institute, University of Missouri, University of Missouri, Columbia

[17] Rappaport P (1956) Radioactive battery employing intrinsic semiconductor. USA Patent 2,745,973, 1956

[18] Anno JN (1962) A direct-energy conversion device using alpha particles. Nucl News 6

[19] Oh K, Prelas MA, Lukosi ED, Rothenberger JB, Schott RJ, Weaver CL et al (2012) The theoretical maximum efffficiency for a linearly graded alphavoltaic nuclear battery. Nucl Technol 179:7

[20] Schott RJ (2012) Photon intermediate direct energy conversion using a Sr – 90 beta source. Nuclear Science and Engineering Institute, University of Missouri, PhD

[21] Eckerman KF, Westfall RJ, Ryman JC, Cristy M (1994) Availability of nuclear decay data in electronic form, including beta spectra not previously published. Health Phys 67:338 – 345

[22] Wrbanek JD, Wrbanek SY, Fralick GC, Chen L-Y (2007) Micro-fabricated solid-state radiation detectors for active personal dosimetry. NASA/TM 214674

[23] Ravankar ST, Adams TE (2014) Advances in betavoltaic power sources. J. Energy Power Sources 1:321 – 329

[24] Popovici G, Melnikov A, Varichenko VV, Sung T, Prelas MA, Wilson RG et al (1997) Diamond ultraviolet photovoltaic cell obtained by lithium and boron doping. J Appl Phys 81:2429

[25] Doolittle WA, Rohatgi A, Ahrenkiel R, Levi D, Augustine G, Hopkins RH (1997) Understanding the role of defects in limiting the minority carrier lifetime in sic. MRS Online Proc Lib 483:null-null

[26] Seely JF, Kjornrattanawanich B, Holland GE, Korde R (2005) Response of a SiC photodiode to extreme ultraviolet through visible radiation. Opt Lett 30:3120 – 3122

[27] Neamen DA (2003) Semiconductor physics and devices. McGraw Hill

[28] Savtchouk A, Oborina E, Hoff A, Lagowski J (2004) Non-contact doping profifiling in epitaxial SiC. Mater Sci Forum 755 – 758

[29] Huang M, Goldsman N, Chang C-H, Mayergoyz I, McGarrity JM, Woolard D (1998)

Determining 4H silicon carbide electronic properties through combined use of device simulation and metal-semiconductor fifield-effect-transistor terminal characteristics. J Appl Phys 84:2065 – 2070

[30] Sze SM, Ng KK (2006) Physics of semiconductor devices. Wiley

[31] Latreche A, Ouennoughi Z (2013) Modifified Airy function method modelling of tunnelling current for Schottky barrier diodes on silicon carbide. Semicond Sci Technol 28:105003

[32] Östlund L (2011) Fabrication and characterization of micro and nano scale SiC UV photodetectors. Student Thesis, Masters of Science, Royal_Institute_of_Technology. Stockholm, p 74

[33] Eiting CJ, Krishnamoorthy V, Rodgers S, George T, Robertson JD, Brockman J (2006) Demonstration of a radiation resistant, high effifficiency SiC betavoltaic. Appl Phys Lett 88:064101 – 064101 – 3

[34] Tsang FY-H, Juergens TD, Harker YD, Kwok KS, Newman N, Ploger SA (2012) Nuclear voltaic cell. Google Patents

[35] Wacharasindhu T, Jae Wan K, Meier DE, Robertson JD (2009) Liquid-semiconductor-based micro power source using radioisotope energy conversion. In: Solid-state sensors, actuators and microsystems conference, 2009. TRANSDUCERS 2009. International, pp 656 – 659

[36] Patel JU, Fleurial J-P, Snyder GJ (2006) Alpha-voltaic sources using liquid ga as conversion medium. NASA: NASA Tech Briefs

[37] Miley GH (1970) Direct conversion of nuclear radiation energy. American Nuclear Society

[38] Galina Yakubova AK (2012) Nuclear Batteries with tritium and promethium – 147 radioactive sources: design, effifficiency, application of tritium and pm – 147 direct charge batteries, tritium battery with solid dielectric. LAP Lambert Academic Publishing

[39] Mulcahy MJ, Bolin PC (1971) In: Agency ARP (ed) High voltage breakdown study: handbook of vacuum insulation. National Technical Information Services, Springfifield, VA, p 78

[40] Prelas MA, Boody FP, Miley GH, Kunze JF (1988) Nuclear driven flflashlamps. Laser Part Beams 6:25 – 62

[41] Prelas MA (1985) Excimer Research using nuclear-pumping facilities. National Science Foundation: NSF, p 1 – 131

[42] Lecours MJ, Prelas MA, Gunn S, Edwards C, Schlapper G (1982) Design, construction, and testing of a nuclear-pumping facility at the University of Missouri Research Reactor. Rev Sci Instrum 53:952 – 959

[43] Chung AK, Prelas MA (1987) Sensitivity analysis of Xe2 * excimer flfluorescence generated from charged particle excitation. Laser Part Beams 5:125 – 132

[44] Klein MB (1974) In: Laboratories HR (ed) Waveguide gas lasers. NTIS

[45] Prelas MA (1981) A potential UV fusion light bulb for energy conversion. In: Presented at the 23rd annual meeting division of plasma physics American physical society, New York, NY, 1981

[46] Prelas MA, Loyalka SK (1981) A review of the utilization of energetic ions for the production of excited atomic and molecular states and chemical synthesis. Prog Nucl Energy 8:35 – 52

[47] Prelas MA (1981) In: Missouri U (ed) Notorized notes dust core reactor and laser. p 7

[48] Boody EP, Prelas MA, Miley GH (1977) Nuclear generated excimer radiation for pumping lasers. University of Illinois, Nuclear Engineering Department

[49] Prelas MA, Boody FP, Zediker M (1984) A direct energy conversion technique based on an aerosol core reactor concept. In: IEEE International conference on plasma science, p 8

[50] Melnikov SP, Sizov AN, Sinyanskii AA, Miley GH (2015) Lasers with nuclear pumping. Springer, New York, NY

[51] Chung A, Prelas M (1984) Charged particle spectra from U – 235 and B – 10 micropellets and slab coatings. Laser Part Beams 2:201 – 211

[52] Prelas M, Boody F, Zediker M (1984) A direct energy conversion technique based on an aerosol core reactor concept. IEEE Publication, p 8

[53] Prelas MA, Boody FP, Zediker MS (1985) An aerosol core nuclear reactor for space-based high energy/power nuclear-pumped lasers. In: El-Genk MS, Hoover M (eds) Space nuclear power systems. Orbit Book Company

[54] Mencin DJ, Prelas MA (1992) Gaseous like Uranium reactors at low temperatures using C60 cages. In: Proceedings of nuclear technologies for space exploration. American Nuclear Society, Aug 1992

[55] Guoxiang G, Prelas MA, Kunze JF (1986) Studies of an aerosol core reactor/laser's critical properties. In: Hora H, Miley GH (eds) Laser interaction and related plasma phenomena. Springer, pp 603-611

[56] Walters RA, Cox JD, Schneider RT (1980) Trans Am Nucl Soc 34:810

[57] Prelas M, Charlson E (1989) Synergism in inertial confinement fusion: a total direct energy conversion package. Lasers Part Beams 7:449 – 466

[58] Prelas M, Charlson E, Boody F, Miley G (1990) Advanced nuclear energy conversion using a two step photon intermediate technique. Prog Nucl Energy 23:223 – 240

[59] Lee MYJJ, Simones MMP, Kennedy JC, Us H, Makarewicz MPF, Neher DJA et al (2014) Thorium fuel cycle for a molten salt reactor: state of Missouri feasibility study. ASEE annual conference. Indianappolis, IN, p 28

[60] Schott RJ, Weaver CL, Prelas MA, Oh K, Rothenberger JB, Tompson RV et al (2013) Photon intermediate direct energy conversion using a 90Sr beta source. Nucl Technol

181:5

[61]　Weaver CL（2012）PIDECa: photon intermediate direct energy conversion using the alpha emitter polonium－210. PhD Nuclear Science and Engineering Institute, University of Missouri. http://hdl. handle. net/10355/15908

[62]　Ahlswede J, Hebel S, Kalinowski MB, Ro？ JO, Update of the global krypton－85 emission inventory. Carl-Friedrich-von-Weizsäcker-Zentrum für Naturwissenschaft und Friedensforschung der Universität Hamburg

[63]　Steinfelds E, Tulenko J（2011）Isotopes and radiation: general-evaluation and verification of durability and effificiency of components of photon assisted radioisotopic batteries. Trans Am Nucl Soc 104:201

[64]　Steinfelds EV, Tulenko JS（2011）Development and testing of a nanotech nuclear battery for powering MEMS devices. Nucl Technol 174:119－123

[65]　Steinfelds E, Tulenko JS（2009）Designs and performance assessments of photon assisted radioisotopic energy sources. Trans Am Nucl Soc 100:672－674

[66]　Steinfelds E, Prelas M（2007）More sources and review of design for radioisotope energy conversion systems. Trans Am Nucl Soc 96:811－812

[67]　Bower KE, Barbanel YA, Shreter YG, Bohnert GW（2002）Polymers, phosphors, and voltaics for radioisotope microbatteries. CRC Press

[68]　Prelas MA, Sved J, Dann A, Jennings HJ, Mountford A（1999）Solid state electric generator using radionuclide-induced exciton production, WO 1999036967 A1

[69]　Shan W, III JWA, Yu KM, Walukiewicz W, Haller E, Martin MC et al（1999）Dependence of the fundamental band gap of AlxGa1-xN on alloy composition and pressure. J Appl Phys 85:8505－8507

[70]　Prelas MA（2016）Nuclear-pumped lasers: Springer International Publishing

[71]　Shonoya S, Yen WM（1999）Phosphor handbook. CRC Press, Boca Raton, FL

[72]　Xu Z-H, Tang X-B, Hong L, Liu Y-P, Chen D（2015）Structural effects of ZnS:Cu phosphor layers on beta radioluminescence nuclear battery. JRadioanal Nucl Chem 303:2313－2320

[73]　Hong L, Tang X-B, Xu Z-H, Liu Y-P, Chen D（2014）Parameter optimization and experimentverifification for a beta radioluminescence nuclear battery. J Radioanal Nucl Chem 302:701－707

[74]　Prelas MA（2013）Micro-scale power source, United States Patent 8552616, USA Patent

[75]　Angrist SW（1982）Direct energy conversion, 4th edn. Allyn and Bacon Inc, Boston

[76]　Nochetto H, Maddux JR, Taylor P（2013）High temperature thermoelectric materials for waste heat regeneration. Army Research Laboratory, Adelphi, MD, pp 20783－1197

[77]　NASA（2016）Radioisotope power systems. https://solarsystem. nasa. gov/rps/rtg. cfm

[78]　Ferrari C, Melino F（2014）Thermo—Photo—Voltaic generator development. Energy Procedia 45:150－159

[79] Ferrari C,Melino F, Pinelli M, Spina PR (2014) Thermophotovoltaic energy conversion: Analytical aspects, prototypes and experiences. Appl Energy 113:1717 – 1730

[80] Ferrari C,Melino F, Pinelli M, Spina PR, Venturini M (2014) Overview and status of thermophotovoltaic systems. Energy Procedia 45:160 – 169

[81] Nam Y,Yeng XY, Lenert P, Bermel P, Celanovic I, Solja-i-M et al (2014) Solar thermophotovoltaic energy conversion systems with two-dimensional tantalum photonic crystal absorbers and emitters. Sol Energy Mater Sol Cells 122:2874296

[82] Bitnar B, Durisch W, Holzner R (2013) Thermophotovoltaics on the move to applications. Appl Energy 105:430 – 438

[83] Teofifilo VL, Choong P, Chang J, Tseng YL, Ermer S (2008) Thermophotovoltaic energy conversion for space. J Phys Chem C 112:7841 – 7845

[84] Nelson RE (2003) A brief history ofthermophotovoltaic development. Semicond Sci Technol 18:S141 – S143

[85] Robert EN (2003) A brief history ofthermophotovoltaic development. Semicond Sci Technol 18:S141

第 4 章 同位素与换能单元间界面引起的功率密度损失

摘要：第 4 章讨论核电池中各种稀释因子的定义，描述核电池中放射性同位素的平均原子密度，并推导平均原子密度与稀释因子之间的关系。稀释因子将影响电池的最小尺度和功率密度。它是评估核电池设计优劣的重要参数。

关键词：放射性同位素稀释因子，相态，几何，尺度匹配

针对同位素和换能单元之间界面的讨论从离子源开始。第 1 章列出了一张可用于核电池的放射性同位素化合物清单，基于每立方厘米的放射性同位素原子密度最大化的前提下，计算给出各自的最大功率密度值。与第 1 章中讨论的最大原子密度相比，同位素的有效原子密度因为界面将被稀释。由于没有完美的界面，任何可用的界面都会稀释同位素平均密度，因此，取决于同位素平均密度的功率密度将会降低。以下各节将首先讨论界面类型，进而分析有效功率密度如何受界面设计细节影响。功率密度降低与界面设计相关。稀释因子可以通过以下几种方法确定：

- 如果电池体积已知，则可以计算得到原子稀释因子（DF_{atomic}）。首先，计算电池体积中包含的放射性同位素原子数（N_{cell}）；其次，假定该体积完全填满了具有最大放射性同位素原子密度（N_{max}）的化合物；则原子稀释因子为 $DF_{atomic} = N_{cell}/N_{max}$。

- 核电池中放射性同位素源的功率密度可能与同位素中已知最高原子密度（$1/BVW_{min}$）的化合物功率密度有关，$P_{source} = DF_{atomic}/BVW_{min}$。

- 功率稀释因子（DF_{power}）定义为核电池的功率密度除以具有最大放射性同位素原子密度的化合物功率密度：

$$DF_{power} = (P_{out}/V_{cell})/(1/BVW_{min}) = P_{out} * BVW_{min}/V_{cell}（其中 P_{out} 是电池的输出功率，V_{cell}$$
是电池的体积）。

- 体积稀释因子（DF_{volume}）是源材料体积与电池（源 + 换能单元）总体积之比。

- 电池稀释因子（DF_{cell}）是原子稀释因子与体积稀释因子的乘积：$DF_{cell} = DF_{atomic} * DF_{volume}$。

所用稀释因子有如下应用。核电池的效率可以通过原子稀释因子、电池体积和功率稀释因子计算得到：

$$\eta_{system} = P_{out}/P_{source} = (DF_{power} \cdot V_{cell}/BVW_{min})/(DF_{atomic} \cdot V_{cell}/BVW_{min})$$
$$= (DF_{power})/(DF_{atomic})$$

根据界面的不同，功率密度稀释因子可能相当大，并将导致器件体积显著增加。

4.1 引　言

可产生核反应的带电粒子与能量转换媒介（或换能单元）之间的界面是所有直接核能转换系统的关键。关于可产生核反应的带电粒子和换能单元之间的潜在界面类型在《核泵浦激光器》这本书中有详细描述[1]。实现放射性同位素与核电池换能单元的结合方式主要有三种：（1）面界面；（2）体界面；（3）多相界面（图4.1）。如本书第1章所述，从面源发射出的带电粒子在到达换能单元之前必须先通过源材料区域（图4.2）。粒子在放射性同位素内部任意位置产生，并各向同性发射（这意味着它有50%的概率朝表面发射，50%的概率背向表面发射）。指向放射性同位素承载层表面的粒子将经过一段路径，其长度取决于发射角度。路径长度将确定沉积在放射性同位素承载层中的能量比例。假设粒子在点(x, y, z)处离开表面。如图4.2所示，该粒子行进的路径长度$r = \sqrt{x^2 + y^2 + z^2}$。基于大量粒子发射具有统计学意义的数据，找到损失在同位素包含层中的能量比例，这是采用面源制备核电池时最重要的设计考虑因素。第二个重要的设计考虑因素是，一旦粒子逸出源材料源粒子有多少能量转移到了换能单元上。即下一步是通过发射具有统计学数量的粒子，找到换能单元吸收的能量分数。第三个重要的设计考虑因素是面源和换能单元的结构如何稀释核电池的能量密度。

第4章将重点介绍源设计的物理原理、设计的效率以及源设计对电池功率密度的影响（或者说电池的设计是如何稀释功率密度的）。

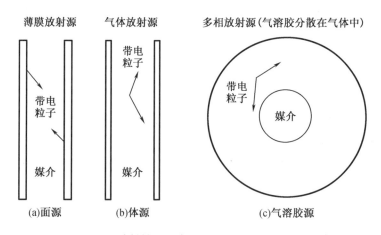

图4.1　放射性同位素源和换能单元之间的各种界面

（（a）基本的面源，其中放射性同位素嵌入在薄膜中，该薄膜允许带电粒子逸出薄膜并与媒介相互作用；（b）基本的体源，其中放射性同位素直接嵌入到媒介中；（c）一种可能的多相构造，其中小气溶胶颗粒嵌入到气体中，带电粒子可以有效地逸出气溶胶与背景气体相互作用，这是基本的间接转换核电池，即背景气体先产生光子，然后将其输运到能量转换媒介。）

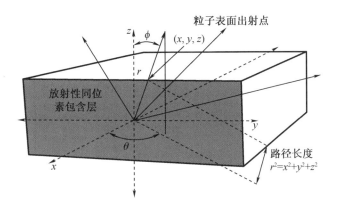

图 4.2　放射性同位素包含层中的同位素原子发射出各向同性的粒子

（粒子以相对于 z 轴夹角 φ、相对于 X 轴夹角 θ 发射。粒子沿着图中所示的路径行进，并在经过一段距离 r = $\sqrt{x^2 + y^2 + z^2}$ 后离开该层。路径长度与粒子穿过材料所损失的能量直接相关。）

4.2　放射性同位素存在的相态

放射性同位素可以是固态、液态或气态，还有一个可能是等离子体态，但此处不考虑等离子体态。

4.2.1　固态放射性同位素

通常放射性同位素存在的形式为固态。以银中添加^{210}Po举例。通常将银和^{210}Po卷成薄膜，该薄膜再与换能单元贴合一起（图 4.3）。制作薄膜的方法将在章节 4.3 中讨论。正如章节 4.1 所述，典型的薄膜型离子源仅将离子源的一侧暴露于换能单元，从而限制了带电粒子向换能单元介质的输运效率。在这种结构中，带电粒子中一半的能量流向错误的方向；剩余的一半能量沉积在源材料（自吸收）和换能单元介质中。

查找有关裂变碎片输运的文献，对理解各种界面如何影响核电池的运输效率是非常有启发性的。薄膜裂变源的一侧暴露于换能单元，其输运效率为 20% ~ 30%[2,3]，这里参考文献中采用的 B - 10 源是一种类似于发射 α 粒子的放射性同位素。一种可提高输运效率的方法是从源薄层两侧发射带电粒子。不过仅当带电粒子发射源覆在非常薄的膜上时，这种情况才会发生。一种可行的方法是使用薄膜材料作为带电粒子发射源的基底，例如编织成扁平矩形膜的纳米碳纤维（图 4.4）。源材料可以覆在薄膜上或嵌入纳米纤维中。在这种结构中，可以将源薄层两侧的带电粒子输运到换能单元媒介，从而提高效率（膜的输运效率为 50% ~ 60%）[2,4]。将放射性同位素覆着在细纤维上或嵌入纤维中，可以进一步改善几何耦合效果（图 4.5）。细长的纤维可以进一步提高输运效率（60% ~ 70%）[4]。球体几何形状（例如气溶胶）是改进运输效率的最佳途径[5,6]。如果放射性同位素是气溶胶形式（图 4.6），则输运效率可达到 70% ~ 80%[2,6]。

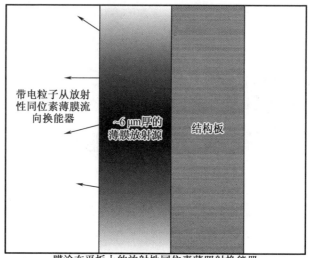

膜涂在平板上的放射性同位素薄照射换能器

图4.3 放射性同位素薄膜覆着在金属结构板上

（以^{210}Po覆着在银薄上的这种 α 粒子发射体薄膜为例）

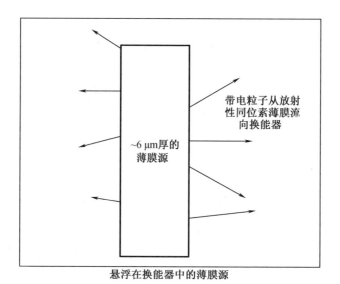

悬浮在换能器中的薄膜源

图4.4 覆着放射源的非常薄的薄膜可使带电粒子从左、右两侧逸出到换能单元媒介

（以混合^{210}Po和银的 α 粒子发射体薄膜为例）

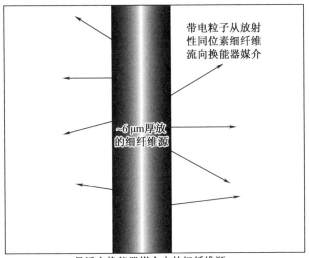

悬浮在换能器媒介中的细纤维源

图4.5 包裹有放射性同位素的细纤维(以混合银和^{210}Po的 α 粒子发射体纤维为例),或者嵌入有放射性同位素的细纤维(以 α 粒子发射体^{210}Po为例),并悬浮在换能单元中

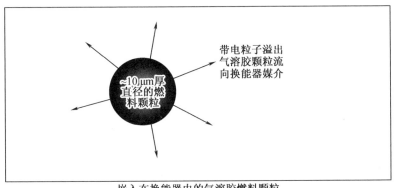

嵌入在换能器内的气溶胶燃料颗粒

图4.6 以气溶胶形式悬浮在换能单元中的颗粒

(以混合银和^{210}Po的 α 粒子发射体颗粒为例)[5, 6]

4.2.2 液态放射性同位素

通过查阅液体裂变反应堆的相关文献,来了解液态放射性同位素的可能性是具有启发性的。某些形式的铀盐(硫酸铀(U(SO$_4$)$_2$))和硝酸铀(UO$_2$(NO$_3$)$_2$))可以溶解在水中以形成水态堆芯反应堆[7]。铀在高温下也会变成液体。例如将铀溶解在氟化物中,形成熔融的NaF – ZrF$_4$ – UF$_4$[8]。

如章节 3.2.2.1 所述,有人提出使用液态半导体来减轻对核电池的辐射损伤[9]。如第 3 章所述,液态硒是半导体。Global Technology Inc. 开发了一种液态硒肖特基单元,用来作为将电离辐射能转换为电能的换能单元。此后,有其他人利用该技术,将 β 源与液态硒混合在一起进行研究[10]。这些研究中报道的效率很高。在第 5 章中讨论了为什么有些核电池文献中能取得这么高的转换效率。

第3章中的章节3.2.2.1讨论了对液态镓核电池的理论研究,该研究将液态镓用作电解池中的电解质[11]。

4.2.3 气态放射性同位素

目前科学家已经研究了气相的核反应堆,通过研究该技术对了解如何将其应用于核电池中具有一定的指导意义。自20世纪50年代以来[12],气态铀,即六氟化铀(UF_6)作为核能转换的潜在燃料(例如,核泵浦激光器)受到关注。对于气态燃料,如果换能单元是气体的一部分,则裂变碎片向气态介质的输运效率将为100%(图4.7)。六氟化铀具有很强的腐蚀性,并且六氟化铀分子具有很高的光子自吸收能力。

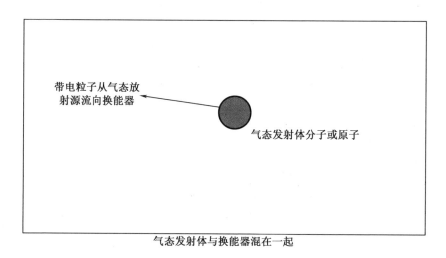

图4.7 带电粒子从气态放射性同位素输运到换能单元,气态同位素嵌入在换能单元里

20世纪90年代初,人们开始对基于气态放射性同位素的核电池进行研究[13]。这项工作的重点是放射性同位素^{85}Kr,它既可以用作发射体,也可以用作换能单元。从^{85}Kr释放出的β粒子与氦气相互作用引起气体电离和激发。电离的气体形成弱等离子体,该等离子体呈现出低比例的离子和高比例的中性物质。弱等离子体发射光子,可用于能量转换。基于弱等离子体形成的系统案例包括各种类型的气体激光器(例如氦氖激光器)和荧光灯泡。对于Kr,产生的光子主要是准分子光子。准分子态由带电粒子与物质相互作用产生的离子或由带电粒子与物质相互作用产生的激发态产生。这导致能量从带电粒子有效进入准分子状态(见表$4.1^{[14]}$中列出的11号反应)。

对表4.1中列出的反应进行敏感性分析。对类似$Xe_2^*(1\sum)$准分子系统产物的敏感性分析表明,只有7个主要反应会影响准分子状态的产生(表4.2)。这些相同的反应在稀有气体准分子气体中均占主导地位(例如,$Ne_2^*(1\sum)$、$Ar_2^*(1\sum)$、$Kr_2^*(1\sum)$和$Xe_2^*(1\sum)$)。这些反应同时包含产生和淬灭机理。从电离辐射转移到气体的大部分能量产生稀有气体离子和亚稳态。利用这7个主要反应,稀有气体离子和亚稳态具有将能量转移到稀有气体准分子状态的有效通道。

如第 3 章所述,准分子是激发态二聚体的简称。二聚体是由两个原子组成的短寿命二聚体或异二聚体分子,其中至少有一个原子具有完全填满的价层(比如稀有气体)。例如,稀有气体在基态时不能形成分子,而可以在电子激发态形成分子(图 4.8)。准分子的例子包括稀有气体准分子 Ar_2^*($*$ 表示激发态)、Kr_2^* 和 Xe_2^*,稀有气体卤化物准分子 ArF^*、KrF^*、$ArCl^*$、$KrCl^*$、$XeCl^*$ 等,以及许多其他的准分子气体组合[17]。当一个准分子通过自发辐射衰变时,由束缚激发态变为非束缚态释放出一个光子,此时构成分子的原子会变为中性且独立的。在准分子气体混合物(形成准分子的气体混合物)中,电离和激发都有助于形成准分子态(稀有气体准分子的光子产生效率约为 50%)。

因此,准分子取决于电离辐射与气体的相互作用形成的离子和亚稳态。在形成准分子的气体中,如果气体的压力足够高(通常大于半个大气压),则形成准分子比形成原子激发态更加容易。准分子发射的波长范围很窄(± 10 nm)。准分子没有束缚态基态,因此不会受自吸收的影响。因此,在大尺寸、大功率密度和高压下,准分子气体混合物保持光学薄(意味着没有自吸收)。

表 4.1　Kr 模型中涉及的反应[14]

#	反应	速率常数/(s^{-1}, $cm^{-3} \cdot s^{-1}$ 或 $cm^{-6} \cdot s^{-1}$)
1	$Kr^* + 2Kr \rightarrow Kr_2^*(1\sum) + Kr$	1.7×10^{-32}
2	$Kr^{**} + Kr \rightarrow Kr^* + Kr$	1.00×10^{-10}
3	$Kr^* + Kr \rightarrow Kr + Kr$	3.5×10^{-15}
4	$Kr^{**} + 2Kr \rightarrow Kr_2^{**} + Kr$	1.0×10^{-31}
5	$Kr_2^{**} + Kr \rightarrow Kr^* + 2Kr$	1.0×10^{-11}
6	$Kr_2^*(1\sum) + Kr \rightarrow Kr_2^*(3\sum) + Kr$	1.2×10^{-13}
7	$Kr^* + Kr^* \rightarrow Kr^+ + Kr + e$	2.0×10^{-9}
8	$Kr_2^*(1\sum) + Kr_2^*(1\sum) \rightarrow Kr_2^+ + 2Kr + e$	5.0×10^{-10}
9	$Kr^+ + 2Kr \rightarrow Kr_2^+ + Kr$	2.5×10^{-31}
10	$Kr_2^+ + e \rightarrow Kr^{**} + Kr$	2.3×10^{-7}
11	$Kr_2^*(1\sum) \rightarrow 2Kr + hv$	2.1×10^{-8}
12	$Kr^{**} \rightarrow Kr^* + hv$	1.5×10^{-7}
13	$Kr_2^*(3\sum) + e \rightarrow Kr_2^*(1\sum) + e$	1.8×10^{-7}
14	$Kr_2^*(1\sum) + e \rightarrow Kr_2^*(3\sum) + e$	4.9×10^{-7}
15	$Kr_2^{**} + e \rightarrow Kr_2^*(3\sum) + e$	5.0×10^{-7}
16	$Kr_2^{**} + e \rightarrow Kr_2^*(1\sum) + e$	2.0×10^{-7}
17	$Kr_2^*(1\sum) + e \rightarrow 2Kr + e$	1.3×10^{-9}
18	$Kr_2^+ + e \rightarrow Kr^* + Kr$	2.3×10^{-7}
19	$Kr^* + 2Kr \rightarrow Kr_2^*(3\sum) + Kr$	4.4×10^{-32}
20	$Kr_2^*(3\sum) + Kr_2^*(3\sum) \rightarrow Kr_2 + + 2Kr + e$	5.0×10^{-10}
21	$Kr_2^*(3\sum) + Kr_2^*(1\sum) \rightarrow Kr_2 + + 2Kr + e$	5.0×10^{-10}

表 4.1（续）

#	反应	速率常数/(s^{-1}, $cm^{-3} \cdot s^{-1}$, $cm^{-6} \cdot s^{-1}$)
22	$Kr_2^*(3\sum) \rightarrow 2Kr + hv$	1.0×10^{-7}
23	$Kr_2^*(3\sum) + e \rightarrow 2Kr + e$	1.3×10^{-9}
24	$Kr^+ + Kr + e \rightarrow Kr^* + Kr$	1.0×10^{-26}
25	$Kr_2^+ + e + Kr \rightarrow Kr_2^*(1\sum) + Kr$	1.0×10^{-26}
26	$Kr_2^*(1\sum) + e \rightarrow Kr_2^+ + 2e$	5.0×10^{-9}
27	$Kr_2^*(3\sum) + e \rightarrow Kr_2^+ + 2e$	5.0×10^{-9}
28	$K_{r_2}^+ + e + Kr \rightarrow Kr_2^*(3\sum) + Kr$	1.0×10^{-26}
29	$Kr^{**} + Kr \rightarrow Kr + Kr$	1.0×10^{-15}
30	$Kr_2^*(3\sum) + Kr \rightarrow Kr_2^*(1\sum) + Kr$	4.6×10^{-15}
31	$Kr^{**} + e \rightarrow Kr^* + e$	8.0×10^{-7}
32	$Kr_2^*(3\sum) + e \rightarrow Kr_2^{**} + e$	3.0×10^{-7}
33	$Kr^{**} + Kr^{**} \rightarrow Kr^+ + Kr + e$	5.0×10^{-10}
34	$Kr_2^{**} + Kr_2^{**} \rightarrow Kr_2^+ + 2Kr + e$	5.0×10^{-10}
35	$Kr^* + e \rightarrow Kr + e$	1.0×10^{-9}
36	$Kr^+ + 2e \rightarrow Kr^* + e$	1.0×10^{-20}
37	$Kr_2^{**} \rightarrow Kr^* + Kr + hv$	1.0×10^{-8}

表 4.2　显示了等离子体化学模型中控制准分子产生的 7 个主要反应[14]

反应序号	反应
1	$Kr^* + 2Kr \rightarrow Kr_2^*(1\sum) + Kr$
7	$Kr^* + Kr^* \rightarrow Kr^+ + Kr + e$
11	$Kr_2^*(1\sum) \rightarrow 2Kr + hv$
13	$Kr_2^*(3\sum) + e \rightarrow Kr_2^*(1\sum) + e$
14	$Kr_2^*(1\sum) + e \rightarrow Kr_2^*(3\sum) + e$
22	$Kr_2^*(3\sum) \rightarrow 2Kr + hv$
36	$Kr^+ + 2e \rightarrow Kr^* + e$

如前文所述，如果准分子是像氪气准分子这样的稀有气体准分子，那么它的大部分能量会用于形成氪离子和氪的亚稳态，进而形成氪准分子。从表 4.3[15,16]可以看出，形成一个离子对需要 21.9 eV。形成氪气亚稳态的 W^* 值（42 eV/亚稳态）也是已知的[17]。理论上生成氪准分子的最大效率（η_f）是氪准分子光子能量（7.2 eV）与产生离子对的 W 值之比，加上氪光子能量与产生氪亚稳态的 W^* 值之比，如公式（4.1）所示（表 4.4[18-24]）。

$$\eta_f \cong \frac{7.2}{21.9} + \frac{7.2}{42} = 0.5 \quad\quad (4.1)$$

因此,电离辐射产生氙准分子荧光的最大理论效率约为 50%[25]。对于所有稀有气体准分子,这个值大致是正确的[17]。准分子气体与电离辐射的相互作用产生准分子荧光,这是第一步。可以基于这一步构造间接转换核电池[13, 26]。第二步是将准分子荧光传输到光伏组件。最终,准分子荧光与光伏组件的相互作用产生了电压和电流。

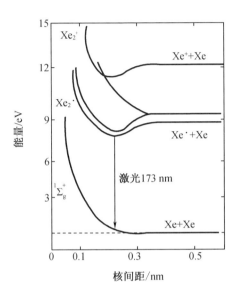

图 4.8　Xe 准分子的能级图

(氙分子彼此之间是弱结合的。当氙分子自发地衰减到较低的水平会发射光子,图上所示是未束缚的。这意味着能量主要通过准分子通道传导。)

表 4.3　在各种气体中产生离子对所需的平均能量[15, 16]

气体	单个离子对所需能量 W/eV	单个亚稳态所需能量 W^*/eV	第一电离势 /eV	电离中使用的能量分数/($L \cdot W^{-1}$)
He(纯)	43	90	24.5	0.58
Ne(纯)	36.8	77	21.5	0.58
Ar	26.4	55.2	15.7	0.59
Kr	24.1	50.4	13.9	0.58
Xe	21.9	42	21.1	0.55

4.2.4　类气态放射性同位素

1990 年,当人们发现铀酰富勒烯时,有人提出将它们作为气态核的一部分掺入反应堆中[27](图 4.9)。铀酰富勒烯是一个 C60 笼状结构,其中两个铀原子被困在笼中[1, 2, 7]。铀酰富勒烯是一种大分子状结构,其行为类似于气体。铀酰富勒烯的性质尚不清楚,但可以肯定的是该物质不会腐蚀并且可能具有有限的自吸收问题。铀酰富勒烯的裂变输运效率为 100%。人们已经开始使用铀酰富勒烯作为燃料的气态核裂变反应堆[27]。

表4.4 稀有气体和稀有气体卤化物准分子的理论和实验效率[7]

准分子	λ/nm	$h\nu/eV$	理论值 η	实验值 η	参考文献
Ar_2	126	9.82	50.5	NA	[18]
ArF	193	6.42	33	NA	[18]
Ar_2F	284	4.36	22.4	NA	[18]
Kr_2	147	8.42	47.5	46.2	[19]
KrF	249	4.97	34.0	NA	[18]
Kr_2F	415	2.98	16.8	NA	[18]
NeF	108	11.5	35	NA	
Xe_2	172	7.2	47.7	68[a]	[20]
		7.2		45[b]	[19]
		7.2		39 ± 10	[21]
		7.2		43[c], 61[a]	[22]
				45[d], 46[e]	[22]
XeF	346	3.58	23.7	12.1	[23]
XeBr	282	4.39	29.1	15	[24]
XeI	252	4.91	37.2	NA	[18]

[a]裂变碎片和气相反应物

[b]电子束和气相反应物

[c]伽马射线和气相反应物

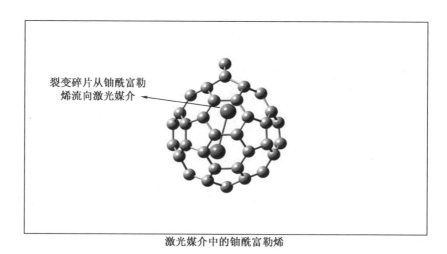

激光媒介中的铀酰富勒烯

图4.9 嵌入激光媒介中的铀酰富勒烯显示出逃逸铀酰富勒烯的裂变碎片并与激光媒介发生反应

如果放射性同位素被富勒烯捕获,它将具有与铀酰富勒烯相似的结构。具有所捕获的放射性同位素的富勒烯可以作为非常独特的核电池设计嵌入换能单元中。同位素通常可以固态形式捕获,并捕获在富勒烯中。富勒烯将会具有气态性质。准分子气体换能单元和捕获放射性同位素富勒烯的混合物与上述 ^{85}Kr 的概念相似。从富勒烯到气体换能单元的输运效率将接近 100%。捕获放射性同位素富勒烯的吸收特性是未知的,但是诸如此类的大分子结构可能具有可接受的吸收特性。这个概念的优点在于既使用了最丰富的固态放射性同位素,又采用了具有类似气态性质的高输运效率源结构。

4.3　换能单元存在的相态

换能单元可以是固态、液态、气态或等离子体态。下面将讨论每种相态的事例。

4.3.1　固态换能单元

固态换能单元是最常见的换能单元类型。而最常见的固态换能单元之一是 P – N 结半导体[28]。它们通常用于 β、α 辐致伏特效应核电池。固态换能单元的其他类型包括 RTG 中使用的热电偶、直接充电核电池中的电极、悬臂梁等。

4.3.2　液态换能单元

液体换能单元的案例很少。水已被用作通过辐射分解产生氢的换能单元[18]。生成化学物质时,反应效率由 G 值(沉积的分子数量/100 eV)来测量。常见的反应包括由二氧化碳生产一氧化碳和由水生产氢气(表 4.5)。

G 值与过程效率有关。考虑到化学产物是一种存储能量的手段,该能量可以通过诸如氧化的过程释放出来[29]。对于氢,存储在氢分子中的能量为 2.512 eV(假设它与氧反应并形成水分子)。表 4.5 中水辐射分解的典型 G 值为每 100 eV 沉积 1.7 个氢分子。因此,有效效率是:

$$\eta_{\text{HydrogenRadiolysis}} = G(\text{H}_2\text{Molecules}) \times \frac{2.512\left(\frac{\text{eV}}{\text{H}_2\text{Molecules}}\right)}{100\ \text{eV}} = 0.043\ 7 \quad (4.2)$$

因此,对于该特定过程,其中 G = 1.7,有效生产效率为 4.27%。辐射分解不是很有效,因为存在许多可能的逆反应,从而降低了形成氢分子的生产效率。

表 4.5　水和二氧化碳的放射分解[18]

反应	辐射	剂量率/(eV/g·s)	压力/atm	温度/K	添加物	剂量/MRad	产额 G (mol/100 eV)	产物
$Rad + CO_2 \rightarrow CO + 1/2O_2$	5.5 MeV α	1×10^{18}	0.2	300	无		0.1	CO
	1.5 MeV 质子	1.3×10^{19}	0.4	300	无	2~175	4.25	CO
	5.5 MeV α	1.7×10^{16}	0.8	300,543	1% NO_2	100	4.4	CO
	裂变碎片	1.3×10^{19}	0.8	348	1% NO_2		9~10	CO
		9×10^{20}	1.2	348	无		10	CO
		2×10^{14}	13	540	无		1.4~7.3	CO
		2×10^{20}	13	540	0.8% NO_2		10	CO
$Rad + H_2O(l) \rightarrow H_2 + 1/2O_2$	裂变碎片	$2 \times 10^{14} 至 2 \times 10^{20}$	液态	可变的	无		1.5~1.8	H_2
$Rad + H_2O(v) \rightarrow H_2 + 1/2O_2$	γ	$2 \times 10^{14} 至 2 \times 10^{20}$	可变的	可变的	无		0.5	H_2

有一些换能单元由界面相组成,例如液体和固体的结合。如前所述,有一种换能单元使用液体半导体来减轻辐射损伤(在固态换能单元(例如 β 辐射伏特)中常见的问题,即由电离辐射相互作用引起的原子在晶格中的移位)。如前文所述,开发液体半导体电池是为了最大限度地减少辐射损伤的影响[9]。电池由两块金属板形成,两块金属板之间有液态半导体(例如硒),其中一端形成肖特基势垒,而另一端则形成欧姆接触。因此在两端形成势垒,该势垒作为驱动力将由电离辐射与物质的相互作用产生的电子 – 空穴对分离并产生电流。电导率与温度的快速变化有关。熔融材料通常具有金属性能。硫族元素(氧、硫、硒、碲和钋)在熔化过程中不会保留金属特性,而是会变成半导体。硒是理想的,因为硒在高温下表现出半导体性能。硒是核电池的优选实施方案。另外,通过肖特基势垒在单元中形成的耗尽区有 100% 的收集效率,但是在耗尽区以外或者扩散区将会迅速下降。Global Technologies Inc. 制备了该类型的试验电池,以约 1% 的效率运行。肖特基势垒是金属和形成二极管的半导体之间的势能垒。这取决于半导体和金属触点之间的功函数。金属和半导体之间的界面形成耗尽区,该耗尽区厚度实际上是 100 nm。因此,能量转换区域的有效尺寸很薄,并且与电离辐射的射程没有很好地匹配。肖特基势垒结构的理论最大效率对于 α 粒子而言约为 0.3%,对于低能 β 粒子约为 0.1%[28]。但是,液体介质中的扩散长度应大于固体介质中的扩散长度,这将导致效率高于固态肖特基电池。对于 α 源而言,已报道的 1% 效率是可行的。

界面相的另一个例子是水基核电池,据报道,它使用了液态水和固体(Pt/TiO$_2$)之间的界面[30]。将 Pt 溅射在 TiO$_2$ 纳米多孔上,该 TiO$_2$ 纳米多孔是通过对 Ti 薄膜进行阳极氧化形成的。Pt/TiO$_2$ 形成 0.6 eV 的肖特基势垒。将固态 Sr – 90 离子源用作 β 源。源产生的 β 粒子先流过水,然后流过 Pt/TiO$_2$ 肖特基势垒。该器件将在第 5 章中进行更详细的讨论。

4.3.3　气态换能单元

很难找到有关气态换能单元的例子。人们可能会错误地将基于^{85}Kr 的核电池称为产生准分子荧光的气态换能单元[13]。但是,此换能单元可被更好地描述为弱等离子体相,这使其成为等离子体相换能单元,如下所述。

4.3.4　等离子体相换能单元

使用^{85}Kr 作为源和换能单元的间接电池是等离子体相换能单元,因为 Kr 发射的 β 粒子对 Kr 气体的自激发会形成弱等离子体(图 4.10)。从这种弱等离子体中形成准分子状态,产生准分子荧光[13]。

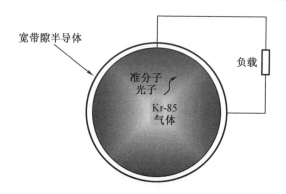

图 4.10　^{85}Kr 间接转换核电池

（其中 Kr 既用作源，又用作换能单元。β 粒子激发 Kr 气体，并产生准分子光子。光子与球周围的宽带隙光伏组件相互作用并产生功率输出。）

4.4　面　界　面

为了全面地表征面源，制造该源的方法很重要。源必须对其附着的结构具有附着力。源的原子组成和几何形状必须是已知的。关于核反应产生的带电粒子逸出嵌入它的材料中的概率性[1]，大量的核泵浦激光器研究工作已经进行了。已发现的针对各种类型源设计的效率方法也适用于核电池的源设计。本节将讨论源设计和效率。

4.4.1　面源形成方法

追踪核电池研究文献的困难之一是，大多数研究未能为读者提供足够的信息，致使他们无法充分理解实验或工作并正确解释结果。问题始于对重要变量的完整描述。这些变量包括有关放射性同位素源的信息、构成该源的各种材料的信息（例如，面源普遍的做法是将放射性同位素与金混合）、该源的制造方式、源的维度以及源如何在几何上耦合到换能单元。放射性同位素极为危险。首先，即使是少量的放射性同位素也可能致命（例如，一微克 ^{210}Po 或 0.004 5 Ci）。鉴于制造 1 W 核电池需要大约 1 000 Ci 的 ^{210}Po，因此需要大量的 ^{210}Po 成为一个主要问题。其次，^{210}Po 面源制备存在较多问题。^{210}Po 不能从表面剥落。它必须有多个防护层封装（核燃料采用的思路）。最后，在源制备过程中，^{210}Po 原子必须将其浪费控制在最小化。任何未放入源中的 ^{210}Po 原子都会导致更高的成本和更多的污染。

4.4.1.1　薄箔

商用 ^{210}Po 放射源（^{210}Po 是 α 发射体）将放射性同位素与银以 1:10 的比例混合以形成放射源材料。然后将该金属混合物卷成薄箔。箔必须足够薄，以使 α 粒子能逸出。

将薄的 ^{210}Po 源箔压在半导体表面上是可行的。但是这种连接方法将不符合美国核管理委员会的标准，该标准要求一定尺寸的放射源必须采用三种封装方法进行运输[31]。

要考虑的一个示例是将 5 μm 厚的箔片压在 SiC P – N 结上，该结为 1 cm × 1 cm。为了全面地描述核电池，重要的是要知道 ^{210}Po 与银的比率、P – N 结的表面积、源的厚度（t_1）、源的活性、N 型层的厚度（t_2）、耗尽区宽度（t_3）和 P 型层的厚度（t_4），如图 4.11 所示。我们需

要厚度来模拟 α 粒子从源到耗尽区的发射路径。箔片将吸收一些 α 粒子的能量。例如,市售的封装的 α 源通常会在源结构中损失大约 10% 的 α 粒子能量[32](图4.12)。我们可以合理地假设^{210}Po原子在箔中均匀分布。在建立蒙特卡罗输运模型时,可以结合箔中衰变原子的位置、衰变时间和发射角。由于 α 衰变是各向同性的,因此 α 粒子以任何立体角发射的可能性是均等的。因此其中一半的发射轨迹远离 P − N 结的表面。然后蒙特卡罗输运模型将遵循 α 粒子的轨迹,并确定其路径以及在何处产生电子 − 空穴对。因此,需要对设备的几何形状进行完整描述。如果实验论文未能提供完整的描述,则说明该实验没有得到充分描述。在没有对缺失变量做出潜在无效假设的情况下,读者将不能对 α 或 β 辐致伏特效应核电池进行建模,也不能复制实验。大多数核电池研究论文都缺乏对电池重要物理特性的讨论[28]。

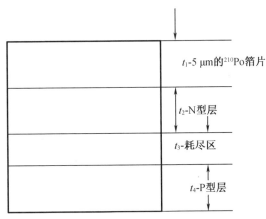

^{210}Po α放射源覆着一个P-N结上

图 4.11　典型的基于 P − N 结的 α 辐致伏特结构

(使用由 10% Po 和 90% Ag 制成的^{210}Po箔覆着在碳化硅 P − N 结上)

^{210}Po α源的结构

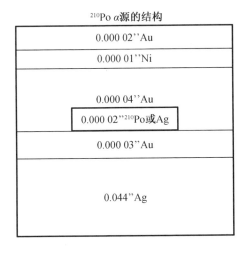

图 4.12　^{210}Po α源的典型结构设计

(^{210}Po箔由 10% Po 和 90% Ag 制成)

4.4.2 电镀、喷漆和烘烤

目前已经开发了在圆柱体裂变室内表面形成富铀薄膜（^{235}U富集）的方法。这些过程包括在圆柱体内壁上电镀或喷涂铀。

此外，可以将^{10}B镀在圆柱形腔室的内表面上。用于生产衬有^{10}B的探测器的一种方法是利用^{10}B颗粒与油混合形成的胶体。油放置在圆柱体内壁。旋转时加热圆筒，以使胶体在烘烤时均匀地润湿表面。油最终蒸发并留下由^{10}B颗粒组成的残留物。这些颗粒黏附在壁上并形成相当均匀且薄的^{10}B层。可以采用类似的方法来形成放射性同位素的薄膜。

4.4.3 蒸发和溅射

裂变室也可以利用蒸发。对于该方法，将浓缩铀在真空中加热至较高温度，以使金属铀蒸发。当铀原子在低温的表面冷凝时，它们会形成薄膜[33]。可以使用相同的过程在核电池结构上沉积放射性同位素薄膜。汽化的问题在于汽化材料的原子是各向同性地从源发出的。除非衬底的表面积大到足以收集大部分原子，否则放射性同位素将会大量损失。另一个问题是放射性同位素对表面的黏附。

溅射沉积是物理气相沉积（PVD）工艺[33]。溅射需要能量源（例如射频（RF））从靶材料中射出原子。原子以较宽的能量分布（最大值为10 eV）离开目标。高能原子在真空中沿直线传播，然后与衬底表面碰撞。由于表面上的能量相互作用，溅射薄膜比蒸发薄膜能更好地黏附在表面上。

4.4.4 注入

离子注入使用对准衬底的离子束与衬底相互作用。基于离子的能量，注入离子的深度取决于离子束的能量[33]。

4.5 带电粒子逸出面源的概率

带电粒子从薄膜中发射这一过程发生了核反应，其中涉及的物理学已在核泵浦激光器领域得到了广泛的研究[1]。核电池和核泵浦激光器之间有很强的相似性。两种技术都依靠核反应产生电离辐射来驱动换能单元。尽管裂变反应的反应速率（或功率密度）比放射性同位素高得多。

在开发一个包含逸出概率的示例时，考虑以图4.13所示的结构排列5 μm厚的铀金属箔。箔片暴露于高通量中子束流时会发生裂变反应（例如，^{235}U(n, νn)ff）。来自裂变箔片源的功率密度将根据第一性原理进行计算，以作为方法学及其对核电池计算实用性的说明[2]。使用图4.14可以得到矩形（或平板）箔的效率。该图的数据适用于覆着在厚板上的薄膜（或"半电池"）。图4.14还可用于得出诸如自支撑结构薄膜的效率（例如，铀覆着薄片上，裂变碎片可从两侧逸出，则称其为"全电池"）。铀金属箔的中点厚度为2.5 μm。如图4.14所示，一个2.5 μm厚的"半单元"的输运效率为25%。"全电池"效率是"半电池"效率的两倍,因此在本示例中为 50% 。

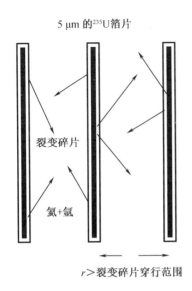

图 4.13　将覆着在薄片上的铀层用作面源(一个全电池)以驱动换能单元

(箔片厚度为 5 μm,通道宽度 r 为 0.01 cm)

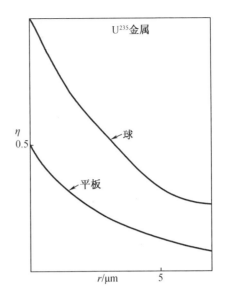

图 4.14　^{235}U 金属箔(由高浓缩铀制成)在厚衬底(或"半电池")上的效率以及球形铀颗粒随燃料厚度或半径的变化关系

4.6　尺度匹配

专门为核电池而非热类型电池考虑的另一个设计是系统的尺度"匹配良好"[28]。在此讨论的上下文中,在特定材料给定形式的情况下电离辐射的射程称为辐射输运的尺度(λ_{RadTr});换能单元中能量转换体积的相关物理尺寸称为换能单元的尺度(L_{trans})。这两个尺度 λ_{RadTr} 和 L_{trans} 应该大致相等,才能使效率最大化。尺度匹配是决定核电池效率的主要因素。"匹配良好"的系统具有较高的最大理论效率,而"匹配不佳"的系统则具有较低的理论效率。实现"高度匹配"尺度是文献中核电池所面临的主要挑战之一,因为确定每个尺度的参数各不相同。

4.6.1　电离辐射的尺度

影响 λ_{RadTr} 的变量包括:源粒子的质量、电荷、角分布和能量分布;靶材料的原子序数、密度和电离势;以及粒子与靶材相互作用的机制。这些因素共同导致放射性同位素中的 λ_{RadTr} 即使在相同的靶材料中也会变化很大。决定 L_{trans} 的因素包括电池的能量转换机制、靶材的机械和电学特性以及辐射损伤对靶材的影响。最后的这个影响因素对于文献中的微型核电池至关重要,因为新的设计显示出持续存在的辐射损伤问题。

相反地,RTG 设计与尺度匹配无关。RTG 的绝对大小可确保所有放射性同位素能量都沉积在换能单元内并转化为热量。但是,在 RTG 型微型核电池设计中也必须考虑所有上述问题。这里的每一个因素都将是辐射射程与潜在换能单元的尺度相匹配的挑战。为了更好地定义这些挑战,第 3 章考察了各种类型辐射源的特性和射程,重点是与核电池有关的辐射源的特性和射程。第 5 章将研究适合能量转换的各种换能单元的特性和相关的尺度。第5 章中也讨论了将辐射源集成到换能单元中的原理。放射性同位素的来源和适用性已在第2 章中进行了讨论。

注意,电离辐射是一个广义术语,指不同类型的辐射会在物质中产生离子对的事实。其类型包括离子(例如裂变碎片和 α 粒子)、β 粒子、γ 射线、X 射线和中子,并且每种辐射都有独特的电离范围。对于固体表面,裂变碎片和 α 粒子等重离子将在微米级内沉积其能量,相反,电子将在更大的毫米范围内沉积。最后,没有静质量或净电荷的那些粒子可以达到米级。

4.6.1.1 离子的尺度

因为离子的质量比电子大得多,所以它们将能量传递给电子,当在材料中速度降低时,其路径长度是线性的(称为线性能量传递或 LET)。图 4.15 中显示的是垂直于硅板表面进入的 5.307 MeV α 粒子束的轨迹。可以看出射束扩展非常小,这很好地说明了线性能量传递。

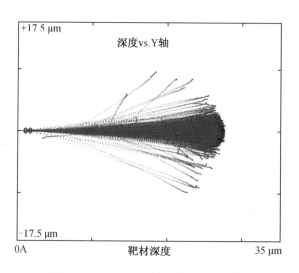

图 4.15 5.3 MeV 粒子束入射至硅靶

(SRIM2011[34]用于模拟一束高能(5.037 MeV)α 粒子束,该粒子束垂直进入硅靶表面。图中显示的是硅中 α 粒子的轨迹。光束扩展非常窄,这解释了线性能量转移的概念。)

4.6.1.2 β 粒子的尺度

另一方面,β 粒子不会以线性路径输运,因为它们的质量等于它们通过物质时与之相互作用的电子质量。与离子相比,物质中电子的路径复杂。电子的散射非常显著,并遵循如

图 4.16 和图 4.17 所示的随机游走路径。

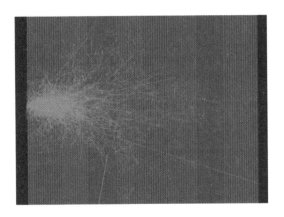 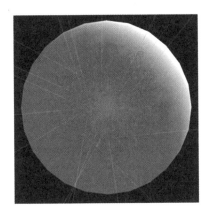

图 4.16　垂直入射到 SiC 平板表面的电子束

((由^{90}Sr β 衰变产生)的 GEANT4 模拟,显示了 β 粒子轨迹(随机游走路径)和辐生光子(直线)$^{[35]}$。)

图 4.17　位于 SiC 球 体 中 心 的^{90} Sr 点源 GEANT4 模拟

(显示了在^{90}Sr 衰变中产生的 β 粒子径迹(随机游走路径)及在相互作用中产生的辐生光子(直线)$^{[35]}$。)

β 粒子各向同性地发射,也在能谱中发射。因此 β 粒子很复杂,这里必须考虑通过源媒介的散射和能量损失,以及它们的角发射和能谱。使用 β 粒子建模的简化方法将导致重大错误。单能假设是一种常见但不正确的简化。在此假设下,所有 β 粒子的能量为$1/3\ \beta_{max}$(用于估算平均 β 能量的经验法则)$^{[36]}$。这简化了装置空间能量沉积的建模,但是正如显示的那样,它是不准确的。文献中发表的许多模型都使用这种简化方法。真正的 β 能谱产生的电离曲线与使用$1/3\ \beta_{max}$假设的结果显著不同。

当假定源发出的 β 粒子不是各向同性时,将发生第二次致命的简化。在文献中也出现了这种简化。这种简化导致不可接受的错误$^{[37]}$。模型需要包含两个因素(各向同性发射和真实 β 能谱)。三个 β 衰变反应被选择为低能量发射(公式(4.3)),中能量发射(公式(4.4))和高能量发射(公式(4.5))的示例。

$$^{35}_{16}S \rightarrow ^{35}_{17}Cl + \beta^- + \nu + 167.47\ keV \tag{4.3}$$

$$^{90}_{38}Sr \rightarrow ^{90}_{39}Y + \beta^- + \nu + 546\ keV \tag{4.4}$$

$$^{90}_{39}Y \rightarrow ^{90}_{40}Zr + \beta^- + \nu + 2.28\ MeV \tag{4.5}$$

表 4.6 显示了三个 β 粒子发射体的相关数据,包括半衰期、根据常用的经验法则(平均$1/3\ \beta_{max}$)的平均 β 能量以及使用 β 能谱计算的平均 β 能量。如图 4.18 所示,^{35}S β 能谱强度随着能量的降低而连续增加,中能^{90}Sr 发射体的 β 谱强度在低能时趋于平坦,而高能^{90}Y β 能谱强度具有明显的峰值,然后随着能量减少而下降。如表 4.6 所示,随着 β 粒子的最大能量增加,通过$1/3\ \beta_{max}$规则计算的平均能量与直接从能谱中计算的平均能量之间的差异显著不同。如果使用$1/3\ \beta_{max}$规则计算平均 β 能量,则使用$1/3\ \beta_{max}$规则固有的误差会在其余系统计算中传递。这些不正确的平均能量将被用于计算粒子射程和阻止本领的不正确

估计。1/3 β_{max} 规则不应该用于核电池的设计计算和建模。

表 4.6　常见的 β 发射放射性同位素的特征

同位素	半衰期	最大能量	平均能量		差异/%	子同位素
			1/3 β_{max} 规则	能谱		
^{35}S	87.51 d	167.47 keV	55.8 keV	53.1 keV	+5	^{35}Cl
^{90}Sr	28.8 a	546 keV	182 keV	167 keV	+9	^{90}Y
^{90}Y	2.67 d	2.28 MeV	760 keV	945 keV	−20	^{90}Zr

使用 1/3 β_{max} 规则和全能谱分析来计算平均能量。对于高能 β 源而言,两种方法获得的平均能量差异很大

在设计核电池时,为了在最佳位置匹配换能单元有效区域(L_{trans})以获得来自 β 粒子(λ_{RadTr})的能量,准确地计算射程至关重要。要计算物质中 β 粒子的射程,应在模型中使用完整的 β 能谱(图 4.18)。使用完整的 β 谱图进行的计算可以对能量沉积曲线进行最佳估计。在下面的示例中清楚地显示了这一点。对于入射平板的 β 粒子束和位于球体中心的点源,已经分别计算出 ^{35}S、^{90}Sr 和 ^{90}Y 衰变 β 粒子的实际射程[35]。这些结果与使用从 β 能谱计算出的平均 β 能量的结果显著不同。该结果强化了这样的前提,即在设计核电池时,使用任何经验法则都将导致不可接受的不准确性。有趣的是,从平均 β 能量计算出的 β 射程与通过完整 β 谱图计算出的 β 范围之间的差异约为 4 倍,其中完整 β 谱图的射程更大。

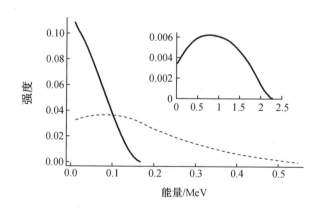

图 4.18　β 发射能谱:^{35}S(实线)、^{90}Sr(虚线)和 ^{90}Y(插图)[35]

图 4.19 和 4.20 分别表示基于平均 β 能量和完整 β 能谱,计算的能量沉积与深度的关系。在平板几何中,β 粒子模拟为单向的,垂直于阻止材料,而在球体中的点源模拟为各向同性。结果两者明显不同,再一次证明了为什么基于平均 β 能量的设计存在重大错误。从图 4.15 可以看出,本次讨论的每一种同位素源的 β 能谱都会发射出大量低能 β 粒子。根据定义,平均能量是指高于平均能量的 β 粒子数与低于平均能量的 β 粒子数相等。对于

^{35}S,低能 β 粒子的数量随着能量接近零而持续增加。对于^{90}Sr,在 0.08 MeV 处有一个轻微的峰值,但在较低的能量段总体是平坦的。对于^{90}Y,能谱中存在一个明确定义的最大值 0.8 MeV。当考虑到全能谱中的低能量 β 时,图 4.15 和 4.16 之间的差异也就不足为奇了。

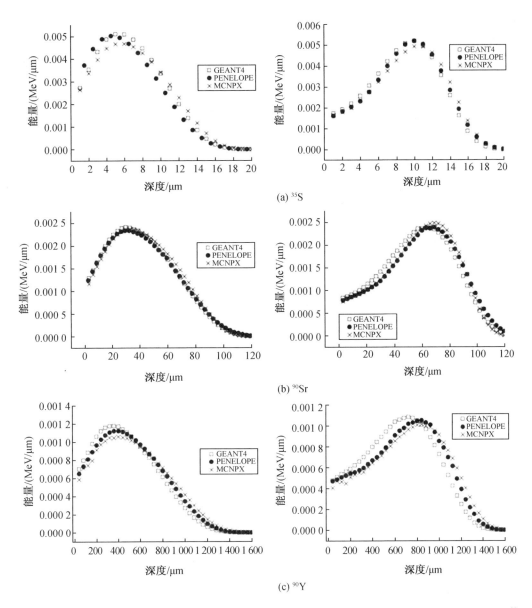

图 4.19　基于平均 β 能量,使用 GEANT4、PENELOPE 和 MCNPX 程序分别模拟计算了(a)^{35}S,
　　　　(b)^{90}Sr,(c)^{90}Y 在平板(左)和球体(右)几何中的能量沉积与深度之间的关系,其中平板几
　　　　何中 β 粒子垂直单向入射,球体几何中各向同性点源位于中心位置[35]

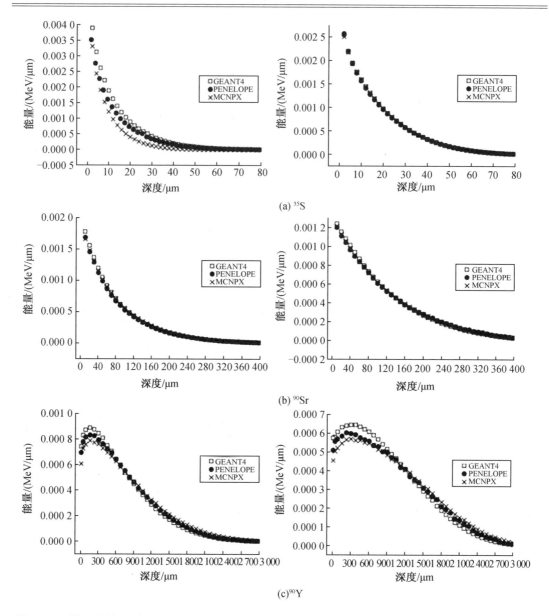

图 4.20 基于完整 β 能谱,使用 GEANT4、PENELOPE 和 MCNPX 程序分别模拟计算了 (a)^{35} S,
(b)^{90} Sr,(c)^{90} Y 在平板(左)和球体(右)几何中的能量沉积与深度之间的关系,其中平板几
何中 β 粒子垂直单向入射,球体几何中各向同性点源位于中心位置[35]

如图 4.19 所示,在基于平均 β 能量的计算值中,^{35}S、^{90}Sr 以及 ^{90}Y 的平板和球体几何都
有明显的峰值。对于 ^{35}S,平板几何的峰值出现在 6 μm 处,球体几何的峰值出现在 10 μm
处。对于 ^{90}Sr,平板几何的峰值出现在 35 μm,球体几何为 65 μm。对于 ^{90}Y,平板几何的峰
值出现在 400 μm,球体几何的峰值出现在 600 μm。相反地,图 4.20 表明能谱中低能量 β
的沉积占据主导地位。与高能 β 粒子相比,低能 β 粒子的射程更短。因此,对于 ^{35}S 和 ^{90}Sr
而言,单位深度能量沉积在阻止材料的表面附近最高,并随深度呈指数衰减。对于高能量
的 ^{90}Y β 粒子,在某一深度处能量沉积达到峰值:平板情况下峰值为 150 μm,球体情况下峰

值约为 300 μm。通过图 4.19、图 4.20 和表 4.7 的对比证明了这一点。

表 4.7　根据第 3 章中提到的经验法则,计算 β 粒子在 SiC 中的射程与图 4.19 和图 4.20 的结果进行比较

同位素	射程/mm		
	经验法则	平均 β 能量	β 能谱
^{35}S	10.6	0.02	0.08
^{90}Sr	55.1	0.12	0.40
^{90}Y	344.0	1.6	3.00

另一个有趣的现象是,全能谱计算的最大沉积能量(大约低了两倍)与平均能量的计算值存在显著差异。

β 能谱的结果是准确的,该表显示了使用经验法则或平均 β 能量计算时的预期误差量级。

4.6.2　换能单元的尺度

换能单元的尺度范围也很广。换能单元材料具有各自特定的尺度大小。以下是各种换能单元中尺度的讨论。

4.6.2.1　P－N 结的尺度

上述观察结果的意义是重大的。首先,在使用平均 β 能量来计算最大能量沉积的位置,进而确定换能单元的位置时,耗尽区在换能单元内的位置将存在很大的误差。β 辐致伏特效应核电池的换能单元一个由 P 型材料和 N 型材料通过相互补偿形成的 P－N 结,该区域在换能单元中称为耗尽区。正如所讨论的,通过调节 P 型杂质和 N 型杂质的密度,就可以改变耗尽区的宽度。

收集概率是指在换能区域通过辐射与物质的相互作用产生的载流子被收集,并贡献给辐生电流(I_L)的概率。在耗尽区中产生的载流子具有相同的收集概率,因为电子－空穴对被电场迅速分离,并最终被收集。在耗尽区之外,由于电子－空穴对必须要扩散到耗尽区中才可能被收集,所以收集概率会降低。如果距结区的距离大于一个扩散长度,则收集概率可以忽略不计(图 4.21)。例如,SiC 中的扩散长度在 0.07 μm 至几微米之间,具体取决于材料缺陷[38,39]。

在确定耗尽区的宽度时,电荷载流子的迁移很重要,但更重要的是半导体材料中电荷载流子的寿命。载流子的寿命定义为从产生或注入载流子到被真正的导体,例如铜,收集的时间。半导体能带结构中存在的陷阱决定着载流子,电子和空穴的寿命。这样导致的后果是耗尽区被限制在非常小的厚度区域。意味着仅耗尽区内由电离辐射沉积的能量具有统一的收集概率,用以产生功率输出。因此,耗尽区限制了能量转换系统的效率。公式(4.6)~公式(4.8)通过本征载流子浓度 n_i、耗尽区两端的电压 V_{bi} 和耗尽区宽度 W 描述了半导体的相关特性[40]。

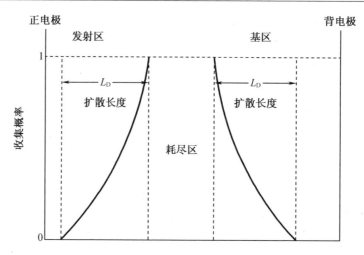

图 4.21 线性渐变的 α 或 β 辐射伏特结构的收集概率。超过载流子的扩散长度,收集概率可以忽略不计

$$n_i = 2\left(\frac{2\pi\, k_B T}{h^2}\right)^{3/2} (m_p m_n)^{3/4} \exp\left(-\frac{E_g}{2\,k_B T}\right) \qquad (4.6)$$

$$V_{bi} = \frac{k_B T}{e}\ln\left(\frac{N_a N_d}{n_i^2}\right) \qquad (4.7)$$

$$W = \left(\frac{2\,\varepsilon_s V_{bi}}{e} \cdot \frac{N_a + N_d}{N_a N_d}\right)^{1/2} \qquad (4.8)$$

式中,k_B 是玻尔兹曼常数,T 是半导体的开尔文温度,e 是电子电荷,ε_s 是介电常数,E_g 是带隙宽度,N_a 是 P 型区域中可用空位的相对浓度,N_d 是 N 型区域中电了的相对浓度,m_p 和 m_n 分别是空穴和电子的有效质量。

从这些方程式中可以看出,用于确定内建电场和耗尽区宽度的关键变量是本征半导体特性以及在相应 P 型和 N 型区域中的掺杂浓度 N_a 和 N_d。势垒和耗尽区宽度的大小既取决于半导体自身的特性,又分别和 N 型与 P 型半导体中的掺杂浓度 N_a 和 N_d 有关。掺杂浓度是改变势垒高度和耗尽区宽度的主要手段。从公式中可以得到,当掺杂浓度减小时,耗尽区宽度会变大,但是势垒高度会变低。当掺杂浓度乘积接近材料本证载流子浓度的平方时,内建电势会趋向于零,这意味着耗尽区不存在。重要的是要注意,掺杂浓度必须大于从耗尽区注入的电荷浓度,以使生成的电荷的传输处于低注入水平。半导体生长过程中的杂质控制严重限制了可用掺杂浓度的下限(其中,固体中百万分之几的杂质含量为大约 1×10^{16} 原子/cm³ 的掺杂浓度)。这种杂质控制水平很难达到。

对于在核电池研究中广泛使用的半导体 4H – SiC 的耗尽宽度进行了计算[28]。该半导体的 ε_s 约为 10[41],m_n 和 m_p 分别取 $1.2\ m_e$ 和 $0.76\ m_e$,在室温下带隙约为 3.25 eV[42]。在公式(4.6)中使用 300 K 的温度代入计算,发现该材料的本证掺杂浓度为 9.5×10^{-9} cm⁻³。该数据用于公式(4.7)和公式(4.8)中。然后,N_d 和 N_a 两者都在 10^{15} cm⁻³ 和 10^{20} cm⁻³ 之间变化,以说明碳化硅可能的耗尽宽度,如图 4.22 所示。从图 4.22 中可以看出,碳化硅的耗尽区宽度最大为 2.6 μm。耗尽宽度是平面型单 P – N 结换能单元的尺度。为了实现 2.6 μm 的耗尽宽度,杂质水平必须在 0.1 ppm 的数量级上。对于 SiC,要达到亚 ppm 杂质水平是困难的。获得1～10 ppm 范围内的杂质水平,从而使耗尽宽度达到 1 μm 量级[42] 则更为合理。

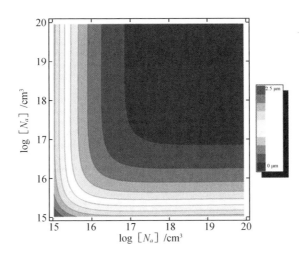

图 4.22　4H – SiC 中不同施主和受主掺杂浓度下耗尽区宽度的大小[28]

当两种具有不同功函数的材料直接相互接触时,就会形成肖特基势垒。费米电势将在材料界面处形成。由于两种材料之间的边界很清晰,因此肖特基势垒的耗尽区要比 P – N 结薄得多。肖特基势垒的耗尽区宽度 W[33] 表示如下:

$$W = \sqrt{\frac{2\,\varepsilon_2}{qN}(V_{bi} - V_A)} \tag{4.9}$$

$$\eta_{dp} = \frac{V_{bi}}{E_g} \tag{4.10}$$

式中,V_{bi} 是肖特基接触的内建电场,N 是掺杂密度,q 是电荷量,ε_s 是半导体的介电常数,V_A 是在正向偏压下穿过结施加的电压,在 β 或 α 粒子电流模型中 $V_A = 0$。肖特基势垒最常见的势垒高度是 1 V[43]。针对几种施主浓度,给出了 Ni/4H – SiC 肖特基二极管的耗尽宽度[44]。掺杂浓度为 1×10^{17} cm^{-3} 时,Ni/4H – SiC 肖特基二极管的耗尽区宽度大约为0.25 μm。

肖特基势垒二极管换能单元的耗尽宽度明显小于 P – N 二极管换能单元。要注意的另一个因素是,肖特基势垒二极管的势垒高度(V_{bi})也比 P – N 结低。较小的耗尽宽度将减小换能单元的尺度,因此将导致电离辐射射程和换能单元的尺度之间更大的失配。

通常精心设计的 P – N 结的耗尽区宽度约为 1 μm 厚。为了设想尺度不匹配如何影响核电池,考虑将 β 源耦合到 P – N 结这一情况。将 β 辐致伏特效应核电池设想为一个盒子,并将耗尽区限制在该盒子的边界内。挑战在于将来自 β 源的粒子尽可能多的能量沉积到 1 μm 厚的耗尽区中。我们需要意识到平板模型是理想的,因为单向 β 粒子束会垂直撞击表面。这两个模型都极大地预测了沉积在任何给定层中的 β 能量。在实际的设备中,β 源将是各向同性的,因此,要在较薄的耗尽区中沉积 β 粒子的能量会带来更大的挑战。总之,通过在设计计算中使用平均 β 能量,在确定耗尽区的最佳位置时会产生很大的误差。在计算向耗尽区的能量传输速率时也存在重大错误。

4.7　几何方面的考虑

放射源的几何形状及其与换能单元的交接界面是核电池设计时需要考虑的重要因素。核反应发射电离辐射是各向同性的(在任何方向上具有相等的发射概率),如图4.23所示。图中所示的点源是一个基本概念,因为任何几何结构都可以由大量的点源组成。从几何结构到换能单元的粒子输运的复杂性有以下几点:

- 每个点源都各向同性地发射粒子。因此,除非换能单元环绕着点源,否则某些粒子将永远不会与换能单元相交。

- 粒子必须穿过几何放射源自身之后才到达换能单元。因此,由于库仑相互作用,放射性粒子将通过库仑相互作用输运能量至换能材料。

- 源体积中损失的寄生能量大小与粒子通过源体积的路径直接相关,即放射性粒子在放射源材料中传播的距离。

- 最终传递到换能单元中的能量大小与源的形状、源的比例、换能单元的形状和换能单元的比例有关。

正在发射粒子的点源

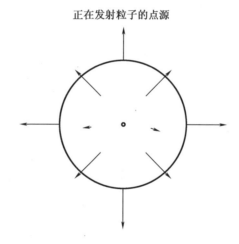

图4.23　显示了各向同性发射的原理。一个点源各向同性发射粒子。点源是一个基本单位,因为任何几何体都可以由大量点源构建[1]

有大量文献研究了核泵浦激光器[1, 45]、辐射化学[18, 29]和核能转换[18]领域中的源形状、尺度以及换能单元的形状和尺度问题。研究这些领域中的一些经验教训并将这些经验教训应用到核电池设计中具有重要的指导意义。

放射源和换能单元表面的曲率影响着可以沉积在换能单元中的辐射能量。密苏里大学哥伦比亚分校的实验表明,覆在圆柱管内部的面源的功率密度远低于覆在矩形几何形状平板上的面源[3]。这个问题对于核泵浦激光器设计而言非常重要,因为在圆柱体内部的^{10}B

或 ^{235}U 膜层中产生的离子射程会导致产生小的管半径。当半径小时,圆柱几何形状与平板几何形状大不相同。这会影响最低阶横向电场和磁场(TEM00)模式下核泵浦激光振荡的特性。核电池也有类似的问题,即为换能单元提供能量。

在圆柱几何形状中,核反应可在源材料的任何点发生(图4.24)。当粒子从点 P 发射,其在任何角度发射的可能性均等。圆柱体的中心点位于点 O。圆柱体的曲率半径加上所发射的粒子能够通过点 O 的可能性很小,这严重限制了在点 O 处沉积的功率密度。与此相反,在具有两个平面源的笛卡尔几何中,中心有一个平面。粒子与中心平面相交的概率更高。

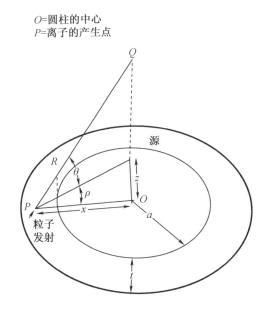

O＝圆柱的中心
P＝离子的产生点

图 4.24　定义了基本坐标系和 *PQ* 在圆柱管的圆柱平面上的投影,这个圆柱管的内表面上覆着包含核反应物材料的膜层

如果核反应物是 ^{10}B,它将与热中子(^{10}B(n,^{4}He)^{7}Li,释放的能量为 2.79 MeV)发生反应。在 92% 的反应中,离子以高于基态 0.44 MeV 的激发态发射。因此,在 92% 的反应中, ^{4}He 离子的能量为 1.495 MeV(称为离子 He I), ^{7}Li 离子的能量为 0.855 MeV(称为离子 Li I)。在其余的 8% 反应中, ^{4}He 离子的能量为 1.780 MeV(称为离子 He II), ^{7}Li 离子的能量为 1.015 MeV(称为离子 Li II)。考虑在核反应中发射的离子在换能单元中沉积其能量的速率(或空间功率沉积)。平板中的空间功率密度分布比圆柱中的空间功率密度分布要平坦得多。当将平板中的相似点与圆柱体进行比较时,曲率效应的确会导致更高的粒子通量。但是,圆柱体中的功率沉积可以表示为常数(K)乘以粒子穿过通量表面的概率,再乘以曲率产生的影响。

$$圆柱体：P_{\mathrm{d}} = KP_{\mathrm{cy}}(r)R \tag{4.11a}$$

$$平板：P_{\mathrm{d}} = KP_{\mathrm{slab}}(r)R \tag{4.11b}$$

其中,r 是射束面相对于膜层的位置,P_{d} 是功率密度(W·cm^{-3}),$P_{\mathrm{cy}}(r)$ 是粒子穿过圆柱几

何射束面的概率,$P_{slab}(r)$是粒子穿过平板几何射束面的概率,R是曲率半径(常数)。显然,函数$P_{ey}(r)$随r趋近于零而减小,因为射束面的面积随r减小,直到当$r=0$时其塌陷为一条线为止。

在一个示例问题中,填充圆柱体的气体为 0.1 MPa 的氦气,硼膜厚度为 1.7×10^{-4} cm。将圆柱体放置在中子束流中(触发^{10}B(n,^{4}He)^{7}Li 反应)。图 4.25 显示了每个发射离子的功率沉积与r的关系。

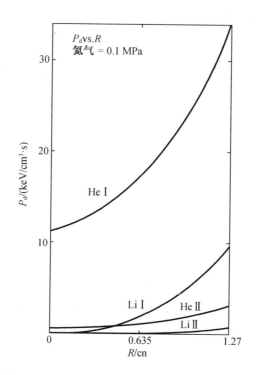

图 4.25   对于^{10}B 膜层和 0.1 MPa 的氦气,每种离子对总功率沉积的贡献[46]

检查了各种厚度的圆柱形^{10}B 膜层的输运效率,发现在^{10}B 膜优化厚度为 1.7×10^{-4} cm 的情况下,计算出的效率较差,为 9%(图 4.26)。该效率明显低于平板模型预测的 15%[46]。有两个非常重要的观察结果:(a)与平板相比,圆柱的效率相应较低;(b)圆柱相对于平板几何的功率沉积梯度较陡。源表面的曲率半径在效率和功率沉积中起着重要作用。

由于大多数来自金属或化合物的放射性同位素为固态,因此将同位素与换能单元连接的最常见方法是使用面源(图 4.27)。如上所述,表面的曲率确实存在问题。可以将固态材料嵌入具有不同形状的结构中。如前所述,这样的形状可以是悬浮在换能单元材料中的微球体(图 4.28),其中换能单元可以是气体、液体或固体。

放射性同位素也可以嵌入材料中。在图 4.29 中,光纤悬挂在两个板之间,光纤嵌入换能单元材料(气体、液体或固体)中。可以通过将放射性同位素与形成纤维的材料混合来制备纤维,或者可以将具有将放射性同位素直接离子注入其内的纤维。

解决自吸收问题的一种混合方法:在固态材料中与受激准分子一起形成微气泡[47]。在这个例子中,^{85}Kr是被植入的放射性同位素。在非常高的压力下(最高 4 GPa),使用离子注入可以在固态材料中形成微气泡。在 4 GPa 时,氪气泡的密度约为 4 g/cm^3。高压氪微气泡中辐射的输运长度约为 5 μm,与重碎片的尺度相当。如图 4.30 所示,放射性同位素微气泡位于 P – N 结换能单元上方。来自放射性同位素的粒子是按各向同性发射的,微气泡既是一个可以保护结的屏蔽,又是一个以受激准分子波长发射的光子源。然后,光子在光伏组件结构中反弹,直到被 P – N 结吸收。即使在这样高的密度下,压力展宽的问题也不应导致损失,并且微气泡也不应自吸收。因此,电池将具有与辐射源和光伏组件兼容的换能单元尺度。该方法的优点是宽带隙 P – N 结构可以使用覆着有放射性同位素的薄膜或将同位素嵌入到换能结构中。宽禁带材料能在高温下工作,无效率损失,且导热系数高。而且薄膜可以折叠,使得在相对较高的功率密度下能缩放电源。但这种方法的确也存在问题。即使大家都知道微气泡是由离子注入形成的,但气泡分层的可能性也是一个问题[28]。

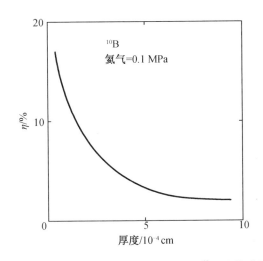

图 4.26　圆柱几何形状的效率与圆柱内表面上涂有^{10}B 的薄膜的厚度的关系

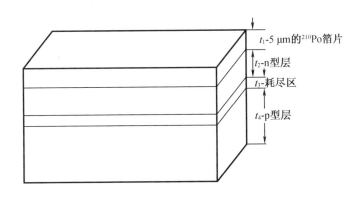

图 4.27　α 辐致伏特效应核电池的示意图

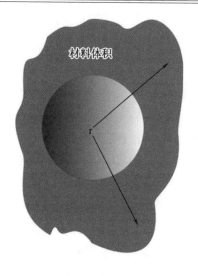

图 4.28　嵌入在材料中的气溶胶

（将包含放射性同位素的固体气溶胶颗粒嵌入换能单元材料（固体、液体或气体）中。这当中气溶胶足够小，足以使放射性衰变所产生的带电粒子中的大部分能量逸出气溶胶，并将其能量沉积在换能单元中。）

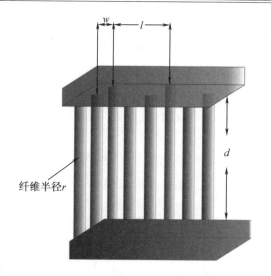

图 4.29　悬浮在两块板之间并注入放射性同位素的纤维

（纤维周围的材料是换能单元。在这里光纤很薄，足以使放射性衰变产生的带电粒子中的大部分能量逸出光纤，并将其能量沉积在换能单元中。）

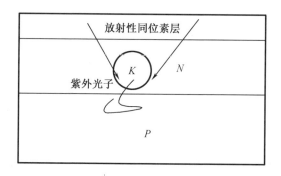

图 4.30　将放射性同位素离子注入换能单元材料中以形成微泡

（在这种情况下，放射性同位素是[85]Kr。这里的[85]Kr是一个 β 发射体和一个产生紫外线光子的换能单元。微气泡的光学透明度足以使光子逸出气泡进入换能单元。）

　　尚未讨论的各种相的燃料与各种相的换能单元之间可能存在更多潜在的界面。可以说，人类的想象力才是最终的局限。

4.8　面界面的功率密度稀释因子

　　燃料到换能单元界面的自然本性是它绝对会稀释理论上的最大功率密度（$1/BVW_{min}$）。确定稀释因子的最简单方法是看几个例子。假设一个 α 伏特电池由[210]Po供电。由第 1 章的表 1.3，纯金属形式的[210]Po的（$1/BVW_{min}$）为 1 315.44（W·cm^{-3}）。如章节 4.4.1.1 中所述，

^{210}Po 与 Ag 的原子比为 1:10。第一步是计算含放射性同位素原料中的原子密度,并将其与具有最大原子密度的放射性同位素化合物中的放射性同位素的原子密度进行比较。将此称为原子稀释因子(DF_{atomic})。第二步是计算源材料的体积与电池(源 + 换能单元)的总体积之比。称其为体积稀释因子(DF_{volume})。电池(DF_{cell})的稀释因子是原子稀释因子和体积稀释因子的乘积。

假设将 Ag 加上 ^{210}Po 薄膜轧制成 5 μm 薄膜,并放在图 4.23 所示的几何结构的换能单元上(其中 $t_1 = 5$ μm,$t_2 = 10$ μm,$t_3 = 1$ μm,$t_4 = 10$ μm)。这些层的厚度是基于 ^{210}Po 衰变所释放的 5.3 MeV α 的输运性质确定的。确定厚度的正确方法是运行输运程序(例如 GEANT4),并使 t_1 足够薄,以使源材料中 α 能量的自吸收最小,同时使功率密度最大化。而且,沉积在换能单元层 t_3 中的能量是经过优化的。

在计算 DF_{atomic} 时,考虑含燃料层为 t_1。在分析此层时,应意识到 Ag 的原子密度为 $0.058\ 6 \times 10^{-24}$ cm^{-3},质量密度为 10.5 gm·cm^{-3}。如果 ^{210}Po 与银的原子比为 1:10,将有 $0.005\ 86 \times 10^{-24}$ cm^{-3} 的 ^{210}Po 和 $0.052\ 74 \times 10^{-24}$ cm^{-3} 的 Ag。t_1 层的质量密度约为 11.5 gm·cm^{-3}。纯金属 Po 的原子密度为 $0.026\ 5 \times 10^{-24}$ cm^{-3}。薄膜的原子稀释因子(DF_{atomic})为

$$DF_{atomic} = (0.005\ 86 \times 10^{-24}/0.026\ 5 \times 10^{-24}) = 0.022\ 1 \tag{4.12}$$

体积稀释因子是燃料层的体积(DF_{volume})除以电池的总体积:

$$DF_{volume} = t_1/(t_1 + t_2 + t_3 + t_4) = 5/26 = 0.192 \tag{4.13}$$

电池的稀释因子是

$$DF_{cell} = DF_{atomic} \times DF_{volume} = 0.221 \times 0.192 = 0.042 \tag{4.14}$$

这意味着换能单元中可用的有效功率密度($Pd_{effective}$)(不考虑输运和换能单元效率)是

$$Pd_{effective} = (1/BVW_{min}) \times DF_{cell} = 1\ 315.44 \times 0.042 = 55.24\ \text{W·cm}^{-3} \tag{4.15}$$

请注意,源功率(P_{source})与有效功率密度乘以换能单元体积有关:$P_{source} = Pd_{effective} \times V_{cell}$。

4.9　体界面的功率密度稀释因子

计算体源的功率密度稀释因子时,可以使用 4.8 节概述的过程(即得到原子稀释因子和体积稀释因子)。在这里重申第 3 章的 ^{85}Kr 电池示例。将 ^{85}Kr 气体保持在 1 000 个大气压的容器中。来自高压 ^{85}Kr 气体中释放的 β 粒子的功率密度为 1.76 W·cm^{-3}。作为气体,^{85}Kr 原子只需在腔室内加压即可。没有原子稀释,所以 $DF_{atomic} = 1$。由于 ^{85}Kr 既用作放射性同位素又作为换能单元,所以没有体积稀释因子,所以 $DF_{volume} = 1$。本质上,由于 ^{85}Kr 的独特功能,它代表了几乎没有稀释的理想系统。可以同时用作放射性同位素和换能单元的另一种同位素是 ^{39}Ar。

通过将同位素作为颗粒或注入离子嵌入换能单元材料中,可以使固体与换能单元接触。计算稀释因子可以使用与 4.8 节相同的方法,即得到原子稀释因子和体积稀释因子。假设将 ^{147}Pm 离子注入 25 μm 厚的硅块中,其中 5 μm 层的平均密度为 1×10^{19} 原子/cm^3。纯 Pm 的原子密度为 $0.409\ 5 \times 10^{22}$ 原子/g。原子稀释因子为:

$$DF_{\text{atomic}} = 1 \times 10^{19}/0.409\ 5 \times 10^{22} = 0.002\ 442 \tag{4.16}$$

体积稀释因子为

$$DF_{\text{volume}} = 5/25 = 0.2 \tag{4.17}$$

换能单元稀释因子是：

$$DF_{\text{cell}} = 0.002\ 442 \times 0.2 = 0.000\ 488\ 4 \tag{4.18}$$

表 1.3 中 Pm – 147 的 $1/BVW_{\text{min}}$ 为 2.99 W·cm^{-3}。这意味着换能单元中可用的有效功率密度（$Pd_{\text{effective}}$）（不考虑输运和换能单元效率）为

$$Pd_{\text{effective}} = (1/BVW_{\text{min}}) \times DF_{\text{cell}} = 2.99 \times 0.000\ 488\ 4 = 0.001\ 46\ \text{W·cm}^{-3} \tag{4.19}$$

4.10 总 结

放射性同位素通常为固态或气态。在第 1 章中，电离辐射可能具有的最大可能功率密度出现在具有最高概率原子同位素密度的化合物中。为了使同位素与换能单元接触，需要考虑含同位素的化合物中电离辐射的平均自由程以及换能单元中电离辐射的平均自由程。同位素必须包含在某种材料中，材料束缚着它们，不让它们发生迁移。该材料的尺度必须在辐射的平均自由程的数量级上，以便辐射中包含的最佳能量可以沉积在换能单元中。基于包含辐射的源材料的相，界面可以是面界面或体界面。由于界面的性质，放射性同位素的原子密度将被稀释，并且存在体积稀释因子。稀释因子会降低同位素的可用功率密度。不幸的是，还有其他因素会影响核电池的效率。

习 题

1. 有些换能单元是用半导体材料制成的，可以用掺杂的 Si 来简化材料。假设没有自吸收，计算出 1 MeV 电子（i）、质子（ii）和中子（iii）进入惰性介质的典型路径长度。在你的计算中，观察相互作用的数量以及每个相互作用上沉积的能量。然后评价该能量的质量以及辐射驱动电流通过电路的潜力。（提示：从纯 Si 材料的简化开始，然后再计算增加杂质浓度后的结果）

2. 请参阅 4.2.4 节，并评论铀酰富勒烯的干扰概率和自吸收风险的可能性。

3. 计算以上内容。

4. 对富勒烯中捕获的钚分子进行同样的计算。

5. 嵌入其换能单元中的放射性粒子的能量被捕获的指导方程是什么？

6. 假设没有发布制造信息，但要花费大量时间，因此理想的放射性同位素选择是什么？它的保质期和作为核电池源的最终生存能力如何？

7. ^{210}Po 与银的原子比为 1:10。计算含有放射性同位素的原料中的原子密度与具有最大原子密度的放射性同位素化合物中的放射性同位素的原子密度之比（DF_{atomic}）。假设体积稀释因子为 20%，电池（DF_{cell}）的稀释因子是多少？

8. 使用第 1 章中的表，查找 ^{210}Po 的 BVW_{min} 值。使用它和上一个 ^{210}Po 问题中的 DF_{cell} 来计

算换能单元中可用的有效功率密度。

9. 正在开发核电池的几种不同几何形状。选项包括以球体为中心的点源、以盒子中间为中心的点源、在空心圆柱体内部覆着的面源以及在平板上覆着的面源。仅就效率而言，最佳设计是什么？证明你的答案。

10. 解释应用于核电池的尺度匹配的概念。

11. 解释稀释因子如何增加核电池的尺寸。

参 考 文 献

[1] Prelas MA (2016) Nuclear-Pumped Lasers. Springer International Publishing, Cham

[2] Chung A, Prelas M (1984) Charged particle spectra from U – 235 and B – 10 micropellets and slab coatings. Laser Part Beams 2:201 – 211

[3] Chung AK, Prelas MA (1984) The transport of heavy charged particles in a cylindrical nuclear-pumped plasma. Nucl Sci Engg 86:267 – 274

[4] Platzmann RL (1961) Total ionization in gases by high energy particles: an appraisal of our understanding. Int J Appl Rad Isot 10:116

[5] Prelas MA (2016) Title, unpublished|

[6] Prelas M, Boody F (1982) Charged particle transport in Uranium Micropellets. In: presented at the IEEE International Conference on Plasma Science, Ottawa, Ontario

[7] Prelas MA, Boody FP, Miley GH, Kunze J (1988) Nuclear driven flashlamps. Laser Part Beams 6:25 – 62

[8] Lee MYJJ, Simones MMP, Kennedy JC, Us H, Makarewicz MPF, Neher DJA et al (2014) Thorium fuel cycle for a molten salt reactor: State of Missouri feasibility study. ASEE Annu Conference. IN, Indianappolis, p 28

[9] Tsang FY-H, Juergens TD, Harker YD, Kwok KS, Newman N, Ploger SA (2012) Nuclear voltaic cell, ed: Google Patents

[10] Wacharasindhu T, Jae Wan K, Meier DE, Robertson JD (2009) Liquid-semiconductor-based micro power source using radioisotope energy conversion. In: Solid-state sensors, actuators and microsystems conference, 2009. TRANSDUCERS 2009. International, pp 656 – 659

[11] Patel JU, Fleurial J-P, Snyder GJ (2006) Alpha-voltaic sources using liquid Ga as conversion medium. ed. NASA: NASA Tech Briefs

[12] Boody FP, Prelas MA, Anderson JH, Nagalingam SJS, Miley GH (1978) Progress in nuclear-pumped lasers. In: Billman K (ed) Radiation energy conversion in space, vol 61. ed: AIAA, pp. 379 – 410

[13] Prelas M, Charlson E, Charlson E, Meese J, Popovici G, Stacy T (1993) Diamond photovoltaic energy conversion. In: Yoshikawa M, Murakawa M, Tzeng Y, Yarbrough WA

（ed）Second International Conference on the Application of Diamond Films and Related Materials. MY Tokyo, pp 5 – 12

[14] Chung AK, Prelas MA (1987) Sensitivity analysis of Xe_2 * excimer fluorescence generated from charged particle excitation. Laser Part Beams 5:125 – 132

[15] Friedländer G, Kennedy JW (1955) Nuclear and Radiochemistry. Wiley

[16] Friedlander G (1981) Nuclear and radiochemistry. Wiley, New York

[17] Prelas MA, Boody FP, Miley GH, Kunze JF (1988) Nuclear driven flashlamps. Laser Part Beams 6:25 – 62

[18] Prelas MA, Loyalka SK (1981) A review of the utilization of energetic ions for the production of excited atomic and molecular states and chemical synthesis. In: Progress in Nuclear Energy, vol 8, pp 35 – 52

[19] Eckstrom DJ, Lorents DC, Nakano HH, Rothem T, Betts JA, Lainhart ME (1979) The Performance of Xe2 * as a photolytic driver at low e-beam excitation rates. In: Topical Meeting on Excimer Lasers

[20] Walters RA, Cox JD, Schneider RT (1980) Trans Am Nucl Soc 34:810

[21] Prelas MA (1985) Excimer Research Using the University of Missouri Research Reactor's Nuclear-Pumping Facility. National Science Foundation

[22] Baldwin GC (1981) On vacuum ultraviolet light production by nuclear irra-diation of liquid and gaseous Xenon. Unpublished Report, Los Alamos Na-tional Laboratory

[23] Miley GH, Boody FP, Nagalingham SJS, Prelas MA (1978) Production of XeF(B-X) by Nuclear-Pumping

[24] Boody FP, Miley GH (unpublished) Title

[25] Prelas M, Popovici G, Khasawinah S, Sung J (1995) Wide band-gap photovoltaics. In: Wide band gap electronic materials. Springer, ed, pp 463 – 474

[26] Prelas MA, Hora HP (1994) Radioactivity-free efficient nuclear battery. Germany Patent

[27] Mencin DJ, Prelas MA (1992) Gaseous like Uranium reactors at low temperatures using C60 Cages. In: Proceedings of Nuclear Technologies for Space Exploration, American Nuclear Society, August 1992

[28] Prelas MA, Weaver CL, Watermann ML, Lukosi ED, Schott RJ, Wisniewski DA (2014) A review of nuclear batteries. In: Progress in Nuclear Energy, vol 75, pp. 117 – 148, August 2014

[29] Prelàs MA, Romero J, Pearson E (1982) A critical review of fusion systems for radiolytic conversionof inorganics to gaseous fuels. Nucl Technol Fus 2:143

[30] Kim H, Kwon JW (2014) Plasmon-assistedradiolytic energy conversion in aqueous solutions. In: Nature science reports, vol. 4

[31] U. S. N. R. Commission (1991) NRC Regulations 10 CFR Part 20, ed. US Nuclear Regulatory Commission

［32］　Syed A（2012）Modeling the energy deposition of alpha particles emitted from ^{210}Po source on Silicon Carbide for possible nuclear battery and laser pump applications. M. Sc. , Nuclear Science & Engineering Institute, University of Missouri—Columbia, Columbia, MO

［33］　Sze SM, Lee M-K（2012）Semiconductor devices：physics and technology, 3rd ed. Wiley

［34］　Ziegler JF, Ziegler MD, Biersack JP（2010）SRIM-The stopping and range of ions in matter（2010）. Nucl Instrum Methods Phys Res Sect B 268：1818 – 1823

［35］　Oh K, Prelas MA, Rothenberger JB, Lukosi ED, Jeong J, Montenegro DE et al（2012）Theoretical maximum efficiencies of optimized slab and spherical betavoltaic systems utilizing Sulfur – 35, Strontium – 90, and Yttrium – 90. Nucl Technol 179：9

［36］　Bernard S, Slaback Jr Lester A, Kent BB（1998）Handbook of health physics and radiological health. Williams & Wilkins, ed：Baltimore

［37］　Oh K（2011）Modeling and maximum theoretical efficiencies of linearly gradedalphavoltaic and betavoltaltaic cells. M. Sc. , Nuclear Science & Engineering Institute, University of Missouri, University of Missouri—Columbia

［38］　Doolittle WA, Rohatgi A, Ahrenkiel R, Levi D, Augustine G, Hopkins RH（1997）Understanding the role of defects in limiting the minority carrier lifetime in Sic. In：MRS Online Proceedings Library, vol. 483, pp. null-null

［39］　Seely JF, Kjornrattanawanich B, Holland GE, Korde R（2005）Response of a SiC photodiode to extreme ultraviolet through visible radiation. Opt Lett 30：3120 – 3122

［40］　Neamen DA（2003）Semiconductor physics and devices. McGraw Hill

［41］　Savtchouk A, Oborina E, Hoff A, Lagowski J（2004）Non-contact doping profiling in epitaxial SiC. In：Materials Science Forum, pp 755 – 758

［42］　Huang M, Goldsman N, Chang C-H, Mayergoyz I, McGarrity JM, Woolard D（1998）Determining 4H silicon carbide electronic properties through combined use of device simulation and metal-semiconductor field-effect-transistor terminal characteristics. J Appl Phys 84：2065 – 2070

［43］　Latreche A, Ouennoughi Z（2013）Modified Airy function method modelling of tunnelling current for Schottky barrier diodes on silicon carbide. Semicond Sci Technol 28：105003

［44］　Östlund L（2011）Fabrication and characterization of micro and nano scale SiC UV Photodetectors. In Student Thesis, Masters of Science, Royal_Institute_of_Technology, Ed. , ed. Stockholm, p. 74

［45］　Melnikov SP, Sizov AN, Sinyanskii AA, Miley GH（2015）Lasers with nuclear pumping. Springer, New York

［46］　Chung AK, Perelas MA（1984）The transport of heavy charged particles in a cylindrical nuclear-pumped plasma. Nucl. Sci. Eng. （United States）86：3 Medium：X；Size：pp

267 – 274

[47] Prelas MA (2013) Micro-scale power source, United States Patent 8552616. USA Patent (2013)

第5章 各类核电池方案的效率极限

摘要:核电池可以看作是辐射源嵌入各种材料层中,其中一层是换能单元。核电池的设计目标是尽可能多地将辐射源释放的能量沉积到换能单元中。核电池设计取决于辐射源、换能单元以及两者的接触方式。正是这种设计上的可变性会混淆设计本身的简单内涵。本章将重点介绍核电池设计的基本构想。

关键词:能量转换效率,辐射损伤,安全,难题

5.1 核电池设计基础

第1章到第4章详细介绍了放射性同位素衰减释放的电离辐射如何从放射源层输运到换能单元层所需的知识。该输运过程的常规方案如图5.1所示,该图反映了许多类型的核电池。从前4章可以看出,电离辐射输运的基本原理很复杂,并且取决于电离辐射的特性(发射粒子的能谱、半衰期等)、各层中所用材料的特性,以及放射源与换能单元之间的界面类型和几何结构设计。如图5.1所示,材料的层数取决于核电池的具体设计。最重要的两个层就是放射源层和换能单元层。核电池的效率(η_{NB})等于换能单元的效率($\eta_{transducer}$)乘以换能单元中所沉积的功率分数或者功率沉积效率 $\eta_{pd} = P_4/(P_1 + P_2 + P_3 + P_4)$,

$$\eta_{NB} = \eta_{transducer}\left(\frac{P_4}{P_1 + P_2 + P_3 + P_4}\right) \tag{5.1}$$

核电池设计基础

效率=换能器的效率*$P_4/(P_1+P_2+P_3+P_4)$

图5.1 核电池设计基础

(核电池由多个材料层组成。最重要的两个层是源和换能单元。核电池的效率(η_{NB})基本上定义为换能单元效率($\eta_{transducer}$)乘以换能单元中沉积的功率分数或功率沉积效率 $\eta_{pd} = P_4/(P_1 + P_2 + P_3 + P_4)$。)

为了解计算 η_{pd} 的一些概念,在前面的章节里已经讨论过了核电池的具体能量转换过程中各个步骤的效率参数。本章将介绍核电池概念中使用的换能单元的效率。

5.1.1 能量转换效率

能量一旦沉积在换能单元中,就可以将沉积的能量转换成电能(例如,核电池)。换能单元还可以产生其他有用的能量形式(例如,光能、存储能量的化学物质、热能等)。这些将不在本书中讨论,但可以在其他资料中找到[1, 2]。

5.1.1.1　P-N 结

P-N 结换能单元的效率可以较为简单地分析。首先定义结处的吸收功率($P_{absorbed}$)。用于将电子从价带提升到换能单元导带所需的功率,与该吸收功率的比值称为电子利用效率($\eta_{ElectronUtilization}$)。这两个量与产生电子-空穴对的能量消耗有关。产生的每个电子就是电路中电流的一部分,这个过程也存在一些会引起效率降低的因素,例如陷阱或复合对电子的吸收。如果暂时忽略这些降低效率的因素,即可建立电池的理想模型。一旦产生了电子-空穴对,就需要在模型中描述换能单元的驱动电压。最终,如果结的电势能得到充分利用,则电池最大可达到的电压与带隙有关($V_{max} = E_g \cdot UC$,其中 UC 是能量到电压的转换因子,等于 1)。任何光伏组件都不是完美的,因此开路电压(V_{oc})普遍小于 V_{max} 。将测量电路中的开路电压与理想电压(V_{max})两者之间的差值采用驱动电势效率($\eta_{dp} = V_{oc} / V_{max}$)来定义。此外,理想电池的最大输出功率(P_{maxout})是开路电压与短路电流的乘积($P_{maxout} = J_{sc} \cdot V_{oc}$)。电池的实际功率 P_{actual} 为 J 与 V 的乘积,其中 J 为电池的实际电流,V 为电池的实际电压。填充因子(FF)定义为 P_{actual}/P_{maxout} 。因此,基于光伏换能单元的任何能量转换方案,其效率通常可用以下公式确定:

$$\eta_{transchucer} = \eta_{ElectronUtilization} \eta_{dp} FF \qquad (5.2)$$

在光伏电路中光子利用光电效应产生电子。这是一种共振效应,会最小化能量转移过程中的随机性,这种效应是有益的。但是,光源具有角分布和能量分布。角分布和能量分布都是随机效应,都会导致光伏组件的效率降低。例如,对于太阳能电池,太阳光线是近轴的(几乎没有角分布),但是能量分布较宽。能量分布范围过宽不利于光伏组件吸收,因为需要针对太阳产生的光子能量分布优化光伏组件的带隙。因此,单带隙光伏组件的效率通常较低。从这一角度出发可以考虑采用基于不同带隙堆叠策略设计出的多结光伏组件,可以减轻光子能量分布较宽带来的影响。多结光伏组件相对来说效率更高,但也更加昂贵。

热光伏要同时面对光子角分布和能量分布的问题,这些因素都会影响热光伏能量转换过程的效率。

与光伏材料相互作用的带电粒子以高度随机化形式在光伏材料中产生电子。涉及带电粒子与物质相互作用的能量转移机制对 α 或 β 辐致伏特效应核电池的效率有重大影响。此外,α 粒子和 β 粒子均各向同性地发射,这对 α 辐致伏特效应核电池和 β 辐致伏特效应核电池具有毁灭性影响。β 粒子具有非常宽的能量分布,这也对 β 辐致伏特效应核电池的效率产生毁灭性影响。

在以下各节中,将基于光伏组件的使用来描述各种能量转换方案中换能单元的效率。

利用核反应中的电离辐射在 P−N 结中产生电子−空穴对

为了估算光伏组件吸收 β 或 α 能量产生的电流 I，可以找到辐射与物质相互作用而在电池中产生的最大电流。最大电流将取决于辐射（β 或 α）到耗尽区的能量输运效率。这可以用沉积在 P−N 结耗尽区中的功率比值这一参量来表示，该因子定义为 η_d，如公式（5.3）所示。通常使用基于蒙特卡罗方法的输运程序计算得

$$耗尽区吸收功率 = P_{dpl} = P_{total}\eta_d \tag{5.3}$$

通过耗尽区每秒产生的电子−空穴对的数量，来考虑耗尽区的最大电荷产生速率。如前所述，蒙特卡罗辐射输运程序不具有模拟介质中电子和离子运动的能力。必须使用 W（eV/离子对）值，即平均产生一个电子−空穴对所需要的能量。蒙特卡罗程序具有计算材料某特定空间内能量吸收速率的能力。而如前文所述，电子和离子的时空分布应与固体中的空间能量沉积非常接近。因此，合理的估计是使用由蒙特卡罗法计算出能量损失的空间速率来得到耗尽区中的功率密度，然后使用功率密度分布来估计电子和离子密度分布。因此，在耗尽区中每秒产生的电子−空穴对的数量（N_e）为

$$N_e[\#paris/s] = \frac{P_{total}(J/s)\eta_d}{W[eV/ion\ pair]} \cdot 6.25 \times 10^{18}[eV/J] \tag{5.4}$$

假设电池没有因陷阱引起的损耗，则电子−空穴对的产生率与 P−N 结中的理想短路电流（J_{sc}）成正比。理想的短路电流等于电子−空穴对的产生率乘以每个电子的电荷（1.6×10^{-19} C）：

$$J_{sc} = N_e[\#paris/s] \cdot 1.6 \times 10^{-19}[C/pair] \tag{5.5}$$

$$J_{sc} = P_{total} \cdot \eta_d/W \tag{5.6}$$

如公式（5.7）所示，输出功率等于开路电压（V_{oc}）、短路电流（J_{sc}）和填充因子（FF）的乘积。P−N 结能够产生的最大功率 P_{max} 是电池的最佳输出功率[3]。对于高性能太阳能电池而言，FF 通常大于 0.7（公式（5.8））。

$$P_{out}(W) = V_{oc}(V) \cdot J_{sc}(A) \cdot FF = \frac{V_{oc}P_{total}\eta_d FF}{W} \tag{5.7}$$

$$FF = \frac{P_{max}}{V_{oc}J_{sc}} \tag{5.8}$$

换能单元的效率定义为

$$\eta_{transchcer} = \frac{P_{out}}{P_{in}} \tag{5.9}$$

P_{in} 是沉积在换能单元中的能量，对于 P−N 结，有

$$P_{in} = P_{total}\eta_d \tag{5.10}$$

所以

$$\eta_{transchcer} = \frac{V_{oc}FF}{W} \tag{5.11}$$

Oh 等人介绍了驱动电势效率（η_{dp}）这一概念[4]，其与开路电压、换能单元材料带隙之间的关系如公式（5.12）所示。开路电压的值小于或等于材料的带隙。开路电压可以表示为

驱动电势效率和带隙的乘积,如公式(5.13)所示:

$$\eta_{\mathrm{dp}} = \frac{V_{\mathrm{oc}}}{E_{\mathrm{g}}} \qquad\qquad (5.12)$$

$$V_{\mathrm{oc}} = \eta_{\mathrm{dp}} E_{\mathrm{g}} \qquad\qquad (5.13)$$

所以

$$\eta_{\mathrm{transchcer}} = \frac{E_{\mathrm{g}} \eta_{\mathrm{dp}} FF}{W} \qquad\qquad (5.14)$$

驱动电势效率是一种简单的说法,即开路电压与材料的带隙有关。可以从图 5.2 中的理想光伏组件的等效电路来确定这种关系,理想光伏组件的输出电流与 P – N 结的暗电流(I_{D})和辐生电流(I_{L})相关,并在电路中达到平衡状态,如公式(5.15)所示:

$$I = I_{\mathrm{L}} - I_{\mathrm{D}} \qquad\qquad (5.15)$$

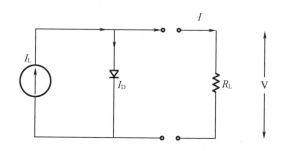

图 5.2   理想 α 或 β 辐致伏特效应核电池的等效电路

开路电压是反向饱和电流(I_0)和辐生电流(I_{L})的函数。二极管电流是反向饱和电流的函数,如公式(5.16)所示,其中,q 是电子电荷(1.602×10^{-19} C),k_{B} 是玻尔兹曼常数(1.381×10^{-23} J/K),T 是温度(K,开尔文),n 是理想因子(对于理想单元,$n = 1$)。当辐射产生的电流与二极管电流平衡时,就会产生开路电压。因此设置 $I = 0$ 并使用公式(5.16)对于 I_{D},可以获得开路电压,如公式(5.17)所示:

$$I_{\mathrm{D}} = I_0 \left[\exp\left(\frac{qV}{nk_{\mathrm{B}}T}\right) - 1 \right] \qquad\qquad (5.16)$$

$$V_{\mathrm{oc}} = \frac{nk_{\mathrm{B}}T}{q} \ln\left(\frac{I_{\mathrm{L}}}{I_0} + 1\right) \qquad\qquad (5.17)$$

能带和开路电压之间也存在一定的关联。由于电池的温度 T,反向饱和电流 I_0 取决于电荷载流子。反向饱和电流与带隙 E_{g} 之间的关系如公式(5.18)所示:

$$I_0 = D \cdot T^3 \exp\left(-\frac{qE_{\mathrm{g}}}{nk_{\mathrm{B}}T}\right) \qquad\qquad (5.18)$$

随着带隙的增加,反向暗饱电流将减小。因此,随着带隙的增加,理想电池的开路电压将增加。对于宽带隙材料(如金刚石),获得的最高开路电压为 2.6 V[5],相当于 0.48 的驱动电势效率(η_{dp})。驱动电势效率对开路电压和能量效率的影响在于,为了实现最大可能的功率输出,驱动电势效率需要接近于 1[3]。如所讨论的,宽带隙材料将具有更高的驱动电势效率,因此其值可能大于 0.48。金刚石的其他重要参数,如能带隙为 5.48 eV 和 W 值为 12.4 eV(表 3.9)。填充因子(FF)是更难量化的参数。用于太阳能转换的高质量光伏组件的 FF 值介于 0.7 和 0.8 之间。因此,假设金刚石光伏组件可以达到 0.8 的填充因子并非没有道理。因此,核电池中使用的金刚石 P - N 结的换能单元估计效率为

$$\eta_{transducer} = \frac{E_g \eta_{dp} FF}{W} = \frac{5.48 \times 0.48 \times 0.8}{12.4} = 0.17 \qquad (5.19)$$

这里,E_g/W 是通过吸收 P - N 结中的 α 或 β 粒子能量而产生电子 - 空穴对的电子利用效率($\eta_{electronutilization}$)。

P - N 结中的温度效应

P - N 结的工作温度将对器件的效率产生重要的影响。半导体中的本征载流子密度是温度的函数,高温确实会显著降低核电池的效率[6, 7]。

5.1.1.2　利用核反应中的电离辐射在肖特基势垒中产生电子 - 空穴对

肖特基势垒换能单元对上一节讨论的 P - N 结问题进行了类似的分析。主要区别在于 E_g 的定义。肖特基势垒是与半导体的电子亲和力(ξ)、金属的功函数(φ)和带隙(E_g)存在函数关系的肖特基势垒高度(V_{sbh})。

对于金属化的 P 型半导体,肖特基势垒高度为

$$V_{p_{sbh}} = E_g + \xi - \varphi \qquad (5.20)$$

对于金属化的 N 型半导体,肖特基势垒高度为

$$V^p_{sbh} = \varphi - \xi \qquad (5.21)$$

肖特基势垒电池的典型驱动电势效率(η_{dp})为 0.6。铝的功函数为 4.08 eV(表 5.1),在金刚石上制铝就可以形成肖特基势垒。金刚石的其他重要参数是 5.48 eV 的带隙能和负(-0.07 eV)的电子亲和力(ξ)。填充因子(FF)是更难量化的参数。太阳能转换中使用的高质量光伏组件的 FF 值在 0.7 到 0.8 之间,因此可以假设金刚石光伏组件的填充因子为 0.8 是合理的,公式(5.22)对公式(5.19)中的肖特基势垒进行了修正。公式(5.23)中显示了使用铝金属化的 P 型(掺硼)金刚石肖特基势垒光伏组件的估计换能效率。

表 5.1　各种金属的功函数

金属	功函数/eV
铝	4.08
铍	5.0
镉	4.07
钙	2.9
铯	2.1
钴	5.0
铜	4.7
金	5.1

表 5.1（续）

金属	功函数/eV
铁	4.5
铅	4.14
镁	3.68
汞	4.5
镍	5.01
铌	4.3
钾	2.3
铂	6.35
硒	5.11
银	4.26
钠	2.28
铀	3.6
锌	4.3

$$\eta_{\text{transducer}} = \frac{V_{\text{sbh}}^{\text{p}} \eta_{\text{dp}} FF}{W} \tag{5.22}$$

$$\eta_{\text{transducer}} = \frac{V_{\text{sbh}}^{\text{p}} \eta_{\text{dp}} FF}{W} = \frac{(5.48 - 0.07 - 4.08) \times 0.6 \times 0.8}{12.4} = 0.52 \tag{5.23}$$

这里，$V_{\text{sbh}}^{\text{p}}/W$ 是通过在肖特基势垒中吸收 α 或 β 粒子能量产生电子 – 空穴对所产生的电子利用效率（$\eta_{\text{ElectronUtilization}}$）。

5.1.1.3　使用光子在 P – N 结中产生电子 – 空穴对

如果光子的能量超过半导体的带隙（图 5.3），光子就会被光伏组件吸收。如第 3 章所述（如公式（3.73）），存在与能量有关的光子光谱。光子光谱的能量分布函数为 $\varphi(E)$。该函数具有以下特性：函数在所有可能的能量上的积分等于 1（公式（5.24））。如果在光伏组件吸收的光子总数为 N_{ph}，则具有足够能量将电子激发到导带中的光子总数由公式 5.25 给出，定义为理想光伏组件的短路电流。每个激发到导带中的电子都有助于在光伏组件中产生的电流。对于一个理想电池，可以通过最大本征效率来计算存储在被吸收的光子中用于产生电子的能量的比例，如公式（5.26）所示（在第 3 章中讨论过）。

$$\int_0^\infty \varphi(E)\,\mathrm{d}E = 1 \tag{5.24}$$

$$J_{\text{sc}} = \frac{N_{\text{ph}}}{6.25 \times 10^{18}} \int_0^\infty \varphi(E)\,\mathrm{d}E \tag{5.25}$$

$$\eta_{\text{in}} = \frac{\displaystyle\int_{E_{\text{g}}}^\infty W(E)\,\frac{E_{\text{g}}}{E}\,\mathrm{d}E}{\displaystyle\int_{E_{\text{g}}}^\infty W(E)\,\mathrm{d}E} \tag{5.26}$$

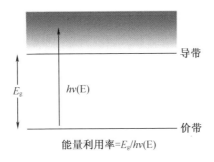

能量利用率=$E_g/hv(E)$

图 5.3　光伏组件从光谱源中吸收光子的能量利用效率

这里的 η_{in} 是指通过吸收 P – N 结中的光子能量来产生电子 – 空穴对的电子利用效率（$\eta_{electronutilization}$）。

理想光伏组件的最大输出功率定义为开路电压（V_{oc}）与短路电流（J_{sc}）的乘积，如公式（5.27）所示。从而电池输出的功率将是最大输出功率乘以填充因子（FF），如公式（5.28）所示。

$$P_{max} = V_{oc}J_{sc} \tag{5.27}$$

$$P_{out} = V_{oc}J_{sc}FF \tag{5.28}$$

光伏组件的输入功率为

$$P_{in} = N_{ph}\int_0^\infty E\varphi(E)\,\mathrm{d}E \tag{5.29}$$

电池效率等于输出功率除以输入功率：

$$\eta_{pv} = \frac{P_{out}}{P_{in}} \tag{5.30}$$

光子会因反射、缺陷吸收和输运而丢失。电子会通过缺陷吸收或复合而损失。在上述公式中并未考虑这些损耗。但是，这些公式可以用于计算理想效率，所得结果也是有用的。假设光伏组件由金刚石制成。如果进入单元的光子是单能的，能量等于 E_g，那么进行理想计算是可行的。如果 1.6×10^{19} 光子/s 进入单元，并取值 $E_g = 5.48$ eV，$\eta_{dp} = 0.48$ 和 $FF = 0.8$，则 $J_{sc} = 1 \times 10^{19}$ 电子/s。输入功率为 1.6×10^{19} eV/s 乘以 5.48 eV/光子，等于 8.768×10^{19} eV/s。将此数字乘以 1.6×10^{-19} J/eV，等于 14.03 瓦。开路电压为 5.48 乘以 0.48，等于 2.63 V。短路电流为 2.56 A。因此，电池的理想效率为

$$\eta_{pv} = \frac{2.63 \times 2.56 \times 0.8}{14.03} = 0.384 \tag{5.31}$$

该分析也适用于热光伏能量转换。在这种情况下，由于是灰体辐射器，其光谱将非常宽。总而言之，光电效应在本质上比电离辐射更有效地产生电子 – 空穴对。

5.1.2　直接充电核电池（DCNB）

如第 3 章所述，具有单能各向同性源的平行板型直接充电核电池的理想效率是

$$\eta_{idea} = \eta_f\eta_m = \sin^2\theta_m\frac{\pi - 2\theta_m}{2\pi} \tag{5.32}$$

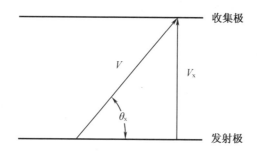

图 5.4　具有均匀发射的发射极(由于对称性,它可以在二维结构上解决问题)和可以收集发射角在 θ_c 和 $\pi - \theta_c$(由于对称)之间的粒子收集极的示意图

(可以使用一半的角度发射空间来解决这个问题,将 θ_c 设为 $\pi/2$,并将结果乘以 2。在该角发射空间内发射的粒子具有足够的速度以克服内建电场。)

　　直接充电核电池并非是理想的。电离辐射源通常具有能量分布,这种能量分布会降低理想的效率,如公式所示(5.32)。能量分布的影响可以建模。如果电离辐射源服从能量分布函数 $f(E)$,则可以修改第 3 章中有关各向同性单能源的理论。修改是通过假设发射极板和集电极板($\vec{E}$)之间存在最佳电场开始的。在第 3 章中,假设源是单能的,并且将收集大于或等于临界角(θ_c)的角度发射的粒子。在临界角,粒子速度(V_x)的 x 分量足以克服电场产生的洛伦兹力,因此粒子将以其 x 分量速度(V_x)刚好为零的时候到达平板(图 5.4)。角度大于零的粒子将被收集($V_x > 0$),但是只有一部分粒子的能量转换为电场势能。转换为电场势能的能量部分为 $\sin^2\theta_m$。发射的粒子服从能量分布函数 $f(E)$。分布函数定义了从核反应中发射出的粒子具有 0 到 Q 之间的能量(其中 Q 是核反应的放热能量)的概率。E_c 定义为可以到达收集极的最小粒子能量。由于粒子是各向同性地发射的,因此只能收集角度大于最小角度($\theta_{\min}$,与公式(5.33)中定义的 E_c 有关联)的粒子。

$$E\sin^2\theta_{\min} = E_c \tag{5.33}$$

所以

$$\theta_{\min} = \sin^{-1}\left(\sqrt{\frac{E_c}{E}}\right) \tag{5.34}$$

　　假设源在空间上是均匀的,则问题中的三维对称性允许使用二维解。它还允许使用一半的角度发射空间并将解乘以 2。对于各向同性源,在角度空间 $d\theta$ 内的角度范围内发射粒子的概率(角度空间位于 $\theta - 1/2d\theta$ 和 $\theta + 1/2d\theta$ 之间),因此

$$P(\theta) = \frac{d\theta}{2\pi} \tag{5.35}$$

　　可以从 θ 分布函数 $f(E)$ 和 $P(\theta)$ 构造出既具有发射角分布又具有能量分布的直接充电式电池的效率。可以构造一个积分函数,该函数可以得到以特定角 θ 度发射的粒子具有足够的能量撞击收集极的概率:

$$P1 = 2\int_{\theta_{\min}}^{\pi/2} \frac{d\theta}{2\pi} \tag{5.36}$$

其中,因子 2 来自问题的对称性,即关于角度 $\pi/2$,其中粒子在 $+x$ 方向上以角度 $0 \leqslant \theta \leqslant \pi$ 发射

以 E_c 到 Q 之间的能量(足以使粒子撞击到收集器上的能量)发射粒子的概率是

$$P2 = \int_{E_c}^{Q} f(E) \mathrm{d}E \tag{5.37}$$

要考虑以适当的角度发射具有适当能量的粒子,可通过 P1 将公式(5.37)中的自变量相乘,

$$P3 = \int_{E_c}^{Q} P1 f(E) \mathrm{d}E = \frac{1}{\pi} \int_{E_c}^{Q} \int_{\theta_{\min}}^{\pi/2} \mathrm{d}\theta f(E) \mathrm{d}E \tag{5.38}$$

解出公式(5.38)中与角度相关的积分:

$$P3 = \frac{1}{\pi} \int_{E_c}^{Q} \left[\frac{\pi}{2} - \arcsin\left(\sqrt{\frac{E_c}{E}} \right) \right] f(E) \mathrm{d}E \tag{5.39}$$

转换为电势能的粒子能量为 E_c(处于平衡状态的直接充电核电池中)。源发出的粒子数为 N。将 $P3$ 乘以 NE_c,得出存储为势能的总能量:

$$E_{\text{stored}} = \frac{NE_c}{\pi} \int_{E_c}^{Q} \left(\frac{\pi}{2} - \sin^{-1}\left(\sqrt{\frac{E_c}{E}} \right) \right) f(E) \mathrm{d}E \tag{5.40}$$

源发出的粒子的总能量为

$$E_{\text{totalEmitted}} = N \int_{0}^{Q} f(E) E \mathrm{d}E \tag{5.41}$$

将公式(5.40)除以公式(5.41),可以得到具有既具有粒子能量分布又具有角分布的直接充电核电池的理想效率:

$$\eta_{\text{DCNB}} = \frac{\dfrac{E_c}{\pi} \int_{E_c}^{Q} \left(\dfrac{\pi}{2} - \arcsin\left(\sqrt{\dfrac{E_c}{E}} \right) \right) f(E) \mathrm{d}E}{\int_{0}^{Q} f(E) E \mathrm{d}E} \tag{5.42}$$

公式(5.42)没有将空间信息和粒子在源材料中输运时产生的能量损失合并在一起考虑。由于自吸收,粒子通过源材料输运时会发生能量损失(图 5.5)。源材料中的能量传输损失将降低理想效率。空间信息会使问题更加复杂。使用输运程序求解离开源表面的粒子的角度和能量分布时,公式(5.42)在生成空间问题的计算中具有一定的实用性。

使用公式(5.42)给一个计算示例,这里假设直接充电式电池使用的是 ^{63}Ni 薄源。该源的能量分布函数(请参见附录 B)是:

$$f(E) = 0.145\ 723 \exp(-43.263\ 5E) \tag{5.43}$$

公式(5.43)中的薄 ^{63}Ni 源分布函数可用于求解公式(5.42)。^{63}Ni 的 Q 值为 0.062 6 MeV。可以使用 E_c 作为变量来求解该公式(能量等于 V_e,因此电池的工作电压为 $V_e = E_c/e$)。如图 5.6 所示,采用 ^{63}Ni 源供电的理想直接充电式电池在 $E_c = 25$ keV 时达到峰值效率19.5%。在不考虑空间电荷影响和其他效率的情况下,直接充电式电池的最佳工作电压为 25 kV(图 5.6)。

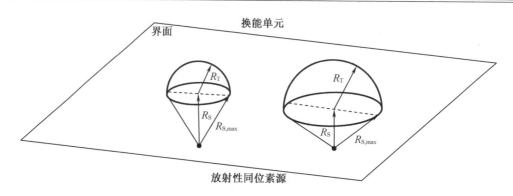

图 5.5　源材料的深处(左)和浅处(右)在源材料中输运的带电粒子通过自吸收损失的示意图

(左侧的较深处粒子受材料中带电粒子的射程限制($R_{S,max}$),因此产生的逸出锥角比右侧的浅处粒子更窄。R_S 是在源材料中输运的距离,而 R_T 是换能单元中的距离。)

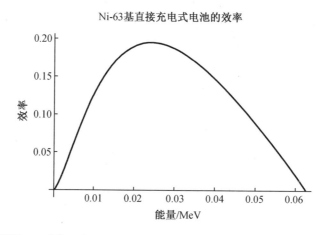

图 5.6　使用放射性同位素^{63}Ni 薄源的理想直接充电式电池的效率与临界 x 能量分量 E_c 的关系

(电池的工作电压为 $V_c = E_c \cdot e$。在这种情况下,最佳工作电压为 25 kV。)

　　公式(5.42)中描述的理想电荷收集模型仍然非常强大。它适用于多种电荷收集方法,包括磁流体动力学和热电子能量转换。但是,当任何过程扩大了从源发出的粒子能量分布时,基于电荷收集的系统将偏离此理想模型。使能量流随机化的效应将导致效率显著降低。例如,当单能粒子射束垂直单撞击收集器时,效率最高。当粒子发射是各向同性的时候,就会大大降低电荷收集能量转换机制的效率。如果粒子从单能变为宽能量分布,这也将显著降低电荷收集能量转换机制的效率。各向同性发射(或角分布)和宽能量分布的组合随机效应将破坏基于电荷的能量转换设备的最终效率。不幸的是,大自然在这方面并不友好。放射性同位素产生各向同性的带电粒子源。放射性同位素 β 源也将具有能量分布。即使 α 源具有窄的能量分布,但当源嵌入材料中时,α 粒子的输运过程将展宽粒子的能量分布。

　　还有其他因素也会削弱理想电荷收集模型的效率。这些影响因素包括电子背散射,部分具有动能的带电粒子与收集极材料相互作用而使收集极发射电子;空间电荷积累,收集极材料中的缺陷导致从收集极流向负载的电子流失以及潜在的其他损失机制。这些都可能对效率产生轻微影响。如果存在许多小的损失机制,则可能导致明显的累积效应。

5.2　辐射损伤

辐射损伤限制了某些核电池设计的效率,并且随着时间的流逝,这种影响会由于累积剂量变得愈发严重。辐射损伤是由电离辐射引起的,且通常与固体换能单元相关。固体由紧密结合的原子组成,这些原子在微观上为结晶固体(在晶格中具有规则的几何图案,包括金属、半导体、冰等)或非晶态固体(包括玻璃的非晶态固体、塑料、凝胶、无定形硅、无定形碳等)。液体由分子间键结合在一起的原子或分子组成。液体具有一定体积,但没有固定的形状,因为它们与容纳液体的容器的形状相符。液体视为不可压缩的。气体由未结合的原子或分子组成。气体是可压缩的。气体分为三类:(1)稀有气体(由原子组成的气体);(2)单质气体(由一种原子如氧气和氮气组成的气体);(3)化合物气体(由各种类型的原子组成的气体,例如一氧化碳、二氧化碳、甲烷等)。

电离辐射有四个基本作用,它们可能造成的损害:(1)原子核转变为其他原子核;(2)原子位移会破坏材料的结构;(3)电离;(4)局部加热会改变材料性能。离子在材料中的射程短,具有使原子移位的能力,所以对原子结构固体造成的损害最大。嬗变是由中子俘获引起的,而嬗变的原子是材料中的一个缺陷。位移会产生对半导体特性有害的空位。位移是由非电离能损(NIEL)引起的。电离对电子电路有害,因为它产生的载流子会破坏绝缘结构,但是在基于 P-N 结的能量转换换能单元中,电离是产生电流的手段。

当电离辐射与气体相互作用时,会产生激发和电离。在惰性气体中,离子态和激发态衰变回惰性气体的基态。在单质气体中,离子态和激发态衰变回分子的基态(如 O_2 或 N_2 中的基态)。在化合物气体中,当离子或激发态衰变时,就有可能形成新的分子 $\left(\text{如 } CO_2 \text{ 形成的 } CO \text{ 和 } \frac{1}{2}O_2\right)$。因此,在复合气体中会发生某种辐射损伤,因为某些原始分子的分子结构在受到辐射后会发生变化。

当电离辐射与液体相互作用时,通常会引起构成液体的原子或分子的激发和电离。如果液体中某些原始分子的分子结构在暴露于辐射后发生变化,则可能在液体中发生某种辐射损伤。

与气体或液体相比,当固体暴露于电离辐射中时,发生辐射损伤的可能性更高,这是因为辐射会改变构成固体的紧密结合的原子的结构。辐射会产生电子-空穴对(就像在半导体中一样)。在基于 P-N 结的换能单元中,电子-空穴对的产生不被认为是破坏性的,因为它负责产生器件中的电流,或者电子-空穴对可以重新复合。固体的原始结构不受电流或复合的影响。沉积在换能单元中的能量会导致非电离能损,从而产生反冲原子并形成空位。空位会在半导体晶格中产生微观损伤。

如果辐射是中子,则主要有两个反应会造成损伤:(1)中子俘获导致原子嬗变;(2)中子与原子核发生碰撞,产生反冲离子(初始离位原子,PKA),并形成弗兰克尔对(意味着原子损失在结构中产生空位,而自由原子最终处于间隙位置)。这两种反应都会导致固体的原始结构发生改变。

非电离能损已成为一种有用的工具,因为它已出现在许多类型的器件上,而且通过计算 PKA 预测的损伤情况与实验结果相符[8]。

中子或质子(质量为 1 个原子质量单位)在晶体硅中形成弗兰克尔对的最小能量为 110 eV。电子在硅中形成弗兰克尔对的阈值能量为 260 keV。两种情况的区别在于,电子比中子或质子轻得多(0.000 548 6 amu∶1 amu)。因此,重粒子的弹性碰撞更有可能产生 PKA。图 5.7 显示了在可获得有限的辐射损伤数据的情况下,对于不同电离辐射(电子、μ子、介子、中子、质子、氘核和氦离子)的非电离能损的计算。这些计算可以解释某些器件中的辐射损伤行为。

离子能量和质量的影响可以使用 SRIM/TRIM 建模[9]。在图 5.8 中,显示了在硅晶体中由 1 MeV 质子产生的位移(每个离子 25 个位移)。当质子能量增加到 10 MeV 时,每个离子的位移增加到 91,范围也增加,如图 5.9 所示。能量相同情况下,质量大的离子会在更短的射程内产生更多的位移(每个离子 991);如图 5.10 所示,为 1 MeV 碳离子与硅衬底相互作用的结果。在图 5.11 中,随着碳离子能量增加到 10 MeV,射程和单个离子产生的位移数(1 316)都增加了。

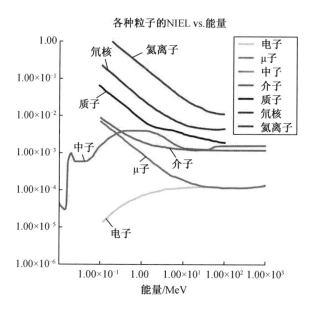

图 5.7　各种电离辐射粒子在硅中的非电离能损理论值与粒子能量的关系

(实验数据表明,非电离能损与位移损伤之间存在明显的关系[8]。)

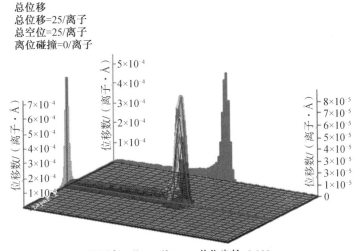

绘图窗口从0 □到30 μm;单位步长=3 000 □
按PAUSE TRIM可加快绘图速度;使用鼠标旋转图片
离子=质子(1 MeV)

图5.8　1 MeV 质子在硅晶格中产生的总位移[9]

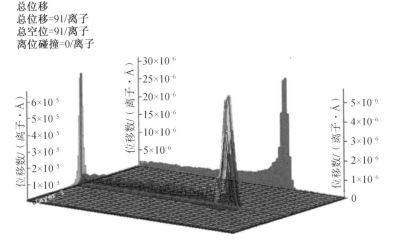

绘图窗口从0 □到1 mm;单位步长=10 μm
按PAUSE TRIM可加快绘图速度;使用鼠标旋转图片
离子=质子(10 MeV)

图5.9　10 MeV 质子在硅晶格中产生的总位移[9]

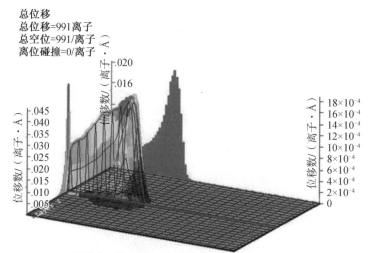

图5.10　1 MeV 碳离子在硅晶格中产生的总位移[9]

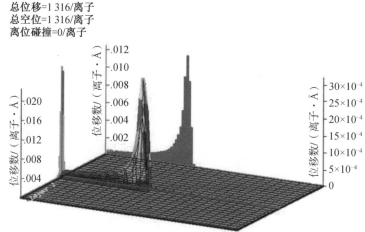

图5.11　10 MeV 碳离子在硅晶格中产生的总位移[9]

中子通过反冲反应产生离子。根据入射中子的能量,PKA 的反冲能量可能很高。反冲离子可以碰撞晶格中的其他原子,从而产生 PKA 级联。如第 3 章所述,当反冲离子损失其最终的 10 keV 能量时,大约会产生一半的损伤。在 PKA 级联中,可以形成弗兰克尔对的簇。较高百分比的弗兰克尔对会与间隙原子复合(约 90%),这些对晶体结构无净损伤。一些空位簇可以形成多空位缺陷,并且间隙原子在晶体中通过扩散可以与其他缺陷或杂质原子相互作用以形成稳定的络合物。

电子形成弗兰克尔的过程大不相同,而且形成的机制也不太清楚,这是因为电子的质量比与之相互作用的原子核的质量小很多。即使产生非电离能损,也不太可能直接击倒碰撞。不过这里将讨论的另一种观点,可能有助于解释暴露于低能 β 粒子的 P－N 结换能单元,发生的长期缓慢的辐射损伤率。如第 2 章所述,电子可有效地将能量运输到靶原子核外束缚电子上产生离子。因此,可以剔除在固体中形成共价键的电子。β 在给定的时间点在特定原子上断裂的共价键的概率为 P(β 沉积在材料中的功率密度和晶格中原子的原子密度)。如果原子具有“n”个共价键,则所有共价键同时断裂的概率为 P^n。一旦原子固定在适当位置的共价键断裂,原子就会漂移并形成弗兰克尔对。概率函数与最大 β 能量有关(因为它直接影响功率密度),并且对损伤能量阈值(E_{dth})的概念很重要。

有报道已经给出了用于 β 辐致伏特能量转换的各种半导体的辐射损伤阈值能量(E_{dth}),对于硅约 200 keV,砷化镓(GaAs)约 225 keV,锗约 350 keV[10]。许多 β 源的最大能量超过 E_{dth}。因此,研究人员专注于具有较低 β 能量的放射性同位素,例如氚(最大能量为 18 keV)、^{63}Ni(最大能量为 67 keV)和 ^{147}Pm(最大能量为 230 keV)。即使低 β 能量使辐射损伤最小化,这些粒子仍然具有足够的能量来破坏共价键。使用低能 β 粒子的 β 辐致伏特效应核电池仍会随着时间而退化。原因是高于 1 keV 的电离辐射具有足够的能量来破坏固体中的共价键。概率函数 P 预测,存在将原子绑定到晶格的所有键都可以同时断裂的可能性(P^n),从而产生弗兰克尔对。随着功率密度增加,(P^n)增加,晶格中的损伤也增加。可以通过使用发射更高能 β 粒子的放射性同位素和/或使用具有较短半衰期的放射性同位素来提高功率密度。

弗兰克尔对的产生对 P－N 结有害处。空缺和多空位缺陷会产生陷阱,从而缩短载流子的寿命。在二元半导体中,空位可能会填充有问题的原子,从而在晶体中造成结构缺陷。另一个结果是,耗尽区中的 P 型和 N 型杂质可以以破坏结的方式重新排序。

如第 1 章所述,在使用低能 β 源时,电池将具有低功率密度。在考虑稀释效应时,如第 4 章所述,电池的功率密度将进一步降低。低能 β 粒子要求放射源足够薄,这会形成一个不利的稀释因子。

5.3　健康与安全

放射性同位素很危险。因此,它们受到美国核管理委员会的监管。在本节中,将讨论有关核电池同位素管理的具体指南。此外,对关于纯 α 放射源 ^{210}Po 的影响进行了实例研究。最后,考虑了美国宇航局(NASA)对飞行认证 ^{238}Pu 基 RTG 的安全性研究。

5.3.1　美国核管理委员会规则与条例

放射性同位素生产和运输的主要市场是医疗、电力生产和废物处理。当前对核同位素的许多规定都集中在不同人员的辐射暴露上。个人的角色及其相关的许可决定了暴露的辐射限值。另外,剂量值依赖于所暴露人体的类型、能量和位置。在限值文档中,这些效应的品质因数称为“Q”值。

主要监管机构是美国核管理委员会,他们有标记为 10 CFR 的法规和标准。防辐射标准是该 10 CFR 或 10 CFR 20 的第 20 部分。该法规部分包括放射性物质的拥有、运输、处置、特殊条款、操作、生产和医疗照射。

根据这个公式,有效剂量 E 被定义为每个组织或器官当量的总和,当量单位为 Gay 或 Rad。

$$E = \sum_{T} w_{T} H_{T} \tag{5.44}$$

此处,H_{T} 是组织或器官 T 中的剂量当量,而 w_{T} 是组织权重因子。表 5.2 是全身的加权因子。

表 5.2　特定组织的权重因子

组织(T)	权重因子(w_{T})
性腺	0.25
乳房	0.15
红骨髓	0.12
肺	0.12
甲状腺	0.03
骨面	0.03
剩余/皮肤	0.3
全身	1.00

要获得剂量当量,必须对每种类型的辐射 R 使用相关的加权比例因子 w_{R}。得出的有效剂量如下:

$$Ef = \sum_{T} w_{T} \sum_{R} w_{R} D_{T,R} \tag{5.45}$$

此处,$D_{T,R}$ 表示辐射类型 R 在组织或器官中的平均吸收剂量。有效剂量的 SI 单位为 Sievert(Sv)或焦耳每千克(J/kg),美国单位为 rem(表 5.3)。

表 5.3　不同辐射类型的 w_{R}

辐射类型(R)	w_{R}
X 射线,γ 射线,β 射线	1
重粒子	20
未知中子	10
高能质子	10

表 5.4 给出了不同能量中子的 w_{R} 或品质因数 Q。

表 5.4　不同能量中子的品质因数 Q

中子能量/MeV	品质因数 Q	产生单位有效剂量的中子通量/$(n \cdot cm^{-2} \cdot rem^{-1}) 10^8$
2.50×10^{-8}	2	9.8
1.00×10^{-7}	2	9.8
1.00×10^{-6}	2	8.1
1.00×10^{-5}	2	8.1
1.00×10^{-4}	2	8.4
1.00×10^{-3}	2	9.8
1.00×10^{-2}	2.5	10.1
1.00×10^{-1}	7.5	1.7
5.00×10^{-1}	11	0.39
1.00	11	0.27
2.50	9	0.29
5.00	8	0.23
7.00	7	0.24
1.00×10^1	6.5	0.24
1.40×10^1	7.5	0.17
2.00×10^1	8	0.16
4.00×10^1	7	0.14
6.00×10^1	5.5	0.16
1.00×10^2	4	0.2
2.00×10^2	3.5	0.19
3.00×10^2	3.5	0.16
4.00×10^2	3.5	0.14

注意 1 Sv 等于 100 rem,且剂量限值以年为基础实施。每年的吸入或消化摄入量限值为 50 rem 或 0.5 Sv,相当于 1 ALI 或年度限值摄入量。在存在放射性的情况下,ALI 容许暴露时间为 2 000 h。较高的 ALI 会降低最终的摄入量限值。例如,如果暴露 25 rem,则可以完成 4 000 h 的工作。公众暴露是施加给从业人员限值的 1/10。从业人员的最大值取决于暴露的位置:身体躯干、头部、眼睛晶状体均为 1.25 rem;四肢(手/脚)总计为18.75 rem;皮肤总计为 7.5 rem。

因为浓度是根据活度或每秒衰减确定的,所以识别运输限制、标签和有关辐射处理的限制条款都会提升复杂性。活度可以通过它的定义即原子数量乘以衰变常数 λ 或 $\ln(2)/t_{1/2}$(半衰期)转化为质量。大多数限值表里以居里(3.7×10^{10}/s),或微(10^{-6})居(μCi)为单位列出。表 5.5 列出了美国核管理委员会 1981 号报告中与运输相关的液体和空气浓度限制。

表 5.5　空气和水中各种同位素的允许浓度

允许浓度/$(\mu Ci/mL^{-1})$			
同位素	缩写	空气	水
铯 – 137	^{137}Cs	2.00×10^{-09}	2.00×10^{-05}
铈 – 144	^{144}Ce	3.00×10^{-10}	1.00×10^{-05}
氢 – 3	^{3}H	2.00×10^{-07}	3.00×10^{-03}
碘 – 129	^{129}I	2.00×10^{-11}	6.00×10^{-08}
碘 – 131	^{131}I	1.00×10^{-10}	3.00×10^{-07}
氪 – 85	^{85}Kr	3.00×10^{-07}	
镎 – 237	^{237}Np	1.00×10^{-13}	3.00×10^{-06}
钚 – 238	^{238}Pu	3.00×10^{-08}	1.00×10^{-04}
钚 – 239	^{239}Pu	6.00×10^{-14}	5.00×10^{-06}
镭 – 226	^{226}Ra	3.00×10^{-12}	3.00×10^{-08}
氡 – 222	^{222}Rn	3.00×10^{-09}	
锶 – 90	^{90}Sr	3.00×10^{-11}	3.00×10^{-07}
铀 – 235	^{235}U	2.00×10^{-11}	3.00×10^{-05}
铀 – 238	^{238}U	3.00×10^{-12}	4.00×10^{-05}

此外,还有关于处理和生产方面的特殊许可规定(表 5.6)。

表 5.6　各种同位素的数量和需要特殊许可的限值

特殊许可	
放射性同位素	量/Ci
^{137}Cs	1.0
^{60}Co	1.0
^{198}Au	100
^{131}I	1.0
^{192}Ir	10
^{85}Kr	1 000
^{147}Pr	10
^{99m}Tc	1 000

显而易见的是核燃料和武器级材料的处理将需要大量的书面工作,并在运输和处理过程中进行现场监管。在美国核管理委员会的指导原则中可以找到与每种放射性同位素相关的宽谱辐射限值。跟踪了一些具有医疗和潜在电池使用情况的选择,单位是 Ci 和兆 – 贝克勒尔,后者即 TBq(每秒发生 10^{12} 次衰减)(表 5.7)。

表 5.7　放射性同位素及各种类别的限值

放射性材料	类别 1 (TBq)	类别 1 (Ci)	类别 2 (TBq)	类别 2 (Ci)
^{227}Ac	20	540	0.2	5.4
^{241}Am	60	1 600	0.6	16
^{241}Am/Be	60	1 600	0.6	16
^{252}Cf	20	540	0.2	5.4
^{60}Co	30	810	0.3	8.1
^{244}Cm	50	1 400	0.5	14
^{137}Cs	100	2 700	1	27
^{153}Gd	1 000	27 000	10	270
^{192}Ir	80	2 200	0.8	22
^{238}Pu	60	1 600	0.6	16
^{239}Pu/Be	60	1 600	0.6	16
^{210}Po	60	1 600	0.6	16
^{147}Pm	40 000	1 100 000	400	11 000
^{226}Ra	40	1 100	0.4	11
^{75}Se	200	5 400	2	54
^{90}Sr	1 000	27 000	10	270
^{228}Th	20	540	0.2	5.4
^{229}Th	20	540	0.2	5.4
^{170}Tm	20 000	540 000	200	5 400
^{169}Yb	300	8 100	3	81

5.3.2　^{210}Po 中毒

放射性同位素通常会由于辐射而对人体健康带来危险。当一个人被辐射时,损害的程度和检测污染的方法取决于放射性同位素的衰变类型。例如,如果 α 发射体由穿透性伤口吸入、摄入或注射,则很危险,但它们不会造成外部污染,因为它们会被衣服或完好的皮肤阻止。如果没有外部污染,则必须进行生物样品分析和血液测试,因为射线探测器无法发现体内的 α 粒子。β 和 γ 发射体同时具有内部和外部危害,β 可以穿透几毫米深,进入组织并引起严重灼伤;γ 可以穿过物质(皮肤和衣服),从而导致更大的暴露[11]。

亚历山大·利特维年科的死亡与最近发生的一起放射性中毒事件有关。他曾是莫斯科的一名反腐败侦探,2001 年移民到伦敦,在那里他成为了一名作家。2006 年 11 月 1 日,他到一家医院就诊,他的身体存在严重的胃肠道症状。因为他的症状与放射线中毒相符合,所以医生们用伽马能谱仪分析了尿液和血液样本,但没有发现任何异常。当医生寻找与辐射中毒(例如毒素)不同的其他疾病时,他的健康状况因脱发、所有类型的红细胞、白细胞以及血小板短缺而迅速恶化。然后,他的尿液被送往英国的原子武器机构,利用专用设备进一步分析,结果显示出大量的 α 粒子辐射。他于 11 月 23 日死亡。结果,几周后才发现是 ^{210}Po 被用作了毒药。当没有外部污染时,很难检测出患者体内有毒物质的类型,因此需要先进的实验室测试设备来分析生物样品。[11, 12]

^{210}Po 是一种 α 粒子(5.3 MeV)发射体,半衰期为 138 天,被认为是最危险的放射性同位素之一(比氰化氢毒性更大)。实际上,造成利特维年科死亡的量不到一微克。^{210}Po 的化学性质,如在水中的溶解度和形成简单盐(例如氯化物)的能力,会促使它相对容易分散和滞留在器官和组织中,从而使其具有高毒性。^{210}Po 的生物半衰期为 1 ~ 2 个月,主要通过粪便途径消除。口服时,它会在肝脏、脾脏和骨髓的软组织中沉积较高的浓度。同时,它比其他发射 α 的放射性同位素更容易被血液吸收。一旦摄入并分散,它会损害肠黏膜,引发严重的呕吐和高烧。此外,它会杀死胃肠道内的细胞,引起恶心、疼痛和胃肠道出血。对于这种情况,可能的治疗方法是积极补充液体,预防感染以及采取诸如螯合剂之类的措施去应对[11, 13]。

5.3.3　NASA RTG 安全

从 1961 年美国海军 Transit 4A 航天器发射开始,RTG 就已用作空间任务的动力电源。美国国防部(DOD)和国家航空航天局(NASA)已将 RTG 运用于许多空间任务。含 ^{238}Pu 的 RTG 的安全是一个令人关注的问题,第 25 号美国国家安全委员会文件的总统令(Presidential Directive/NSC－25)制订了它的发射批准程序[14]。该总统令要求承担任务安全责任的不同机构密切合作。第一部分是安全分析报告(SAR)的开发,这是美国能源部(DOE)的职责。关于 RTG,SAR 的内容解决了事故中由于释放二氧化钚而导致的风险。SAR 的内容包括对系统的安全性分析,例如电源、航天器、运载火箭和任务设计。NASA 准备了一套运载火火箭的数据手册,美国能源部用它来编制安全分析报告(SAR)。该手册概述了在任务的发射前、发射中和地球轨道阶段可能发生的特定事故场景。分别来自美国 NASA、DOE、DOD、环保部(EPA)和核管理委员会(NRC)的代表组成了一个独立的跨部门核安全审查委员会(INSRP)。该小组对放射风险进行安全/风险评估,并将其结果记录在安全评估报告(SER)中。SER 由 DOE 评估,并用于 SAR 的其他分析。根据 SAR 和 SER,以及 INSRP 和其他政府机构的进一步建议,NASA 将 SER－SAR 提交白宫科学技术办公室(OSTP),作为安全发射批准程序的一部分。

自 1961 年 SNAP－3B 发射以来,安全分析程序随时间而演变[15]。基于已往空间任务的经验知识,从而提升新任务的安全性分析水平。卡西尼号任务使用的安全分析程序部分基于先前的伽利略号和尤利西斯号任务。

卡西尼任务是 NASA、欧洲航天局和意大利航天局的国际合作项目,其目的是对土星及其卫星进行科学探索。该任务在 1997 年 10 月 15 日使用泰坦 IV/半人马运载火箭发射。泰坦(Titan)运载火箭由一个配有两个液体推进剂的核心运载火箭、一个上面级、一个负载整流罩和两个升级版固体火箭发动机(SRMU)组成。航天器通过一个 6.7 年的金星－金星－地球－木星－重力辅助轨道到达土星。卡西尼号探测器由一个下部设备模块、一个上部设备模块、一个推进模块和一个高增益天线组成。这两个设备模块包含外部安装的磁强计探杆和三个通用热源（GPHS）RTG，三个 RTG 为空间探测器提供动力电源。高增益和低增益天线用于发送和接收数据。这个空间探测器载有大约 687 kg 的科学仪器，包括惠更斯探测系统[16]（图 5.12）。

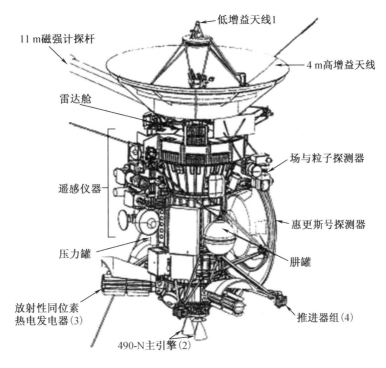

图 5.12　卡西尼号探测器

在卡西尼号任务中使用的 RTG 由三个基本部分组成：（1）热源、（2）转换器外壳、（3）热电堆。该热源通过钚燃料的放射性衰变产生 4 400 W 的热功率。放射性同位素由二氧化钚构成，其中 ^{238}Pu 的质量百分比为 82.2%。成型后为实心陶瓷圆柱，直径 2.76 ± 0.02 cm。热电堆通过热电转换效应将热源的部分热能转化成直流电，电功率约 300 W。外壳为热源和热电堆提供安全壳和结构支撑，并通过散热翅片去除余热。

GPHS – RTG 的设计特点包括与安全有关的组成部分，以确保在任务及其准备工作的所有方面控制燃料。GPHS – RTG 共 80 个模块，如图 5.13 所示。每个模块均有 5 个不同的部件构成：燃料芯块、燃料包壳、石墨冲击壳、碳黏合碳纤维套筒和航空外壳。每个模块有 4 个二氧化钚（PuO$_2$）燃料芯块，每个芯块可输出约 62.5 W 的热功率。PuO$_2$ 燃料坚固耐用、化学稳定性好、不溶于水、熔点高，燃料芯块被铱包壳所包覆[17]。每个 GPHS 模块包含的 4 个燃料芯块封装在两个圆柱形细编织穿孔织物（FWPF）容器内，该容器称为石墨冲击壳（GIS）。在 GPHS 运行期间，碳材料为每个 GIS 提供保温。一旦发生事故，GIS 会保护燃料外壳不受碎片的伤害。航空外壳是主要的隔热层，在再入过程中起保护作用。RTG、GPHS模块和燃料芯块都经过了性能测试[18,19]（图 5.14）。

安全分析包括四个步骤:(1)事故定义、(2)源项确定、(3)后果评价和(4)风险分析。

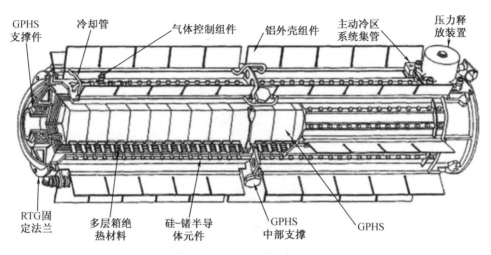

图 5.13　通用热源放射性同位素热电发电机(GPHS - RTG)

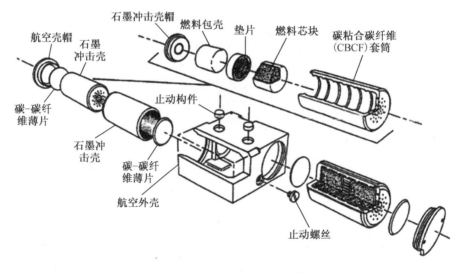

图 5.14　通用热源(GPHS)模块图[19]

　　基于泰坦 IV RTG 安全数据手册(由 NASA 合作商马丁·玛丽埃塔公司提供)和环境影响支持系统,进行卡西尼号任务的事故场景研究。研究了可能导致钚泄漏事故的基本情景和发射过程中发生事故的可能性(失败或 POF)。同时,利用绕行星变轨给出了脱离地球轨道后发生的事故。事故源项是根据 RTG 对发射不同阶段考虑的不同事故场景的响应确定的。RTG 对假定事故的响应包括:爆炸、超压和碎片撞击等对本地环境的威胁。响应情况是用数学模型确定的。这些模型基于为支持早期任务的 GPHS - RTG 安全分析而获得的测试数据集。采用泰坦 IV 的发射事故场景评估程序(LASEP - T)代码评估此次空间任务。LASEP - T 基于蒙特卡罗模拟方法,因为 RTG 与动态变量和火箭配置的关系具有天然的复杂性和概率性。LASEP - T 代码能够从初始事件(一般在高空)直到最后(地球撞击)的过程来评估 RTG 的状况。根据该模型的结果,定义了源项,这些源项提供了对 PuO_2 潜在泄露的统计描述,以及泄露的特征(质量、位置、粒度分布、粒子密度等)。FALLBACK 计算机代码用于计算固体推进剂碎片与 RTG 直接或几乎未命中撞击的概率。使用改良的 LASEP – T 来确定本案例的潜在泄露量。SRMU 推进剂回退响应模型(SRESP)代码模拟了固体推进剂着火时的机械冲击和蒸发效应对 RTG 的响应。三自由度弹道仿真(3DMP)被用来模拟脱离轨道事故。3DMP 代码可以预测由于火箭故障、空气动力学加热和对火箭造成结构损坏的负载等引起的事故中 RTG 模块的运动轨迹和相关的空气热环境。用反应运动学和烧蚀程序(REKAP)对石墨航空外壳进行建模。用 LASEP – T 代码模拟撞击对燃料泄露的影响。NASA – JPL 的一个代码计算了在地球轨道变轨过程中短时间撞击再入的总概率,同时利用约翰霍普金斯大学应用物理实验室(JHU/APL)开发的一个模型预测了 RTG 模块的飞行动力学概率。JHU/APL 模型提供了 6 个自由度(3 个旋转和 3 个振动)的轨迹分析。后果评估是基于源项得到的结果。空间事故放射泄露和后果(SPARRC)系列代码被用来进行该评估。SPARRC 由四个不同的代码组成:(1)放射性粒子的输运和扩散的特定地点分析(SAT-RAP)代码,用于对放射性粒子的特定位置输运和扩散进行建模;(2)放射性粒子的整体输运和扩散(GEOTRAP)代码,用于对放射性粒子的全球迁移和扩散进行建模;(3)高海拔气溶胶扩散(HIAD)代码,用于对高空气溶胶的迁移和扩散进行建模;(4)微粒剂量(PAR-DOS)代码,用于对剂量和健康影响进行建模。结果是累积的互补分布函数(CCDF),它提供了各种后果的相对可能性。这些值和概率计算被用来量化风险[20]。

　　表 5.8 给出了每个发射阶段风险引起的事故下预估的集体剂量、健康影响和超过 $0.2~\mu Ci/m^2$ 的陆地污染面积的 50 年平均值。发射前、发射后和 EGA 变轨各个任务段对总任务风险的贡献分别为 2%、27%、55% 和 16%。

表 5.8　卡西尼号发射事故场景的 50 年放射性后果平均值

事故场景	事故描述	集体剂量(每人-rem)(无最小剂量要求)	集体剂量(每人-rem)(有最小剂量要求b)	健康影响a(无最小剂量要求)	健康影响a(有最小剂量要求b)	最大个人剂量/rem	陆地污染面积 $0.2~\mu Ci/m^2$ /km²
0.0	发射台上爆炸,配置 1	130	96	0.066	0.053	0.013	1.5
1.1	火箭助推器全部损坏(TBVD)	160	110	0.081	0.05	0.015	1.8
1.3	升级版固体火箭发动机尾部碎片冲击致 TB-VD	130	88	0.067	0.045	0.046	1.3
1.10	PLF 内 SV/RTG 冲击	80	51	0.04	0.021	0.020	1.1

表 5.8 （续）

事故场景	事故描述	集体剂量（每人 – rem）（无最小剂量要求）	集体剂量（每人 – rem）（有最小剂量要求 [b]）	健康影响 [a]（无最小剂量要求）	健康影响 [a]（有最小剂量要求 [b]）	最大个人剂量 /rem	陆地污染面积 0.2 μCi/m² /km²
1.13	全堆叠完整冲击	240	180	0.12	0.098	0.028	2.2
3.1	亚轨道再入	8.4	7.5	4.2×10^{-3}	3.8×10^{-3}	0.37	0.028
5.1	CSDS（配置 5）亚轨道再入	8.4	7.5	4.2×10^{-3}	3.8×10^{-3}	0.37	0.027
5.2	轨道再入（名义上）	92	82	0.046	0.041	1.1	0.058
EGA	EGA 再入 [c]（短期）	1.7×10^{5}	1.1×10^{5}	90	60	1780	21

[a] 健康影响是指增加的潜伏癌症死亡率；[b] 最小剂量水平是 4.2×10^{-3} Sv（4.2×10^{-3} rem）/年；[c] 800 千米处变轨。

发射场附近的事故（第 0 和第 1 阶段）产生的预期健康后果最低。第 0 阶段和第 1 阶段的联合风险约占总任务风险的 29%。最大的风险来自吸入再悬浮粒子。在阶段 0 和阶段 1，泄露引起的照射对健康影响的概率分别为四百万分之一和万分之一。在任务的这一阶段，事故 1.1 是主要的危险因素。地面污染大于 0.2 μCi/m² 预计来源于重粒子，污染场所会被限制在发射场附近。第 0～3 阶段代表后期发射造成的再入事故风险。该任务段的主要贡献来自大气传播过程中的直接吸入。

再入大气层事故的平均健康后果估计约为 0.054 4。再入大气层事故对人体健康造成各种影响的概率约为十万分之一。事故场景 5.2 是这一阶段风险的主要贡献者。最高的平均健康后果来自地球轨道变轨事故场景。高层大气中的泄露和包层融化的燃料撞击土壤引起的泄露是 EGA 事故的主要因素，分别占 32% 和 54%。再入大气层事故造成一种以上健康影响的可能性约为千万分之三。针对 EGA 再入事故，计算结果显示总共增加了 90 例癌症[20]。

结果表明，在所有假设的事故情况下，辐射风险都很小。使用估计的本底辐射 0.3 rem/a 和健康影响估计每 rem 辐射可导致 5.0×10^{-4} 潜伏癌症死亡，一个人在 50 年内罹患癌症的风险是 1/133。这个数值大约比卡西尼号任务的个人风险，即五百亿分之一，大 8 个数量级[20]。

RTG（包装和有效载荷）的运输系统是通过评估 RTG 在安全壳和冲击限制器上运输时从 30 ft 的高度跌落时可能造成的损伤来设计的。放射性同位素动力源的包装和运输应遵守《联邦规章》第 10 篇"第 71 部分"（10 CFR71）[21]。

图 5.15 显示了对发生器造成最大损害的最坏情况。事故场景从 5.15(a) 开始，到 5.15(d)

结束,热源在安全壳中但从发生器箱中泄露出来。

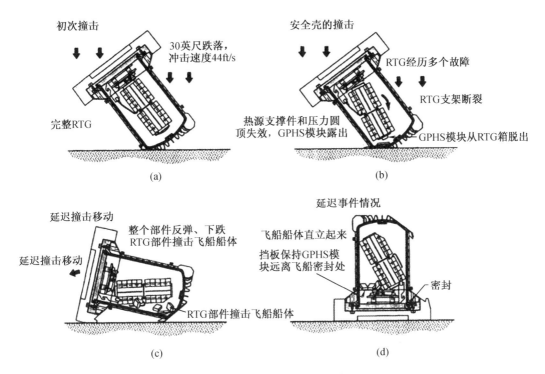

图 5.15 最坏的运输事故场景案例

评估的结论是,在某些情况下,RTG 可能会破裂,从而可能释放热源模块。然而,不会发生进一步的破损,燃料本身也不会释放到内部安全壳的里面。

5.4 系统效率和功率密度

系统效率取决于如图 5.1 所示的功率沉积效率,$\eta_{\mathrm{pd}} = P_4 / (P_1 + P_2 + P_3 + P_4)$。功率沉积效率是一个能量输运问题,即由大量各向同性的源发射体(放射性同位素的原子)组成的源体积产生带电粒子,之后计算出带电粒子在核电池每个区域内的能量沉积。沉积在区域4,即换能单元上的功率是决定功率沉积效率的临界值。问题的第二部分是确定换能单元的效率(简单地说就是换能单元的有用输出功率除以存储在换能单元中的功率)。核电池的功率密度(P_{d})是有用的输出功率(P_{out})除以电池的总体积 V_{total}(V_1 是区域 1 的体积,V_2 是区域 2 的体积,V_3 是区域 3 的体积,V_4 是区域 4 的体积,$V_{\mathrm{total}} = V_1 + V_2 + V_3 + V_4$),

$$P_{\mathrm{d}} = P_{\mathrm{out}} / V_{\mathrm{total}} \tag{5.46}$$

功率密度(P_{d})也与原子稀释因子(DF_{atomic})有关。这种关系要求如第 4 章所述的有效功率密度($Pd_{\mathrm{effective}}$)是已知的或可以计算的。有效功率密度采用表 1.3 所示的核电池理论绝对最小体积每瓦(BVW_{min})来进行计算。根据第 1 章的相关阐述,即核电池的绝对最小体积是通过使用含有放射性同位素的化合物来实现的,这种化合物具有最高的放射性同位素原子密度。一种基于具有最高放射性同位素原子密度的化合物的装置将使用基于热效应的换能单元,如热电换能单元。其他类型核电池需要稀释核电池体积中放射性同位素的原子密度。正是由于这种原子密度的稀释因子,导致了相比于以热效应为基础的核电池,其他类型核电池将具有较低的功率密度。这种复杂的计算方法是有原因的。它提供了一种直接比较概念设计核电池与热效应核电池参数的途径。

该方法的第一步是找出用于概念核电池设计的放射性同位素源的功率密度。计算采用的公式是源功率密度等于原子稀释因子除以 BVW_{min} ($Pd_{effective} = DF_{atomc}/BVW_{min}$)。第 1 章里,$1/BVW_{min}$ 被定义为已知放射性同位素原子密度最高的化合物的功率密度。如前文第 4 章所述,原子稀释因子是放射性同位素在概念核电池体积中的平均原子密度与已知最高放射性同位素原子密度的化合物中原子密度之比。在接下来的几节中,我们将分析一些常见的核电池/换能单元组合。

5.4.1 α 辐致伏特分析

单一能量各向同性源的最佳几何构型是将其置于球壳换能单元中心(图 5.16)。当耗尽区电子 – 空穴对数量达到最大时,就会产生最大能量。因此,最大能量输出将发生在线性梯度 P – N 结换能单元 1 μm 的耗尽区内比电离达到最大。GEANT4 用于建立实验模型,并得到耗尽区内电子 – 空穴对的最大产出。

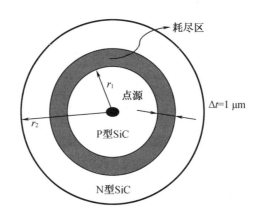

图 5.16 几何结构优化的电池,包含一个球面几何和一个位于中心的 α 点源

点源与体积内任意球壳的距离相等,因此能够建立一个理想的 P – N 结系统。不过平面几何图形的 P – N 结更为现实。建立去除带电粒子发射与角度依赖关系的计算模型,可以用来观察垂直于换能单元表面的 α 粒子定向粒子束(图 5.17)。

SiC 是一种宽带隙($E_g \approx 3.0$ eV)材料,具有一定的抗辐照性能,漏电流也很小,在这里被选作为换能单元。在核电池研究中它被认为是一种切实可行的基础材料[3]。SiC 主要有两种晶体结构:4H – SiC 和 6H – SiC。在这个模型中,采用 6H – SiC 结构。

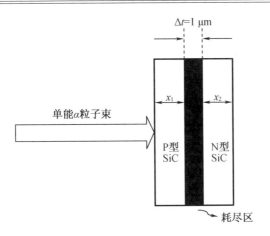

图 5.17　用于基准测试 GEANT4 与 SRIM/TRIM 的平板模型,一个定向、单能的 α 粒子束撞击平板
靶材

本研究选择的 α 源为 ^{210}Po。它的半衰期为 138.38 d,与 ^{241}Am 或 ^{238}Pu 相比,受到的监管
限制较少,比 ^{148}Gd 的来源也更广泛[3]。^{210}Po 通过发射能量为 5.307 MeV 的 α 粒子衰变为
^{206}Pb,反应过程如下:

$$^{210}_{82}Po \rightarrow ^{206}_{82}Pb + \alpha(5.307\ MeV) \tag{5.47}$$

当 α 粒子与介质相互作用时,产生低能(约 1 keV)的二次电子[18]。然后,次级电子与
介质相互作用,产生三级和更高阶的电子,电子产率与材料的比电离成正比[19,20]。粒子间
相互作用产生的二次产物的能量流遵循精细能量平衡原理。如果一个栅元向相邻栅元通
过二次电离所损失的能量等于相邻栅元向初始栅元所损失的能量,那么栅元内的能量沉积
就等于 α 粒子沉积的能量。由于耗尽区位于布拉格峰,精细能量平衡原理的假设会高估电
子 – 空穴的产生,因此为电子 – 空穴对的产生提供了理论最大极限。

SiC 平板模型的 SRIM/TRIM 模拟结果显示峰值能量沉积(布拉格曲线峰值)发生在
16 μm 深度附近(图 5.18)。表 5.9 显示了模型 1 和模型 2 中每个定义的栅元中沉积的能
量。能量沉积速率遵循典型的布拉格曲线,峰值在 16 μm 附近。在布拉格峰之后,能量沉
积急剧下降。此外,表 5.9 显示的最大能量沉积在 1 μm 厚度范围内,即距源 15 μm 到
16 μm 之间。无论是平板还是球体模型,能量沉积的百分比是一致的,这和预期一致。
GEANT4 预测在球体构型和平板构型中 15 ~ 16 μm 处的能量沉积分别约为 9.93% 和
9.94%(表 5.9)。平板模型 SRIM/TRIM 的值约为 9.57%,与 GEANT4 模拟结果在合理的
误差范围内。假定耗尽区有 1 μm 宽,这些数据也代表了最大能量输运效率(η_d),这将用于
后续定义绝对能量转换效率。

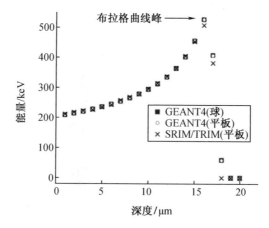

图 5.18 在平板模型中使用 SRIM/TRIM 及在平板、球体模型使用 GEANT4 模拟的 α 粒子能量沉积 – 深度关系图

表 5.9 GEANT4 和 SRIM/TRIM 模拟预测平板和球体模型 1 μm 厚耗尽区内的能量沉积

深度/μm	GEANT4				SRIM/TRIM	
	球体		平板		平板	
	能量/keV	沉积百分比/%	能量/keV	沉积百分比/%	能量/keV	沉积百分比/%
0 ~ 1	208	3.92	208	3.92	211	3.98
1 ~ 2	214	4.03	214	4.03	218	4.11
2 ~ 3	220	4.15	220	4.15	223	4.19
3 ~ 4	228	4.29	228	4.29	226	4.26
4 ~ 5	236	4.44	236	4.45	235	4.42
5 ~ 6	245	4.61	245	4.61	243	4.59
6 ~ 7	254	4.79	254	4.79	258	4.85
7 ~ 8	265	5.00	266	5.00	269	5.06
8 ~ 9	279	5.25	279	5.25	279	5.25
9 ~ 10	294	5.55	294	5.55	296	5.58
10 ~ 11	312	5.89	313	5.89	315	5.94
11 ~ 12	335	6.32	335	6.32	337	6.35
12 ~ 13	364	6.86	364	6.86	365	6.88
13 ~ 14	402	7.58	402	7.58	405	7.62
14 ~ 15	456	8.60	457	8.61	454	8.56
15 ~ 16	527	9.93	527	9.94	508	9.57
16 ~ 17	408	7.68	407	7.66	382	7.19
17 ~ 18	59	1.12	58	1.09	0	0.00
18 ~ 19	0	0.00	0	0.00	0	0.00
19 ~ 20	0	0.00	0	0.00	0	0.00
总计	5 307	100.00	5 307	100.00	5 220	98.40

辐射能量沉积是核电池的一个重要参数[21]。然而,在确定核电池的效率时,除了总能量沉积之外,还有许多的因素需要考虑。为了得到绝对效率的表达公式,需要考虑源的总功率以及换能单元的能量转换效率。

辐射源的总功率可表示为

$$P_{tot} = A \cdot E_\alpha \tag{5.48}$$

式中,A 是 α 源的活度,E_α 是衰变过程中发射 α 粒子的能量(见公式(5.48))。耗尽区每秒产生的电子 – 空穴对总数为:

$$J_{SC} = \frac{P_{in}}{W} = \eta_d \frac{P_{tot}}{W} = \eta_d \frac{A \cdot E_\alpha}{W} \tag{5.49}$$

式中,P_{in} 是耗尽区内的能量沉积,η_d 是从源到耗尽区的最大能量输运效率,W 是在 SiC 中形成一个电子 – 空穴对所需的平均能量。需要注意的是在耗尽区每秒产生的电子 – 空穴对的总数也等于 α 辐致伏特效应核电池的短路电流,类似用于定义光生伏特电池中填充因子的参数。

决定填充因子的另一个参数是开路电压,它和填充因子之间的关系如下面公式所示。开路电压与材料的带隙有关(公式(5.50))。

$$eV_{oc} = \eta_{dp}E_g \tag{5.50}$$

$$FF = \frac{P_{max}}{V_{oc}J_{sc}} \tag{5.51}$$

在公式(5.50)中,V_g 是开路电压,E_g 是 SiC 的能带隙,e 是单位电荷量,η_{dp} 被称为驱动电势效率,它将开路电压与带隙联系起来。在公式(5.51)中,FF 为填充因子,P_{max} 为从 α 辐致伏特效应核电池中获得的最大功率。另一个需要考虑的重要参数是电子 – 空穴对的产生效率 η_{pp},它描述 α 粒子产生电子 – 空穴对时的能量沉积百分比。

$$\eta_{pp} = \frac{E_g}{W} \tag{5.52}$$

任何系统的总效率被定义为总输出功率与总输入功率之比。利用填充因子的定义,在公式(5.53)中定义了 α 辐致伏特效应核电池的总效率:

$$\eta_{tot} = \frac{P_{max}}{P_{tot}} = FF \frac{V_{oc}J_{sc}}{P_{tot}} \tag{5.53}$$

利用公式(5.48)、公式(5.49)以及公式(5.50)、公式(5.52)中驱动电势和电子 – 空穴对产生率定义 α 辐致伏特效应核电池的总效率,可简化为公式(5.54)。

$$\eta_{tot} = FF \cdot \eta_d \, \eta_{dp}\eta_{pp} \tag{5.54}$$

理论上的最大能量转换效率现在可以通过优化的平板和球体模型计算出的能量输运效率值来确定。常见的 α 辐致伏特效应核电池结构将各向同性的 α 源随机分布在表面或在靠近 P – N 结的位置。因此,α 发射体的分布方式是这样的,即大部分粒子不是以最佳方向定向入射,也不是位于换能单元耗尽区的最佳距离上。模型 1 和 2 考虑到这一点,利用一个单向源,使所有的粒子都有最佳的轨迹,确保最大的能量沉积发生在耗尽区。

因此,表 5.9 中最大可能的能量输运效率 η_d 为 9.81%(各结果的平均值)。电子 – 空

穴对产生率 η_{pp}，对于 SiC 是 42%[22]。优化后的换能单元的驱动电势效率 η_{dp} 一般不会超过 50%。假设一个 α 辐致伏特效应核电池可以产生与高质量太阳能电池相同的填充因子（FF 约为 0.8），那么它的理论最大效率约为 1.68%（使用没有角发射依赖关系的模型 1 和模型 2）。然而，必须考虑到放射性同位素是各向同性的发射体这一事实。各向同性源的角依赖性将显著降低理论最大效率。另外，源必须有一定的厚度。因此，当粒子从源材料输运到换能单元材料时，会有能量损失到源材料上，这也将大大降低电池理论上的最大效率。

一个实际的 α 辐致伏特系统是 4.4.1.1 节和 4.8 节薄金属片的例子。在第 4.8 节中，使用 210Po 薄片的 α 辐致伏特效应核电池稀释因子 $DF_{cell} = 0.042$。对于平板 P－N 结表面的点源，由 210Po 源产生的 α 粒子沉积能量到换能单元（耗尽区）的输运效率为 5.49%[4]（该效率没有考虑与源厚度相关的自吸收损失，因此被称为薄源沉积效率 $\eta_{d-thinsource}$）。金刚石 P－N 结换能单元的效率约为 40%（5.1.1 节）。因此从换能单元输出的功率密度（Pd_{out}）为有效功率密度（公式（4.15）中 $Pd_{effective} = 55.24 \ W \cdot cm^{-3}$）乘以输运效率（$\eta_{transport} = 0.054\ 9$）再乘以换能单元效率（$\eta_{transducer} = \eta_{dp}\eta_{pp}FF = 0.5 \times 0.44 \times 0.8 = 0.176$）[4]，即

$$Pd_{out} = Pd_{effective}\eta_{transport}\eta_{transducer} = 55.24 \times 0.0549 \times 0.17 = 0.534 \ W \cdot cm^{-3} \quad (5.55)$$

基于薄源的核电池的系统效率为：

$$\eta_{system} = \eta_{transport}\eta_{transducer} = 0.054\ 9 \times 0.170 = 0.009\ 7 \quad (5.56)$$

5.4.2　β 辐致伏特分析

α 辐致伏特和 β 辐致伏特有一些相似之处。在 β 粒子在材料中的射程与用于能量转换的换能单元的尺寸匹配是这两种辐射类型的根本问题。然而，由于高能量 β 粒子的射程较大，粒子射程与换能单元尺寸之间的不匹配在 β 辐致伏特中更加明显。另一个效率低的原因来自 β 粒子发射的宽能谱，这使得 β 辐致伏特效应核电池中在一个相对狭窄的物理空间（例如耗尽区）中沉积能量并收集起来变得非常困难。一项研究表明，不同能量的 β 粒子其最大电子－空穴对产生率的区域非常不同[22]。

利用蒙特卡罗方法模拟计算了 SiC β 辐致伏特效应核电池耗尽区中粒子的能量沉积以及相应的理论效率[22]。研究中使用了 3 个蒙特卡罗程序 GEANT4、PENELOPE 和 MCNPX 来对结果进行基准测试。利用放射性同位素发射的 β 粒子能谱模拟了 90Y、90Sr 和 35S 中 β 粒子的输运。在球体和平板几何中都给出了最大的理论能量沉积。最大能量的沉积是一个与辐射进入材料的起点位置相关的一个函数。在这些计算中能量沉积效率（η_d）这个量被建立起来。基于输运效率（$\eta_{transport}$）和换能单元效率（$\eta_{transducer}$）[4]，得到对于 35S、90Sr 和 90Y，平板模型的理论最大效率分别约为 1.54%、0.25% 和 0.019%；球体模型的理论最大效率分别为 1.10%、0.17% 和 0.013%。结果表明，随着能量的增加，β 粒子的射程与 P－N 结换能单元的尺寸之间的失配更加严重。

平板模型使用具有特定同位素能谱特征的定向电子束（图 5.19）。不考虑发射角分布，因此明显高估能量沉积效率。球体模型将点源置于球体的中心，因此所有发射的粒子都与球体中的壳层等距（图 5.19）。

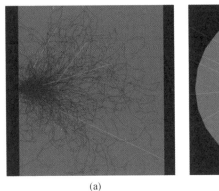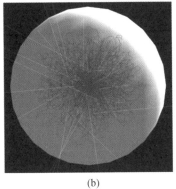

(a)　　　　　　　　　　　　　(b)

图 5.19　Sr - 90 β 粒子束进入 SiC 平板(左图)和 SiC 球体中心的 Sr - 90 β 点源(右侧)的 GEANT4 模拟情况。β 射线路径由暗线表示,轫致辐射光子路径由亮线表示。

球体模型确实包含了关于点源发射的粒子角分布的一些有价值的见解。如果点源周围的球形外壳被展平,其结果将具有平面源的特征。^{35}S、^{90}Sr 和^{90}Y 点源的理论最大效率分别为 1.1%、0.17% 和 0.013% ,而^{210}Po点源的理论最大效率为 2.1% 。已知在平面 P - N 结表面的^{210}Po各向同性 α 点源具有 5.49% 的薄源功率沉积效率[4]。作为平面 P - N 结表面上 β 点源的薄源功率沉积效率的第一个近似,假设 α 和 β 粒子的行为存在线性关系。球体中心点源的理论最大值比对于^{35}S 为 1.1/2.1 = 0.52,对于^{90}Sr 为 0.17/2.1 = 0.081;对于^{90}Y 为 0.013/2.1 = 0.006 2。因此,估计薄源功率沉积效率($\eta_{d-thinsource}$)对于^{35}S 是 0.52 × 5.49% =2.85% ;对于^{90}Sr 是 0.081 ×5.49 = 0.44% ;对于^{90}Y 是 0.006 2 ×5.49 = 0.034% 。这些数字是对真实值的高估。然而,基于公式(5.56),薄源 β 辐致伏特效应核电池估计的系统效率对于^{35}S 应为 0.009 7 ×0.52 = 0.005;对于^{90}Sr 为 0.009 7 ×0.081 = 0.000 79;对于^{90}Y 为 0.009 7 ×0.006 20 = 0.000 06。由于 β 粒子的射程和换能单元的尺度不匹配,因此 β 辐致伏特效应核电池从根本上来说是效率很低。当 β 粒子的射程增加时(即当 β 粒子能量增加时),β 辐致伏特效应核电池的效率降低。此外,β 辐致伏特效应核电池效率远远低于 α 辐致伏特效应核电池。

另一个重要的观察结果是,β 辐致伏特效应核电池的功率密度低于 α 辐致伏特效应核电池,部分原因是 β 辐致伏特效应核电池系统效率较低。此外,β 辐致伏特效应核电池的能量密度会随着 β 能量的降低而降低。

5.4.3　PIDEC 分析

作为几乎理想的核电池的一个例子,在第 3 章中讨论了 PIDEC 系统。该 PIDEC 核电池基于^{85}Kr气体,其既用作放射性同位素源又用作换能单元。电池的工作方式是从^{85}Kr发出的 β 粒子电离并激发氪气。Kr 离子和亚稳态迅速形成氪准分子,再衰减到未束缚的基态,发射出准分子光子。准分子光子的发射光谱是窄带的(峰值为 149 nm,半高宽约为 10 nm)。无论准分子光子的发射角度如何,它们将在光学薄膜介质中畅通无阻地传播,并与压力容器壁上吸收光子的光伏组件接触(图 5.20)。在这个核电池构型中可以放心地假定 P_4/

$(P_1 + P_2 + P_3 + P_4) \approx 1$。并且因为气态源和换能单元是相同的材料,也没有稀释效应。因此,β粒子引起 Kr 准分子发出荧光,这样几乎所有的能量沉积在气体中。因此有可能设计出一种光伏组件,可以吸收大部分光子,并将其最终全部沉积在耗尽区。决定核电池系统效率(η_{system})的其他因素有荧光产生效率(η_f)、半导体的带隙光谱匹配效率(η_{in} 在公式(3.73)中已定义过)、电势效率(η_{dp})和填充因子(FF)。可以对参数进行分组以定义换能单元的效率($\eta_{transducer} = \eta_{in}\eta_{dp}FF$),如公式(5.57)所示。

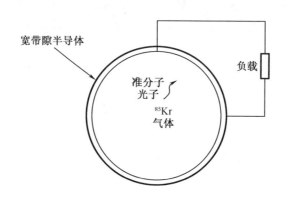

图 5.20 ^{85}Kr 源 PIDEC 核电池示意图

(^{85}Kr 气体既是放射性同位素源,又是换能单元。它产生准分子荧光光子,然后与围绕在媒介周围的一组光伏组件相互作用[23]。)

$$\eta_{system} = \eta_f \eta_{transducer} \tag{5.57}$$

表 5.10 中给出了不同源和半导体的组合的光谱匹配效率(η_{pv})最大值。由表 5.10 可知,Kr 的准分子荧光光子效率为 0.47。如果选择 AlN 作为半导体,其带隙为 6.2 eV。AlN 光伏组件的理想换能单元效率 $\eta_{transducer} = \eta_{in}\eta_{dp}FF$,如前一个例子中所讨论的,最大光谱和带隙匹配效率 $\eta_{in} \approx \eta_{pv} = 0.789$,电势效率 $\eta_{dp} \approx 0.5$,填充因子 $FF \approx 0.8$。因此,系统效率可以从等公式(5.57)中得出 $\eta_{system} = 0.47 \times 0.789 \times 0.5 \times 0.8 \approx 0.148$。

表 5.10 对于所选的稀有气体、稀有气体卤化物和碱金属准分子荧光的理论最大光谱匹配效率(η_{pv})和电离电流产生率(η_{ie})

准分子	η_f	E_λ/eV	光伏材料	带隙 E_g/eV	$\eta_{pv} = E_g/E_\lambda$	$\eta_{ie} = \eta_{pv}\eta_f$
Ar$_2$*	0.5	9.6	AlN	6.2	0.645	0.324
Kr$_2$*	0.47	8.4	AlN	6.2	0.789	0.345
	0.47	8.4	金刚石	5.5	0.655	0.308
F$_2$*	0.44	7.8	AlN	6.2	0.79	0.35
	0.44	7.8	金刚石	5.5	0.71	0.31
Xe$_2$*	0.48	7.2	AlN	6.2	0.861	0.413
	0.48	7.2	金刚石	5.5	0.764	0.367

表 5.10（续）

准分子	η_f	E_λ/eV	光伏材料	带隙 E_g/eV	$\eta_{pv} = E_g/E_\lambda$	$\eta_{ie} = \eta_{pv}\eta_f$
ArF*	0.35	6.4	AlN	6.2	0.969	0.339
	0.35	6.4	金刚石	5.5	0.859	0.301
KrBr*	0.33	6	金刚石	5.5	0.917	0.302
KrCl*	0.31	5.6	金刚石	5.5	0.982	0.304
Na₂*	0.46	2.84	ZnSe	2.7	0.951	0.437
	0.46	2.84	SiC (3C)	2.3	0.810	0.373
Li₂*	0.42	2.7	CuAlSe₂	2.6	0.963	0.404
	0.42	2.7	SiC (3C)	2.3	0.852	0.358
Hg₂*	0.21	2.58	GaS	2.5	0.97	0.2
	0.21	2.58	SiC	2.4	0.93	0.19
ArO*	0.11	2.27	GaP	2.2	0.97	0.105
	0.11	2.27	GaAlAs	2.2	0.97	0.105
KrO*	0.13	2.27	GaP	2.2	0.97	0.125
	0.13	2.27	GaAlAs	2.2	0.97	0.125
XeO*	0.15	2.27	GaP	2.2	0.97	0.145
	0.15	2.27	GaAlAs	2.2	0.97	0.145

表中也给出了荧光效率（η_f）、光子能量（E_λ）和光伏带隙（E_g）。

    ^{85}Kr PIDEC 核电池因其结构简单、无稀释因子和对沉积能量的优化利用，在 20 世纪 90 年代早期引起了商业应用的关注[23]。如第 3 章所述，作者和他的合作者设计了一个需要 1 322 W 热能的设备。该设备需要活度为 100 万居里（根据估计的系统效率）的 ^{85}Kr 气体。计算的第一步是确定 ^{85}Kr 的原子密度。当核电池第一次充满时，^{85}Kr 的活度为

$$A(0) = \lambda N(0) \qquad (5.58)$$

其中，$\lambda = 0.693/t_- = 0.693/(10.755\ a \times 365\ d/a \times 24\ h/d \times 3\ 600\ s/h) = 2.043 \times 10^{-9}\ s^{-1}$。

    100 万居里的 ^{85}Kr 原子数为：

$$N(0) = \frac{10^6 Ci \times 3.7 \times 10^{10}\ \dfrac{衰变}{s \cdot Ci}}{2.043 \times 10^{-9}\ s^{-1}} = 1.920 \times 10^{21}\ 原子 \qquad (5.59)$$

    利用在标准温度/压力（STP）下一个气体大气压中有 2.68×10^{19} 个原子（或分子）· cm^{-3} 这一事实，可以确定适用于核电池容器的 ^{85}Kr 气体的压力。计算时首先假设：(1) 本例中体积为球体（即 5 cm³）；(2) 球内气体压力受理想气体定律控制。在一个大气压（N_{atm}）下的球体中原子（或分子）的数量是通过将球体体积乘以每立方厘米体积中的气体原子（或分子）的数量得到的（V_{sphere} cm³ $\times 2.68 \times 10^{19}$ 原子 · cm^{-3}）。然后利用关系式 $P_{Kr85} = N(0)/N_{atm}$ 求出 1 000 cm³ 球体中 ^{85}Kr 的压力。计算结果表明，^{85}Kr 在 1 000 cm³ 体积内的活度达到 100 万 Ci 时压力为 675.8 个标准大气压。每百万居里的 ^{85}Kr 的热能是 1 322 W。从工程的

角度来看,无论是球体的大小还是气体压力都不太难达到。

球体(半径为 6.02 cm)足够小时,在屏蔽计算中可以作为点源进行模拟。使用 Radpro 计算器[24]来估计离裸球 1 m 远处的剂量率,结果约为 12.71 rem/h。在 20 世纪 90 年代初,与作者合作的工业伙伴认为这种剂量率是不能接受的,因为存在人员暴露问题,且原计划包装内的辐射敏感电子设备随电源一起部署。为了将剂量率降低到 1 m 处可接受的水平,该装置需要进行屏蔽。使用 Radpro 计算器测试了几个屏蔽厚度,结果表明 8 cm 厚铅板将剂量率减少到一个可接受的水平:24.3 μR/h。屏蔽层的质量为 124 kg。这表明该装置的质量功率比约为 0.124 kg/(W – thermal)。球体的半径是 14.2 cm。球体和屏蔽层的体积为 11 990 cm³。功率密度的计算方法是输出的热功率除以设备体积(1 322/11 990 = 0.11 W · cm⁻³)。如果 AlN 光伏组件与⁸⁵Kr源结合使用,则将 1 322 W 的热功率乘以前文计算的 0.148% 换能单元效率,可得到所能产生的电功率,预计输出的电功率为 195.7 W。由表5.1可知,每克液体 Kr 的最大输出功率为 0.517 808 194 W · g⁻¹,密度为 2.413 g · cm⁻³。⁸⁵Kr电池的基本参数如下:

- 放射性同位素输出功率 = 1 322 W
- 电池体积 = 11 990 cm³
- 功率稀释因子 = 1 322/(11 990 cm³ × 0.517 8 W/g × 2.413 g/cm³) = 0.088 25

电池输出功率为 195.7 W 时,系统效率是 η_{system} = 0.148%。电池功率密度为 195.7/11 990 = 0.016 3 W · cm⁻³。

⁸⁵Kr是最安全的放射性同位素之一。它是一种气体,一旦释放就会迅速在空气中扩散。它是一种稀有气体,如果进入肺部,几乎没有生物半衰期。这些优点和数字对核电池而言很有吸引力。然而,⁸⁵Kr PIDEC 核电池的弱点在于,全球⁸⁵Kr的供应量约为 1.42 亿 Ci[3]。因此,⁸⁵Kr的量只能制造 142 个这样的核电池。

第 2 章中讨论的大多数其他可用的同位素都是固态的。在基于 PIDEC 的核电池中使用这些更丰富的固体同位素是可能的。固体同位素和准分子气体之间的气溶胶界面(图 5.21)将具有一些效率增益。下面就使用 5 μm 半径的高反射度¹⁴⁸Gd 球形颗粒形成的气溶胶界面 PIDEC 核电池进行探讨。选择¹⁴⁸Gd 是因为它是一个几乎完美的 α 粒子发射体,粒子能量为 3.182 MeV,半衰期为 74.6 年。假设气溶胶颗粒为表面覆盖铝反射薄膜材料的¹⁴⁸Gd 金属球体,其中内部纯¹⁴⁸Gd 的密度为 7.95 g · cm⁻³。金属¹⁴⁸Gd 的输出功率为 0.61 W · g⁻¹。氙气是效率最高的准分子之一。稀有气体是准分子气体家族中荧光效率最高的。氙气准分子波长为 172 nm,是稀有气体准分子波长中最长的。因为铝的反射率在 160 nm 左右下降(铝是真空紫外线的最佳反射器),所以波长越长越好。在与氙准分子光子光谱匹配的可行光伏材料中,AlN(E_g = 6.2 eV)具有最高的带隙。

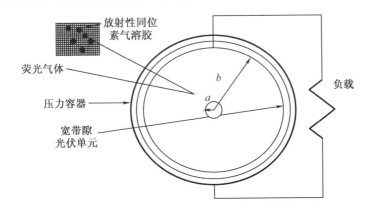

图 5.21　PIDEC 核电池中的气体/气溶胶源界面[25]

该 PIDEC 系统的分析与基于 ^{85}Kr 的相似。在这个系统中，气体的选择可以根据前文描述的最佳准分子光子和半导体的匹配来决定。Xe($\eta_f = 0.48$) 和 AlN 光伏组件($\eta_{in} \approx \eta_{pv} = 0.861$) 的组合是最好的选择，此时电势效率为 0.4，填充因数为 0.8。这个组合 $\eta_f \times \eta_{transducer} = 0.165$。这代表了该系统的基本效率减去通过气溶胶/气体混合物传输光子的损失。为了求出系统效率，下一步需要求出准分子光子通过气溶胶微粒/气体混合物的输运效率。这个问题涉及由核反应激发的弱尘埃等离子体。这一概念最初是由 1981 年的一位作者，作为一种可行的基于核驱动闪光灯的能量转换系统进行研究的[26]。从这项研究中可以确定，对于一个尺寸合理的核驱动闪光灯来说，弱尘埃等离子体组合可以达到光学厚度[27]。

人们发展了一种分析反射式气溶胶/弱等离子体组合的方法[28-30]。根据作者推导的反射式气溶胶粒子的扩散模型[1,30]，弱等离子体（由放射性同位素气溶胶粒子中的带电粒子发射到荧光气体中形成）中产生的光子的传输可以用来揭示光伏组件的光子传输特性。基于传输理论的代码开发是复杂和困难的。基于扩散理论的模型可行性，建立了模型[32]。该模型的基本理论是，可以通过假设气溶胶粒子是球形对其横截面近似处理。一个球形粒子的总截面是

$$\sigma_t = \pi r_p^2 \tag{5.60}$$

其中，r_p 是气溶胶粒子的半径。

根据放射性同位素的电离辐射射程，微粒的大小必须在微米范围内。部分解决方案是计算由形成球颗粒的放射性同位素发射的带电粒子到准分子光子气体的功率输运效率。能量在气体中沉积，然后通过形成准分子转化为光子。

光子穿过气溶胶/弱等离子体混合物并发生反应。当光子撞击气溶胶粒子时，得到散射事件的概率，从而建立光子与气溶胶粒子相互作用的模型。粒子被光子散射的概率是总反射系数(R_{total})。该总反射系数仅由微粒上的铝薄膜涂层的反射率(R_0)决定。瑞利散射（当光子波长与粒子大小一致时发生的一种效应）不是影响因素，因为优化后的粒子尺寸大于光子的波长。因此散射截面为

$$\sigma_s = R_0 \sigma_t \tag{5.61}$$

通过假设光子不是被粒子散射就是被粒子吸收，就得到了吸收截面。因此吸收截面为

$$\sigma_a = (1 - R_0)\sigma_t \tag{5.62}$$

为了应用扩散理论,我们对光子在粒子反射环境中的行为做了三个假设:

1. $\sigma_s > \sigma_a$

2. 强度是随位置缓慢变化的 1 个函数。

3. 强度不随时间变化而变化。

这些假设与反应堆物理中使用的中子扩散理论非常相似。扩散理论的控制方程是

$$\nabla^2 \varphi - \frac{\varphi}{L^2} = -\frac{S}{D} \tag{5.63}$$

其中,$L^2 = D/\Sigma_a$,$\Sigma_a = G\sigma_a$,$G =$ 气溶胶密度(cm^{-3}),$D = \Sigma_s/(3\Sigma_t^2)$,$S =$ 光子源(光子 $cm^{-3} \cdot s^{-1}$)。

为了求解公式(5.63),需要选择几何形状。在这种情况下,光伏组件使用球形几何(但也可以使用其他几何图形)。公式(5.63)成为

$$\frac{1}{r^2}\frac{d}{dr}(r^2)\frac{d\varphi(r)}{dr} - \frac{\varphi(r)}{L^2} = -\frac{S}{D} \tag{5.64}$$

边界条件来自系统的物理性质。围成球形的光伏组件被认为是一个强大的光子吸收器,因此光子在球壁面上的相互作用类似于中子输运问题中控制棒的作用[33]。吸收壁处的边界条件假设没有反向流动电流成分,或者另一种观点是没有光子从壁面上的光伏吸收器中逃逸。

$$J_-(a) = \frac{\varphi(r)}{4} + \frac{D}{2}\frac{d\varphi(r)}{dr}\Big|_b = 0 \tag{5.65}$$

式中,b 是球的半径。

第二个边界条件可以由球中心的局部电流条件导出。为了避免中心出现奇点,假设在电池的中心放置一个小的反射球。反射球半径为 a,壁面反射率为 R_1。因此,内球壁面的边界条件为

$$J_a^+ = R_1 J_a^-,\ \text{其中}\ J_\pm(a) = \frac{1}{4}\varphi(x) \mp \frac{D}{2}\frac{d\varphi(x)}{dx}\Big|_a \tag{5.66}$$

电池的功率平衡(下面进行讨论)也可以用作第二个边界条件或作为验证检查(局部电流边界条件和功率平衡边界条件给出的结果相同)。

当光子穿过光伏组件时,有三种潜在的损耗机制:被一个气溶胶颗粒吸收,被以 b 为半径的壁面上光伏组件吸收,或者被半径为 a 的反射小球的壁面吸收。单位体积的光子源强度是 α 粒子穿出气溶胶粒子进入气体的物理性质的函数。源函数的形式为

$$S = C_1 G r_p^3 e^{-Ar_p} \tag{5.67}$$

其中,C_1 和 A 是与放射性同位素的活度和材料性质有关的常数。A 是源中 α 粒子平均自由程(λ_1)的一个函数。C_1 是源中出射的 α 粒子在荧光气体中沉积的能量和荧光产生效率的函数。因此 e^{-Ar_p} 表示源粒子射出的 α 粒子能量输运效率[34]。$C_1 G r_p^3$ 项(类似于第 3 章中的核泵浦激光器[1]中的公式(3.14))是气溶胶源的荧光气体中沉积的平均功率密度乘以气体产生荧光的效率再除以每个光子的能量。这给出了每立方厘米每秒产生的光子数。

光子平衡方程可以写成

内部球吸收的光子 + 气溶胶吸收的光子 + 光伏组件吸收的光子 = $S \times$ 体积 (5.68)

又有

$$光伏组件中损失的 = J_-(b)(4\pi b^2) \tag{5.69}$$

其中, b 是球的外半径。

$$气溶胶中损失 = \int_a^b \sum_a \varphi(r)(4\pi r^2)\,dr \tag{5.70}$$

$$内球中损失 = J_+(a)(4\pi a^2) - J_-(a)(4\pi a^2) \tag{5.71}$$

因此

$$J_-(b)(4\pi b^2) + \int_a^b \sum_a \varphi(r)(4\pi r^2)\,dr + (1-R_1)J_+(a)(\pi a^2) = S\frac{4\pi}{3}(b^3 - a^3) \tag{5.72}$$

光伏组件的能量损失分数(或耦合效率 η_L)是

$$\eta_L = \frac{光伏组件吸收的光子数}{总光子生成数} = \frac{J_-(b)(4\pi b^2)}{S\dfrac{4\pi}{3}(b^3 - a^3)} = \frac{J_-(b)(3b^2)}{S(b^3 - a^3)} \tag{5.73}$$

气溶胶颗粒能量吸收分数(η_a)是

$$\eta_a = \frac{气溶胶吸收的光子数}{总光子生成数} = \frac{\int_a^b \sum_a \varphi(r)(4\pi r^2)\,dr}{S\dfrac{4\pi}{3}(b^3 - a^3)} = \frac{3\sum_a \int_a^b \varphi(r)r^2\,dr}{S(b^3 - a^3)} \tag{5.74}$$

内部球体的能量吸收分数(η_w)是

$$\eta_w = \frac{壁面吸收的光子数}{总光子生成数} = \frac{(1-R_1)J_+(a)(4\pi a^2)}{S\dfrac{4\pi}{3}(b^3 - a^3)} = \frac{(1-R_1)J_+(a)(3a^2)}{S(b^3 - a^3)} \tag{5.75}$$

解公式(5.64),光子强度是关于 r 的函数:

$$\varphi(r) = C_1\frac{2\exp(-r/L)}{r} + C_2\frac{L\exp(r/L)}{2r} + \frac{SL^2}{D} \tag{5.76}$$

使用如下参数:

1. $b = 10$

2. $a = 1$

3. $r_p = 0.000\,5$

4. $G = 1\,000\,000$

5. $R_1 = R_2 = 0.9$

6. $E_{ffp} = \mathrm{Exp}\left[-r_p/(9\times10^{-4})\right]$

从这些输入参数得出:

- 体积 $= (4/3)\times\pi\times r_p^3 = 5.236\times10^{-10}\mathrm{cm}^3$

- 质量 = 体积×放射性同位素密度 $= 4.163\times10^{-9}$

- 功率 = 质量×每克的功率 $= 2.54\times10^{-9}$

- 功率密度 $= G\times$功率 $= 0.002\,54$

- 有效荧光产额 = 0.5
- S = 功率密度 × 有效荧光产额

以下重要的参数是使用数学模型定义的,该模型与《核泵浦激光器》[1]一书中讨论的模型相似。

- C_1 = 0.000 216 455 825 719 159 47
- C_2 = −0.001 238 858 779 609 274 5
- 光伏吸收效率 = $\eta_{PVabsorption}$ = 0.406 5
- 气溶胶吸收百分比 = 0.593
- 内球壁面吸收百分比 = 0.000 881
- 放射性同位素输出功率 = 10.625 W
- 电池体积 = 4 184.6 cm^3
- 功率稀释因子 = $\dfrac{10.625}{4\ 184.6\left[\,\mathrm{cm}^3\,\right] \times 0.61\left[\,\mathrm{W/gm}\,\right] \times 7.95\left[\,\mathrm{gm/cm}^3\,\right]}$ = 0.000 523 6

电池输出功率为 0.71 W 时,系统效率 $\eta_{system} = \eta_f\,\eta_{transducer}\,\eta_{PVabsorption}$ = 0.165 × 0.406 5 = 0.067。电池功率密度为 0.000 171 W·cm^3。

比较两种 PIDEC 电池的性能是人们比较关心的,一种使用^{85}Kr体源,另一种使用由^{148}Gd制成的反射式气溶胶源。^{85}Kr电池的功率密度是^{148}Gd 电池的 1 181 倍以上。这主要是由于两种电池的功率稀释因子不同(约 1 910 倍)。通过比较得出的结论是,由于源的带电粒子射程与换能单元尺度之间的不匹配而导致的稀释因子显著降低了核电池的性能。

5.5　核电池文献中的问题分析

调研 α 和 β 辐致伏特效应核电池研究文献的困难在于,大多数研究未能提供足够的信息,让读者充分理解实验并正确解释结果。问题始于对重要变量的完整描述。这些变量包括放射性同位素源信息、组成源的混合材料(例如,一种很常见的做法是把放射性同位素和金进行混合)、源与换能单元的耦合结构、源的尺寸、P‐N 结材料、P‐N 结的几何形状和尺寸。为了在一个例子中说明这些因素,假设电池使用^{210}Po 源(^{210}Po是一个 α 粒子发射体),它与银以 1:10 的比例混合。然后把这种金属混合物卷成薄片。如果将 5 μm 的^{210}Po源材料的薄片置于由 SiC 制成的 1 cm × 1 cm P‐N 结的顶部,为了充分描述实验,需要明确以下参数:^{210}Po与银的比例、P‐N 结的表面积、源的厚度(t_1)、源的活度、N 型层的厚度(t_2)、耗尽区宽度(t_3)和 P 型层的厚度(t_4)。需要上述厚度参数来模拟从源到耗尽区的 α 粒子发射的路径。源薄片将吸收 α 粒子的部分能量。例如,可商购的封装 α 源通常会在源结构中损失约 10% 的 α 粒子能量[35]。可以合理地假设^{210}Po原子在薄片中均匀分布。在建立蒙特卡罗输运模型时,可以考虑薄片中衰变的原子的位置、衰变的时间和发射角。由于 α 衰减是各向同性的,因此 α 粒子以任何立体角发射的可能性均相等。因此,一半的发射轨迹远离 P‐N 结的表面。然后,蒙特卡罗输运模型将追踪 α 粒子的轨迹,并确定其路径以及在何处产生电子‐空穴对。因此,需要对电池的几何形状进行完整的描述。如果实验论文未能提供完整的描述,实验就没有得到充分描述。如果没有对未描述的变量做出可能有效的假设,则读者无法对 α 或 β 辐致伏特效应核电池进行建模。

读者可以使用一些基本方法来分析核电池文献。从图 5.1 所示的基本概念开始,核电池由多层结构组成。只有当能量沉积在换能单元层中才会产生有用的功率输出。能量沉积效率(η_{pd})是通过分析各种材料层中电离辐射的能量输运特性来计算的($\eta_{pd} = P_4/(P_1 + P_2 + P_3 + P_4)$)。这是一个复杂的计算,需要使用复杂的输运程序,例如 GEANT4 或 MCNP。正如本书前文各节所讨论的,电离辐射的射程与换能单元的尺度之间必须存在良好的匹配。核电池的尺度匹配类似于电路分析中的阻抗匹配。良好的尺度匹配意味着能量沉积效率高,反之亦然。核电池研究中有时会给出不可能的高效率,其原因可能是实验错误、概念误解,以及盲目炒作来制造噱头。

对组成光伏换能单元效率各个参数,$\eta_{transducer} = \eta_{dp} \eta_{pp} FF$,的基本理解,是读者鉴别核电池报道中任何问题的很好的出发点。当电子 – 空穴对产生效率 η_{pp} 乘以图 5.1 中的 P_4 时,与换能单元中产生的电子 – 空穴对的数量成正比。表 3.9 显示了一些典型半导体的电子 – 空穴对产生效率。例如,硅的电子 – 空穴对产生效率为 0.308,锗为 0.23,碳化硅为 0.421,氮化镓为 0.381,金刚石为 0.442。如表 3.9 所述,可以通过 Klein 公式估算在半导体材料中产生电子 – 空穴对所需的能量(或 W 值),

$$W = 2.8 E_g + 0.5 \text{ eV} \tag{5.77}$$

了解电子 – 空穴对产生效率的重要性在于 α 或 β 辐致伏特转换效率不可能超过 η_{pp}。如果报道中的系统效率超过 η_{pp},则是不合理的。

P – N 结有其他的固有的低效率因素会导致电池性能下降。性能降低因素之一是驱动电势效率 $\eta_{dp} = V/E_g$(其中 V 是光伏组件的工作电压)。通过跟踪电子可以理解驱动电势效率的重要性,该电子从价带上升到导带的能量消耗至少等于带隙(E_g)。将电子提升至导带的剩余能量是定义电子 – 空穴对产生效率 η_{pp} 的参数之一。因此,从能量学的观点来看,作为电子 – 空穴对的一部分而产生的电子具有可用的能量 E_g。如果电子 – 空穴对重新复合,则在此过程中会损耗能量 E_g。如果电子成为 P – N 结中产生电流的一部分,则能级 E_g 是其起点。在 P 型和 N 型材料之间的界面处有费米能级,在这里载流子在结上扩散形成了空间电荷,进而形成内建电场。形成内建电场的区域称为耗尽区。如果在耗尽区形成电子 – 空穴对,则内建电场使电子 – 空穴对分离。结电场中电子的势能是电压(V)乘以单位电荷(e)(其中 1 $e = 1.6 \times 10^{-19}$ C)或 Ve(具有电子伏特的单位)。应当注意,电池的实际工作电压(V)小于开路电压(V_{oc})。驱动势能可定义为结内电子的可用势能(Ve)除以带隙(E_g)的能级,写为 Ve/E_g。如果器件是理想的情况,Ve 将等于 E_g,这意味着结中电子的势能恰好等于将电子置于导带中所消耗的能量。如所讨论的,在结内产生的电场不是理想的情况,因此有必要将这种因素作为驱动电势效率形式的损失加以考虑。

第 3 章的讨论结果显示驱动电势效率随带隙的增加而增加。然而,开发一种真正驱动电势效率的计算方法是很重要的。高质量的硅太阳能电池的驱动电势效率通常为 0.5。这种优化的驱动电势效率来自半导体行业的硅优化技术,而硅优化工作已花费了数十年的时间,全球投资额达数千亿美元。因此,硅的驱动电势效率已达到瓶颈。另一方面,宽带隙材料仍处于起步阶段,在达到瓶颈之前还有很多研究点。在宽带隙材料中,金刚石已显示出最高的驱动电势效率,约为 $0.48^{[5]}$。

电子-空穴对产生效率和驱动电势效率确实为读者提供了分析报道中核电池系统效率的其他基础。如果报道的核电池效率超过 $\eta_{pp}\eta_{dp}$ 的乘积,则根本不可行。

决定 P-N 结效率的另一个重要因素是填充因子(FF)。将填充因子添加到模型中,换能单元效率变为 $\eta_{transducer} = \eta_{dp}\eta_{pp}FF$。最好的硅太阳能电池的填充因子接近 0.8。这是硅的优化极限,它基于最高纯度、无缺陷的硅光伏组件。因此,读者可以使用另一种方法来分析报道中 P-N 结核电池效率的有效性。如果核电池的报道系统效率超过了基于 P-N 结的电池换能单元效率($\eta_{transducer} = \eta_{dp}\eta_{pp}FF$)的最大值,则报道的效率是不可能的。

基于 P-N 结的核电池可以达到的最大效率(η_{sysmax})必须考虑源沉积在换能单元中的能量分数,$\eta_{pd} = P_4/(P_1 + P_2 + P_3 + P_4)$。因此,$\eta_{sysmax} = \eta_{pd}\eta_{transducer}$。现在,读者可以使用一套方法来评估报道中基于 P-N 结的核电池是否合理。

上面对 P-N 结核电池的分析可以用作读者分析其他使用不同换能单元的核电池设计的路线图。最简单的变化是肖特基势垒。分析的主要区别在于驱动电势效率。在肖特基势垒中,电压为势垒电压(V_b)。因此,驱动电势效率 $\eta_{dp} = V_b e/E_g$ 发生了变化。另一个重要的区别是肖特基势垒换能单元层的厚度至少比 P-N 结换能单元层的厚度小一个数量级。这使 η_{pd} 产生巨大差异。读者基本上可以按照与 P-N 结核电池所讨论的相同的分析程序来评估基于肖特基势垒的核电池的报道结果。

查看控制单结换能单元结构的因素,可以推测出最大的换能单元效率以及最大的系统效率。逻辑从前面讨论的电子-空穴对产生效率 η_{pp} 开始,对于固体,该效率在 0.2 到 0.44 之间变化,最高值出现在金刚石中。对于气体,η_{pp} 在 0.3 到 0.5 之间变化,最高值出现在稀有气体中。首先,对于固态换能单元,读者应该非常怀疑系统效率大于 0.4 的任何报道。对于电池,系统效率大于 η_{pp} 可以称为永运机极限。此限制来自电离辐射产生的能量中可用于产生电子-空穴对的比例。

其他因素也很重要。对于基于 P-N 结或基于肖特基势垒的核电池,η_{dp} 和 FF 影响理想换能单元的效率极限。如前几节所述,对于 P-N 结,η_{dp} 通常小于 0.5,对于肖特基势垒,η_{dp} 通常小于 0.25。填充因子将小于 0.8。因此,基于固态 P-N 结核电池的最大换能单元效率将低于 0.17,而基于肖特基势垒核电池的最大换能单元效率将低于 0.08。最后,能量沉积效率(η_{dp})需要考虑到效率因素中。根据源电离辐射的射程与换能单元的尺度之间的匹配,能量沉积效率的计算通常是一个复杂的传输问题。能量沉积效率的值可以在 0.001 到 0.1 之间。对于基于 P-N 结的核电池,最大系统效率将低于 0.017,对于基于肖特基势垒的核电池,其最大系统效率将低于 0.008。

核电池设计可能要求新型的工作机制。在没有完全了解确切机制的情况下,很难对此类要求进行解释。但是,读者确实有一些可用的分析方法,如本文所述,可以帮助深入了解异常的设计和未知的机制。

1. 换能机制是取决于热量的产生还是离子的形成?

2. 如果换能机制取决于离子的形成,则电子-空穴对的产生效率(η_{pp})是影响系统效率上限的最大限制因素。

3. 在沉积到换能单元中的能量中,应考虑将该功率转换为有用产物的效率,比如电功率($\eta_{\text{transducer}}$)。

4. 还必须得出电离辐射沉积到换能单元过程中的能量输运效率(η_{pd})。

声称为一种新换能机制的核电池例子是水基等离子体辅助辐射能转换装置[36]。该核电池使用放置在流体中的 ^{90}Sr 源。β 粒子流经水,并且有足够的射程到达在纳米多孔 TiO$_2$ 结构顶部的薄铂层制成的肖特基势垒。TiO$_2$ 的带隙为 5.2 eV。肖特基势垒高度为 0.45 eV。从源到达肖特基势垒的 β 粒子与 TiO$_2$ 相互作用以产生电子–空穴对,势垒高度的驱动电势产生电流。假设水的辐射分解产生的水合电子(e_{aq})到达铂并且这些水合电子中的一部分在铂中转化为电子–空穴对。据说这种作用会给电流增加额外的电子,并增强电池的输出功率。读者应遵循步骤 1 至步骤 4。从步骤 1 开始,读者将确定此核电池取决于离子的产生。在第 2 步中,读者需要确定电子–空穴对的产生效率(η_{pp})。确定该值包含两个部分。第一部分是确定 TiO$_2$ 中电子–空穴对的产生效率。这要求知道材料的 W 值。没有针对 TiO$_2$ 的 W 值的实验测量方法,因此读者应该使用第 3 章中描述的 Klein 公式($W = 2.8\,E_g + 0.5$)。不过 Klein 公式存在一些问题。从表 3.9 中可以看出,Klein 公式倾向于高估宽带隙材料的 W 值。在 Klein 公式的基础上,W 值被估计为 $2.8 \times 5.2 + 0.5 = 15.06$ eV。因此,TiO$_2$ 的电子–空穴对产生效率(η_{pp})为 5.2/15.06 = 0.345 3。第二部分是确定将水合电子转化为电子–空穴对的最大效率,这增加了肖特基势垒中的电流($\eta_{\text{pp}}^{e_{\text{aq}}}$)。假设将水合电子转换为电子–空穴对的机理是正确的,则可以计算出这种电流贡献的最大效率。如表 5.11 所示,用能量在 ^{90}Sr 范围内的 β 粒子产生水合电子的 G 值为 2.63[37,38]。回想一下,G 的定义是每沉积 100 eV 能量产生某种物质成分的数量。β 粒子在水中沉积每 100 eV 能量产生 2.63 个水合电子。假定水合电子向铂电极的扩散是理想的,以便计算由于等离子激元辅助效应而产生的最大电子–空穴对产生效率。产生水合电子的能量消耗为每个水合电子 100/2.63 = 38.02 eV。如果等离子激元辅助反应非常适合在肖特基势垒中产生电子–空穴对,则水合电子转化的电子对产生效率($\eta_{\text{pp}}^{e_{\text{aq}}}$)是势垒高度(或添进入到电路中的每个电子的势能)除以每个水合电子的能量消耗,0.45 / 38.02 = 0.011 8。电子对的总生产效率为 $\eta_{\text{pp}} + \eta_{\text{pp}}^{e_{\text{aq}}} = 0.345\,3 + 0.011\,8 = 0.357\,1$。该值代表系统效率的绝对上限。如前文所述,存在其他与肖特基势垒系统相关的显著低效率因素,它们会降低系统的工作效率。考虑驱动电势效率为 $\eta_{\text{dp}} = 0.45/5.2 = 0.087$,$FF$ 最大约为 0.8。实际的换能单元效率远远小于计算出的最大值 $0.357\,1 \times 0.087 \times 0.8 = 0.024$。如果能量沉积效率 $\eta_{\text{pd}} = P_4 / (P_1 + P_2 + P_3 + P_4)$ 也被考虑,电池效率将再下降一个数量级或更多。

表 5.11　不同类型的电离辐射在水中产生的自由基和分子产物[38]

辐射种类	G(−H$_2$O)	G(H$_2$ +H$_2$O)	G(e_{aq}^-)	G(H)	G(OH)
X 射线和快电子 (0.1 MeV < E < 20 MeV)	4.08 (3 < pH < 13)	1.13	2.63	0.55	2.72

表 5.11 （续）

辐射种类	$G(-H_2O)$	$G(H_2+H_2O)$	$G(e_{aq}^-)$	$G(H)$	$G(OH)$
α 粒子(12 MeV)	2.84(pH 7)	2.19	0.42	0.27	0.54
Po α 粒子(3 MeV)	3.62(pH 0.46)	3.02	0	0.60	0.50

读者需要了解的还有现有核电池文献中其他的潜在问题。这些问题影响了所报道的实验结果的解释。一个示例是用于测量从 β 或 α 辐致伏特效应核电池产生功率的方法。P－N 结的工作电压(V_{op})和电流(I_{op})取决于 P－N 结的材料特性(例如,材料类型、载流子寿命、缺陷密度等)。工作电压和电流的乘积代表电池的输出功率。源通常活度较低($A<1$ mCi)。这种低活度导致低输出功率。大多数报道的数据在皮瓦到纳瓦量级。因此,如果一个 SiC 电池报告的输出功率为 1 nW,则其工作电压应为 1.4 V 左右。因此,电流输出为 0.71 nA 左右。0.71 nA 水平的电流是很难测量的,因此需要特别注意测量电流设备(例如皮安表)的电源线和接地的状况。这样做是为了消除可能导致皮安表读数出现误差的波纹效应。皮安表还可能表现出电子漂移,这会在测量开始时导致较高的输出信号,然后随时间减小。如果没有很好地描述实验测量方法,那么读者将不得不考虑作者在进行这些关键测量时是否采取了适当的预防措施。

文献中报道的实验的另一个例子与所使用的效率的定义有关。报道的标准方法是使用电池的绝对效率(η_{ab}),其定义为电池的功率除以放射性同位素源产生的总功率(公式(5.27))。但并非所有研究者都给出绝对效率,有时还不清楚所给出的效率是如何定义的。读者在核电池相关文献中可能会遇到的最常见效率之一就是本征效率(η_{int}),这是本书中为说明目的而定义和使用的术语。本征效率定义为电池的功率输出(P_{out})除以沉积在耗尽区上的功率(P_{dpl})或者沉积在图 5.1 中的常规换能单元上的功率(P_4)(公式(5.52))。本征效率不考虑沉积在换能单元以外的材料中的能量(例如,$\eta_{pd}=P_4/(P_1+P_2+P_3+P_4)$)。本征效率通常与绝对效率在一个数量级或大于绝对效率。

$$\eta_{int}=\frac{P_{out}}{P_{dpl}} \tag{5.78}$$

作者如何计算沉积在耗尽区中的能量还存在一些问题。该计算需要 α 或 β 源结构的具体细节(图 4.12 中给出了一个例子),源与换能单元界面准确的几何形状以及电池的关键尺寸。α 或 β 放射源的制造商将提供有关标准设计的数据(例如 Eckert 和 Ziegler 同位素产品公司的放射性同位素源)。然而,金属封装薄膜对高精度源的影响范围为 ±30%,对于精度较低源的影响范围达到 ±200%。金属封装薄膜的厚度将影响从源表面发出的 α 粒子的能量。发射的 α 粒子将具有能谱分布和角分布,其中角分布取决于源的尺寸。例如,P－2042 型点核 α 粒子发射体从其表面发出的 α 粒子平均能量仅为 4.5 MeV,而 ^{210}Po 衰变产生的 α 粒子能量为 5.3 MeV[35]。0.8 MeV 的差异是由于 α 粒子在通过源材料输运时的自吸收损失。不包含完整的 α 能谱或其角分布的模型会产生能量沉积差异,该差异与实际值大不相同。由于 β 能谱的特性,β 源更加复杂[22,39]。如果作者依赖于常用的近似值,认为 β 源是单能的(即,平均 β 能量为 $1/3$ β_{max}),则输运计算中的误差将很大。因此,报道本征效率的作者需要向读者提供源的完整详细信息,完整的尺寸参数(例如层厚度、面积等),源与换能单元耦合的几何参数,P_{dpl} 的计算方式以及完整的电池设计数据,以使读者了解在耗尽区中沉积能量的计算是否正确。

一些作者将效率定义为输出功率(P_{out})除以换能单元吸收的功率(P_{abdev})。因此,对于图 4.11 所示的示例电池,其仅计算了与 P - N 结在轨迹上相交的 α 粒子。有 50% 的粒子由于方向错误而不被计数。该效率称为器件效率 η_{dev},在公式 5.79 中有定义[3]。器件效率大约是绝对效率的两倍。同样,作者在计算输运效率时可能会犯一些与上述计算本征效率时相同的错误。

$$\eta_{dev} = \frac{P_{out}}{P_{abdev}} \tag{5.79}$$

在大多数情况下,作者报道本征效率和设备效率而不是绝对效率,其目的并不是故意误导读者。从作者的角度来看,去除能量传输到换能单元的几何效率,可以呈现出核电池设计的最大潜力。但是,依赖于读者去充分理解本征效率或器件效率的微妙之处是有问题的。

要注意的另一个重要参数是是否使用了 P - N 结的外置偏压来增加电池的耗尽宽度。如果使用外置偏压,则外部的电压源也贡献了电流输出。通常,作者在电流测量中没有考虑到这一重要的贡献,因此报道的效率要高于实际值。

为了在核电池设计之间进行有意义的比较,需要电池的绝对效率。使用本征效率和器件效率会分散读者对相关事实的注意力,并导致得出错误的结论。

最后非常重要的问题是,基于 P - N 结的换能单元极易受到辐射损伤,从而对其使用寿命产生不利影响。电离辐射使晶格中的原子发生位移,从而产生了空位。发生位移的原子通常位于间隙位置[40]。位移率与辐射源与材料的相互作用所产生的功率密度成正比。例如,具有高线性能量转移(LET)的 α 粒子可以置换晶体中的数百个原子。P - N 结的特性会随着辐射暴露增加而降低,从而限制了结的寿命。有人认为宽带隙的 P - N 结对辐射的敏感性较小,但是即使宽带隙的 P - N 结也受到辐射损伤的影响,因为晶体中原子的结合能远低于电离辐射能。一些作者[41]提供了有关电池输出功率的时间数据,该数据显示出辐射损伤如何影响电池性能。辐射损伤可能是除光伏组件以外的换能单元的一个问题。读者需要确定换能单元的特定类型。

表 5.12 列出了文献中近期具有代表性的 α 和 β 辐致伏特效应核电池研究。如表所示,需要报道电池的重要特性,并说明是否报道了这些重要几何尺寸。由于放射性同位素设计中包含了如此多的变量,因此所有这些变量都可以合并到标题为"放射性同位素设计信息是否充足"的一栏中。

总而言之,表 5.12 是文献中的代表性论文。如表中所示,这些论文通常不会给读者提供全面了解实验并正确解释结果所需的所有信息。报道核电池研究的复杂性归因于辐射输运的性质。每种类型的辐射都有一个与之相关的尺度(λ_{Radtr}),它是与特定能量和材料相关的。能量转换方案的效率取决于辐射源和换能单元的尺度(L_{trans})的相似性。本质上说,基于线性渐变的 P - N 结 α 和 β 辐致伏特效应核电池约在 1 μm 量级,即使是在文献中所描述的典型的核电池,与辐射源的尺度也很不匹配。即使在放射源是 α 源的有利情况下,其在固体中的射程也约为 20 μm,这不是很好的参数。如前文所述,β 粒子的尺度匹配度要更差。

表 5.12 有代表性的核电池相关文献提供的信息完整性摘要

文献	同位素	活度	放射性同位素的设计信息是否充足	结尺寸或器件的描述是否充足	功率测量方式（信噪比是否给出）	P_{out}	报道的效率 η_{ab}, η_{int} 或 η_{dev}	E_{dep} 的分数
Andreev et al.[42]	^{3}H& ^{55}Fe	无活度信息；P_{dep} 10~15 (mW/cm²) 但没有 3D 信息	只有 1D 几何信息	无掺杂浓度	I – V 分析	最大:0.55 μW/cm²	期望值 3%	未讨论
Lu et al.[43]	^{63}Ni	33 μCi/mm²	是	是	J – V 数据	未说明	0.32%	未讨论
Flicker et al.[44]	^{147}Pm	6.3 Ci, 6.8 Ci	是	是	J – V 数据	未明确说明，绘图给出（小于 10 μW）	0.4%, 0.77%	未讨论
Li et al.[45]	^{63}Ni	0.12 mCi	是	是	J – V 分析	4.08 nW/cm²	1.01%	未讨论
Clarkson et al.[46]	^{3}H	只说明样品暴露于氚气体中	否	是	J – V 数据	未说明，I – V 绘图给出	0.22%	未讨论
Zaijun et al.[47,48]	^{63}Ni	11 mCi	否	否	J – V 数据	未说明，绘图给出	<1%	未讨论
Deus[49]	^{3}H	只说明样品暴露于氚气体中	否	否	J – V 数据	129 nW 最大初始值	2.3%（初始）	未讨论
Hang andLal[50]	^{63}Ni(β)	0.25 mCi	否，电镀	是	J – V 分析	0.24 nW	NA	未讨论
Hang and Lal[50]	^{63}Ni(β)	1 mCi	否，暴露于密封源	是	J – V 分析	0.32 nW	NA	未讨论
Cress et al.[51]	^{210}Po	0.35 mCi	否（薄片信息）	是	J – V 数据	0.050 4 μW	$\eta_d = 36.3\%$ $\eta_{dev} = 3.2\%$	未讨论
Cress et al.[51]	^{241}A	1.12 μCi	否（薄片信息）	是	J – V 数据	0.006 8 nW	$\eta_d = 0.8\%$ $\eta_{dev} = 0.04\%$	未讨论

表 5.12（续 1）

文献	同位素	活度	放射性同位素的设计信息是否充足	结构尺寸或器件的描述是否充足	功率测量方式（信噪比是否给出）	P_{out}	报道的效率 η_{ab}，η_{int} 或 η_{dev}	E_{dep} 的分数
Duggirala et al.[52]	^{63}Ni	9 mCi	否（薄片信息）称为是一个薄片源	是	电输出功率 22 nW 为 0.07%＋占空时 750 μW 压电功率	22 nW + 750 μW	$\eta_d = 5.10\%$	未讨论
Kavetskiy et al.[1,53] and Galina Yakubova[54]	^{147}Pm	1.5×10^{10} Bq	否（薄片信息）	是（直接充电放射性同位素电池）	VI	NA	计算值：$\eta_d = 4.2\%$，实验值：$\eta_d = 3.5\%$	未讨论
Kavetskiy et al.[1,53] and Galina Yakubova[54]	^{147}Pm	9.6×10^{10} Bq	否（薄片信息）	是（直接充电放射性同位素电池）	VI	NA	计算值：$\eta_d = 7.5\%$，实验值：$\eta_d = 8\%$	未讨论
Kavetskiy et al.[1,53] and Galina Yakubova[54]	^{147}Pm	9.6×10^{10} Bq	否（薄片信息）	是（直接充电放射性同位素电池）	VI	NA	计算值：$\eta_d = 14.1\%$，实验值：$\eta_d = 15\%$	未讨论
Rybicki, Vargas – Aburto, and Uribe[41]	$^{241}Am(\alpha)$	5 mCi	否	否	VI	在 0 h 为 0.015 μW/cm²，在 100 h 为 0.008 5 μW/cm²	$\eta_d = 18\%$	未讨论
Patel et al.[55]	$^{244}Cm(\alpha)$	1 Ci	是	未详细说明尺寸	理论计算，无实际测试	20 mW	$\eta_d = 57\%$	未讨论
Sychov et al.[56]	$^{238}Pu(\alpha)$	300 mCi	否	否	测量的输出功率	21 μW	$\eta_{dev} = 0.11\%$	未讨论

表 5.12（续 2）

文献	同位素	活度	放射性同位素的设计信息是否充足	结尺寸或器件的描述是否充足	功率测量方式（信噪比是否给出）	P_{out}	报道的效率 η_{ab}，η_{int} 或 η_{dev}	E_{dep} 的分数
Qiao et al.[57]	^{63}Ni	无	否	是，肖特基势垒二极管 1.46 μm 耗尽区宽度	测量的输出功率	2.04 nW/cm²	$\eta_{dev}=0.50\%$	未讨论
Qiao et al.[57]	^{241}Am	^{241}Am：0.018 mCi/cm²	否	1.46 μm 耗尽区宽度	测量的输出功率	Am：1.25 nW/cm²	$\eta_{dev}=0.10\%$	未讨论

注：一篇文献应该提供所使用同位素信息，同位素封装的详细设计信息，源与换能单元的界面信息，换能单元的详细设计信息，如何测量输出功率的详细信息，效率计算的详细信息，是否施加了外置偏压以增加耗尽宽度。

5.6　总　　结

核电池具有物理上的局限性,在本书中已对此进行了讨论。首先,最重要的是电池的效率由构成电池的材料中电离辐射射程和换能单元尺度的匹配情况所限制。沉积在换能单元中的能量分数是一个重要的效率限制因素。

在第 1 章中,介绍了电池最小面积每瓦(BAW_{min})和电池最小体积每瓦(BVW_{min})的概念。引入这些概念的目的是双重的。首先,在核电池技术的讨论中,需要一个可以比较不同设计的共同参量,尺寸是最直观的。第二个问题是,电离源可以覆在换能单元上(面源),也可以嵌入块体中(体源)。BAW_{min} 可以比较不同设计的面源;BVW_{min} 可以比较不同设计的体源。BAW_{min} 的倒数是特定放射性同位素的最大可能表面功率密度(SPD_{max})(W/cm^2),而 BVW_{min} 的倒数是特定放射性同位素的最大体积功率密度(VPD_{max})(W/cm^3)。BAW_{min} 和 BVW_{min} 的值基于包含同位素原子密度(原子/cm^3)最大的特定放射性同位素化合物。因此,核电池的尺度不会小于 BAW_{min} 或 BVW_{min},或者功率密度值不会大于 SPD_{max} 或 VPD_{max}。在第 1 章中讨论了使用氚化非晶硅 NIP 漂移结的电池的例子。该电池产生的表面功率密度为 259 nW/cm^2,每瓦电池表面积(BAW)为 3 861 000 cm^2/W。氚的 BAW_{min} 为 150 749 cm^2/W。因此,$BAW/BAW_{min} = 25.61$,这表明该概念既存在几何设计问题,又存在换能单元效率问题。在此分析中可以看到基于氚的核电池其他方面的一些重要信息。首先而言,即使是一个理想的基于氚的核电池(意味着没有功率稀释因子和100%的换能单元效率)也将达到一个很大值,该值为 150 749 cm^2/W。

在 5.4.3 中讨论的 ^{85}Kr 电池是使用体源电池设计的一个例子。^{85}Kr 的 BVW_{min} 为 0.8 cm^3/W。在 5.4.3 中的电池具有一个屏蔽层,该屏蔽层会占用很大体积。该电池的 BVW 为 61.3 cm^3/W。

第 3 章的目的是深刻理解关于如何将功率从源输运到换能单元。放射源具有各向同性,因此在源与换能单元之间的界面设计,要使换能单元中的能量沉积最大化是非常复杂的。电离辐射必须以最小的自吸收逸出源材料,然后必须到达换能单元(可能要必须穿过非发电层)并沉积尽可能多的能量。考虑到电离辐射的输运,BVW 或 BAW 都会大大增加。当考虑到电离辐射输运时,电池的真实尺寸就会曝光。尽管核电池的文献中充斥着微型尺寸的报道(应注意,这些报道中的系统功率水平非常低),但从第 3 章中得出的结论是具有有用功率水平的核电池尺寸并不小。

第 4 章介绍了原子稀释因子和功率稀释因子的概念。根据源和换能单元之间的界面,体积中放射性同位素原子的平均数目将被稀释。原子的稀释导致器件尺寸增大。功率稀释是指电池中输出功率与放射性同位素原子已知密度最高的化合物可用的最大热功率之比。面源构型将具有非常大的原子稀释因子以及很大的功率稀释子。体源可以改善原子稀释因子和功率稀释因子。稀释因子为读者提供了另一种分析方法,用于评估核电池概念的可行性以及有关新核电池技术说明的有效性。

换能单元的效率是最终的考虑因素。一旦能量被换能单元吸收,第 5 章给出了如何求导出产生有用功率的效率。

这些章节中的经验可用于形成对核电池设计及其实际尺寸和效率的直观体验。

习　题

1. 图 5.1 是功率从源到换能单元的输运方式的示意图。解释各个层如何影响电离辐射能到换能单元的输运效率。

2. 哪种效率决定 P-N 结换能单元性能？温度如何影响结的效率？

3. 光子和电离辐射与 P-N 结换能单元相互作用有什么区别？这些差异如何影响换能单元效率？

4. 使用 ^{147}Pm 重建图 5.6。

5. 使用 ^{90}Sr 重建图 5.6。

6. 辐射损伤如何影响 P-N 结换能单元、直接充电核电池、间接 PIDEC 型电池？

7. 健康和安全问题如何影响核电池？

8. 比较 $\theta_m = 15°$、$30°$、$45°$、$60°$ 和 $75°$ 时直接充电核电池的理想效率。哪个角度可产生最高效率？为什么？

9. 一名辐射从业人员，她整个身体意外地接收了 60Rads 的 X 射线辐射，并且对性腺了 30 Rads 的 X 射线辐射，对皮肤产生产生了 15 Rads 的 α 射线照射。她的有效剂量是多少？人的 50% 致死剂量（LD50）约为 400 rem，她超过了这个限值吗？

10. 一份文献报告声称已开发出使用放射性同位素 ^{90}Sr 的核电池。根据该报告，作者成功构建了一种基于面源的电池，总效率为 15%。这可行吗？证明你的答案。

11. 如果你可以为核电池中的放射性同位素选择理想的性质，那么你会选择什么活度、能量、衰变类型和半衰期？考虑辐射损伤、电池寿命、功率和尺寸等方面。

12. 比较 α 辐致伏特效应核电池、β 辐致伏特效应核电池和 PIDEC 核电池的系统效率。

13. 讨论核电池相关文献中发现的主要问题。

参 考 文 献

[1] Prelas MA (2016) Nuclear-pumped lasers. Springer International Publishing

[2] Prelas MA, Loyalka SK (1981) A review of the utilization of energetic ions for the production of excited atomic and molecular states and chemical synthesis. Prog Nucl Energy 8:35 – 52

[3] Prelas MA, Weaver CL, Watermann ML, Lukosi ED, Schott RJ, Wisniewski DA (2014) A review of nuclear batteries. Prog Nucl Energy 75:117 – 148

[4] Oh K, Prelas MA, Lukosi ED, Rothenberger JB, Schott RJ, Weaver CL et al (2012) The theoretical maximum efficiency for a linearly graded alphavoltaic nuclear battery. Nucl Technol 179:7

［5］　Popovici G，Melnikov A，Varichenko VV，Sung T，Prelas MA，Wilson RG et al（1997）Diamond ultraviolet photovoltaic cell obtained by lithium and boron doping. J Appl Phys 81：2429

［6］　Xu Z-H，Tang X-B，Hong L，Liu Y-P，Chen D（2015）Structural effects of ZnS：Cu phosphor layers on beta radioluminescence nuclear battery. JRadioanal Nucl Chem 303：2313－2320

［7］　Liu Y，Tang X，Xu Z，Hong L，Chen D（2014）Experimental and theoretical investigation of temperature effects on an interbeddedbetavoltaic employing epitaxial Si and bidirectional 63Ni. Appl Radiat Isot 94：152－157

［8］　Claeys C，Simoen E（2002）Radiation effects in advanced semiconductor materials and devices. Springer

［9］　Ziegler JF，Ziegler MD，Biersack JP（2010）SRIM-The stopping and range of ions in matter. Nucl Instrum Methods Phys Res，Sect B 268：1818－1823

［10］　Revankar ST，Adams TE（2014）Advances in betavoltaic power sources. J Energy Power Sources 1：321－329

［11］　McFee RB，Leikin JB（2009）Death by polonium-210：lessons learned from the murder of former Soviet spy Alexander Litvinenko. Semin Diagn Pathol 61－67

［12］　McAllister JFO，Burger TJ，Carsen J，Gumbel P，Israely J，Zarakhovich Y（2006）Thespy who knew too much. Time 168：30

［13］　John H，Rich L，David L，Alan P，Bobby S（2007）Polonium-210 as a poison. JRadiol Prot 27：17

［14］　Carter PJ（1977）Presidential Directive/NSC-25，scientific or technological experiments with possible large-scale adverse environmental effects and launch of nuclear systems into space. http：//www. jimmycarterlibrary. gov/documents/pddirectives/pres_directive. phtml

［15］　Bennett GL（1981）Overview of the U. S. flight safety process for space nuclear power. Nucl Safety 22：423－434

［16］　Standley S（2006）Cassini-Huygens engineering operations at Saturn，P. Jet Propulsion Laboratory，CA，National Aeronautics and Space Administration

［17］　Rinehart GH（2001）Design characteristics and fabrication of radioisotope heat sources for space missions. Prog Nucl Energy 39：305－319

［18］　Kern D，Scharton T（2004）NASA handbook for spacecraft structural dynamics testing. In：Environmental testing for space programmes，vol 558，NASA，pp 375－384

［19］　Rosenberg KE，Johnson S（2006）Assembly and testing of a radioisotope power system for the New Horizons Spacecraft. In：4th International energy conversion engineering conference and exhibit（IECEC）. San Diego，California，p 2006

［20］　Martin L（1998）AGPHSRTGs in support of the cassini RTG program. Final Technical

Report RR18. Philadelphia, PA

[21] Commission NR (2004) 10 CFR Part 71. Compatibility with IAEA transportation stand-ards (TS-R-1) and other transportation safety amendments, vol 67, pp 21390 – 21484

[22] Oh K, Prelas MA, Rothenberger JB, Lukosi ED, Jeong J, Montenegro DE et al (2012) Theoretical maximum efficiencies of optimized slab and spherical betavoltaic systems utili-zing Sulfur-35, Strontium-90, and Yttrium-90. Nucl Technol 179:9

[23] PrelasM, CharlsonE, CharlsonE, MeeseJ, PopoviciG, StacyT (1993) Diamondphotovoltaic energy conversion. In: Yoshikawa M, Murakawa M, Tzeng Y, Yarbrough WA (eds) Second international conference ontheapplication of diamond films and relatedmaterials. MY Tokyo, pp 5 – 12

[24] Radprocalculator (2015). Gamma emitter point source dose-rate with shielding. http:// www. radprocalculator. com/Gamma. aspx

[25] Prelas M, Popovici G, Khasawinah S, Sung J (1995) Wide band-gap photovoltaics. In: Wide band gap electronic materials. Springer, pp 463 – 474

[26] Prelas MA Title, unpublished|

[27] Prelas M, Boody F, Zediker M (1984) A direct energy conversion technique based on an aerosol core reactor concept. IEEE Publication, p 8

[28] Prelas MA, Boody FP, Zediker MS (1985) An aerosol core nuclear reactor for space-based high energy/power nuclear-pumped lasers. In: El-Genk MS, Hoover M (eds) Space nuclear power systems, Orbit Book Company

[29] Guoxiang G, Prelas MA, Kunze JF (1986) Studies of an aerosol core reactor/laser's crit-ical properties. In: Hora H, Miley GH (eds) Laser interaction and related plasma phe-nomena, Springer, pp 603 – 611

[30] Prelas MA, Boody FP, Kunze JF (1986) A compact aerosol core reactor/laser fueled with reflective micropellets. In: Hora H, Miley GH (eds) Lasers and related plasma phenomena, vol 7. Plenum Press, New York, NY

[31] Prelas MA, Boody FP, Zediker MS (1984) Study of the basic transport properties (charged particle transport, fluorescence transport & coupling efficiency) of the photon intermediate direct energy conversion technique. Research Gate

[32] Prelas M, Kunze J, Boody F (1986) A compact aerosol core reactor/laser fueled with re-flective micropellets. In Hora H, Miley G (eds) Laser interaction and related plasma phenomena. Springer US, pp 143 – 154

[33] Henry AF (1975) Nuclear-reactor analysis. MIT Press

[34] Chung A, Prelas M (1984) Charged particle spectra from U – 235 and B – 10 micropellets and slab coatings. Laser Part Beams 2:201 – 211

[35] Syed A (2012) Modeling the energy deposition of alpha particles emitted from [210]Po source on silicon carbide for possible nuclear battery and laser pump applications, M.

Sc., Nuclear Science & Engineering Institute, University of Missouri—Columbia, MO

[36] Kim H, Kwon JW (2014) Plasmon-assistedradiolytic energy conversion in aqueous solutions. Nat Sci Rep 4

[37] Buck EC, Wittman RS, Skomurski FN, Cantrell KJ, McNamara BK, Soderquist CZ (2012) Radiolysis process modeling results for scenarios: used fuel disposition. Pacific Notrhwest National Laboratory

[38] Spinks JWT, Woods RJ (1990) An introduction to radiation chemistry. John-Wiley and Sons, Inc., New York, Toronto

[39] Oh K (2011) Modeling and maximum theoretical efficiencies of linearly graded alphavoltaic and betavoltaltaic cells, M. Sc., Nuclear Science & Engineering Institute, University of Missouri—Columbia

[40] Ashburn P, Morgan DV (1974) The role of radiation damage on the current-voltage characteristics of pn junctions. Solid-State Electronics 17:689 – 698

[41] Rybicki G, Vargas-Aburto C, Uribe R (1996) Silicon carbide alphavoltaic battery, pp 93 – 96 42. Andreev V, Kevetsky A, Kaiinovsky V, Khvostikov V, Larionov V, Rumyantsev V et al. (2000) Tritium-powered betacells based on Al xGa 1 – xAs. In: Photovoltaic specialists conference. Conference record of the twenty-eighth IEEE, pp 1253 – 1256

[42] Lu M, Zhang G-g, Fu K, Yu G-h, Su D, Hu J-f (2011) Gallium nitride schottkybetavoltaic nuclear batteries. Energy Convers Manage 52:1955 – 1958

[43] Flicker H, Loferski J, Elleman T (1964) Construction of a promethium – 147 atomic battery. IEEE Trans Electron Devices 11:2 – 8

[44] Li X-Y, Ren Y, Chen X-J, Qiao D-Y, Yuan W-Z (2011) 63Ni schottky barrier nuclear battery of 4H-SiC. JRadioanal Nucl Chem 287:173 – 176

[45] Clarkson J, Sun W, Hirschman K, Gadeken L, Fauchet P (2007) Betavoltaic and photovoltaic energy conversion in three-dimensional macroporous silicon diodes. Physica status solidi A 204:1536 – 1540

[46] Zaijun C, Haisheng S, Yanfei L, Xuyuan C (2010) The design optimization for GaN-based betavoltaic microbattery. In: 2010 5th IEEE international conference on Nano/micro engineered and molecular systems (NEMS), pp 582 – 586

[47] Cheng Z, San H, Li Y, Chen X (2010) The design optimization for GaN-basedbetavoltaic microbattery. In: 2010 5th IEEE international conference on nano/micro engineered and molecular systems (NEMS), pp 582 – 586

[48] Deus S (2000) Tritium-poweredbetavoltaic cells based on amorphous silicon. In: Conference record of the twenty-eighth IEEE, photovoltaic specialists conference, 2000, pp 1246 – 1249

[49] Hang G, Lal A (2003) Nanopower betavoltaic microbatteries. In: 12th international conference on transducers, solid-state sensors, actuators and microsystems 2003, vol 1, pp

36 – 39

[50] Cress CD, Landi B, Raffaelle RP, Wilt DM (2006) InGaP alpha voltaic batteries: synthesis, modeling, and radiation tolerance. J Appl Phys 100:114519 – 114700

[51] Duggirala R, Li H, Lal A (2008) High efficiency radioisotope energy conversion using reciprocating electromechanical converters with integrated betavoltaics. Appl Phys Lett 92

[52] Kavetskiy A, Yakubova G, Yousaf SM, Bower K, Robertson JD, Garnov A (2011) Efficiency of Pm – 147 direct charge radioisotope battery. Appl Radiat Isot 69:744 – 748

[53] Galina Yakubova AK (2012) Nuclear batteries with tritium and promethium – 147 radioactive sources: design, efficiency, application of tritium and pm – 147 direct charge batteries, tritium battery with solid dielectric. LAP Lambert Academic Publishing

[54] Patel JU, Fleurial J-P, Snyder GJ (2006) Alpha-voltaic sources using liquid ga as conversion medium. NASA Tech Briefs, NASA

[55] Sychov M, Kavetsky A, Yakubova G, Walter G, Yousaf S, Lin Q et al. (2008) Alpha indirect conversion radioisotope power source. Appl Radiat Isot 66:173 – 177

[56] Qiao DY, Chen XJ, Ren Y, Yuan WZ (2011) A micro nuclear battery based on Sic schottky barrier diode. JMicroelectromech Syst 20:685 – 690

第6章 核电池的潜在应用

摘要:放射性同位素的显著特性是单位质量内储存的能量大、寿命长。这些特性是将放射性同位素作为核电池的能量源的主要原因。随着技术的发展,其应用随着时代而改变。在本章中,将讨论成功的核电池设计及其应用。此外,还讨论了随着时代逐渐发展起来的需要巨大能量储存和长寿命的技术。

关键词:核电池应用,军事,空间,健康,裂变反应堆

6.1 成功应用案例

基于放射性同位素驱动的核电池的商业应用可以追溯到 60 年前[1-3],诸如 RCA 等实验室从事此类研究。Sandia 在 20 世纪 60 年代开发出使用 ^{85}Kr 同位素的直接充电核电池(DCNB),产生了较高的工作电压(20 kV),电流范围为 $1 \times 10^{-10} \sim 1 \times 10^{-9}$ A(图 6.1)。通过玻璃吹制的方式制作了一个 1.6 cm³ 的玻璃灯泡。康宁 7053 玻璃的壁厚为 0.015 cm。玻璃灯泡内充满 80 psi 的 Kr 气体,其中 Kr 气体中 ^{85}Kr 的含量为 5%。因此,^{85}Kr 的总活度为 0.8 Ci。多层石墨覆在玻璃灯泡外侧,厚度为 0.1 cm,并在上面涂银漆。随后在银漆上镀上一层 0.05 cm 厚的 Ni 层。这个结构作为收集极。大约 30% 的贝塔粒子穿过玻璃壁并被石墨收集极收集。

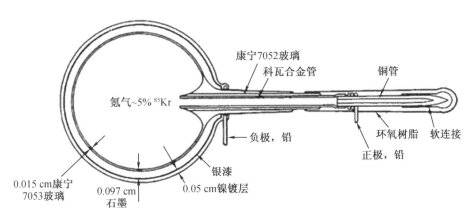

图 6.1 Sandia 在 20 世纪 60 年代开发的基于 ^{85}Kr 的直接充电核电池(DCNB)

(该图经 IEEE 许可转载)

6.1.1 心脏起搏器

在 20 世纪 70 年代,科学家开发了几种用于心脏起搏器的核电池[5,6]。在心脏起搏器

核电池电源中使用了热电和 β 辐致伏特换能单元(见表 6.1)。微型热电核电池需要隔热以最大限度地减少热损失,并需要屏蔽以最小化辐射暴露及有效封装。如表 6.1 所示,对几种用于心脏起搏器的热电核电池进行了临床测试。在图 6.2 中,展示了在 Medtronic 心脏起搏器中使用的热电核电池。McDonnell-Douglas Betacel 400(图 6.3)是表面耦合[147]Pm、堆叠多层硅的 β 辐致伏特效应核电池。该设计使用了双面[147]Pm 源,据报道,效率为 4% 的情况下产生的电功率为 400 μW。Betacel 400 曾在临床试验中用于心脏起搏器(图 6.4)。然而,在锂电池被开发之后,核电池的市场就消失了。

表 6.1　核电池心脏起搏器的临床数据小结

制造商	国家	燃料	装载量/g	临床案例	备注
大西洋里奇菲尔德公司	美国	[238]Pu氧化物	0.410	42	热电
AtomCell 核电池公司	美国	[238]Pu氧化物	0.120	动物实验	热电
原子能研究机构	英国	[238]Pu氧化物	0.180	80	热电
麦克唐奈道格拉斯飞机公司(BetaCel 400)	美国	[147]Pm 氧化物	0.105	60	β 辐致伏特效应
海湾能源和环境系统	美国	[238]Pu氧化物	0.180	动物实验	热电
CIT 阿尔卡特公司	法国	[238]Pu/钪合金	0.160	400	热电(第一个心脏起搏器)
西门子公司	德国	[238]Pu氧化物	0.200	无	热电
Syncal	美国	[238]Pu氧化物		无	热电

图 6.2　Medtronic 心脏起搏器中以[238]Pu氧化物作为燃料的长寿命热电核电池

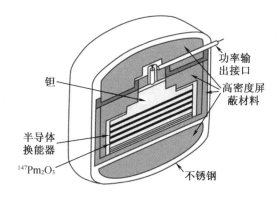

图 6.3　1970 年代用于心脏起搏器的 Betacel 400(400 mW 核电池)的示意图[5](经 Physics Today 许可印刷)

图 6.4　CCC del Uruguay 制造的配备了 BetaCel 400 电源的心脏起搏器

6.1.2　深空探测

对于超过火星的深空探测,可用的太阳光通量不足,难以驱动基于太阳能电池的探测器。为此,放射性同位素热电发生器(RTG)被成功地使用。如表 3.17 所示,在 26 个任务使用了 45 个 RTG 进行供电。RTG 效率不高,仅能达到 4% ~ 10% 的效率,但是它们已被证明是可靠的,并且已经通过了大量的飞行测试。例如,旅行者号探测器是大约在 40 年前发射的,现在仍然发送信号。除了电能,产生的热量还被用来保持探测器内需加热的各个构件。

RTG 技术的关键是同位素源 ^{238}Pu。美国国家研究委员会在核电池潜在同位素的研究中得出结论,放射性同位素的供应非常有限。只有 ^{238}Pu 被认为可以用于 NASA 任务[7]。^{238}Pu 由 ^{237}Np(n,γ)^{238}Np→^{238}Pu + β 反应生成。^{237}Np 可以在商业和军用反应堆中通过由 ^{238}U(^{238}U(n,2n)^{237}U→^{237}Np + β)和 ^{235}U(^{235}U(n,γ)^{236}U(n,γ)^{237}U→^{237}Np + β)的反应来生产。美国国家实验室内可用于 ^{238}Pu 分离的储备约为 39 kg,预计 ^{237}Np 储备约为 300 kg[8]。使用高中子通量反应堆,例如爱达荷国家实验室的先进测试反应堆或橡树岭国家实验室的高通量同位素反应堆,从分离的 ^{237}Np 储备中生产 ^{238}Pu 是可行的[7,9],这样每年将产生大约 5 kg 的 ^{238}Pu。建设此产能的成本估计为 7 700 万美元[7,8]。每千克 ^{238}Pu 的成本约为 800 万美元。在全世界中,商业反应堆的乏燃料中未分离的 ^{237}Np 的储量估计为 54 000 kg,军用反应堆中未分离的 ^{237}Np 的储量估计为 1 655 kg[10]。

欧洲太空计划将 ^{241}Am 选作同位素源。它可以通过民用燃料后处理计划,经济地生产出来[11,12]。^{241}Am 的半衰期比 ^{238}Pu 的长(433 a vs 88 a),因此需要更大的质量才能产生相同的活度。

6.1.3　好奇号漫游车

以往所有的漫游车都使用太阳能电池和化学电池分别来发电和储存。这些任务规模也很小。好奇号漫游车与 SUV 一样大,并且搭载先进的分析工具,例如气相色谱仪。多任务放射性同位素热电发生器(MMRTG)用于这项任务,效率为 6% ~ 7%。它载有 4.8 kg ^{238}Pu 氧化物燃料,该燃料使用了 8 个通用热源(GPHS)模块。这种构型能产生 110 W 的电功率。源的热量使得设备在冬季可以正常运行。同时,GPHS 能够提供的热量可保障该任务的仪器和系统保持有效的工作温度。

6.1.4 偏僻地区电源应用

俄罗斯人已经使用含 β 发射体(例如^{90}Sr)的 RTG 作为偏僻地区电源,用于整个俄罗斯的灯塔和陆基导航站点[13]。可以相信在俄罗斯境内部署了 1 000 多个 RTG 装置。不幸的是,许多装置已经被遗弃,还有部分被拾荒者拾走。自 2002 年以来,这些装置陆续退役。

6.1.5 其他应用

尽管从技术上讲不是核电池,但由放射性同位素供电的光源已经使用了很多年[14]。最常见的形式是将荧光粉与放射性同位素混合以产生可见光。例如,镭与硫化锌和黏合剂混合在一起,来产生一种发光涂料,该涂料被用于自发光的表盘上(图 6.5)。由于使用镭的危害,氚最终替代了镭。氚以气态形式使用或绑定在与苯乙烯中制成发光涂料。氚涂料被军方用于飞机的发光表盘、地雷标记和瞄准镜照明。工业上已经将氚涂料用于出口标志和飞行器着陆跑道的照明。图 6.6 给出了一个市场可买到的氚灯管的例子。

图 6.5 使用氚涂料的发光表盘

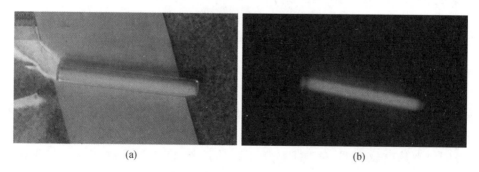

(a)　　　　　　　　　　　　　　　(b)

图 6.6 一根 3 × 22.5 mm 的氚管在(a)白天和(b)黑暗环境中的情形,其中管内装满氚涂料

以往^{90}Sr 与荧光粉一起使用来生产发光的表盘。一些配有^{90}Sr 表盘的手表在欧洲生产并运到美国。另外,一些码头标记灯也是使用^{90}Sr 制造的。然而,由于^{90}Sr 的危害性,已被停止使用。

^{147}Pm 是裂变产生的同位素,发射低能量的 β 射线。它的半衰期为 2.6 a,易于屏蔽。这种同位素在阿波罗太空计划中被用来制作标记,显示出月球轨道器和月球着陆器的对接结构轮廓。

氚和^{85}Kr 是气态同位素,可用于激发荧光粉。氚激发的荧光粉在机场用于显示大型滑行道或跑道的距离。它们还被用在公共建筑物的出口标志。^{85}Kr 也用于制作实验性荧光标记物。

6.2　军　事　任　务

各种军事任务需要便携式电源。基于新的、更好的技术,战场变得越来越复杂,包括但不限于:GPS、夜视、无线电、智能手机、平板电脑、头盔式屏幕、成像设备、激光制导武器、传感器阵列、无人机、机器人和用于数字战场的无线设备。这些先进武器的共同主题是对电力的需求。一个现代士兵需要良好的配备才能满足电力需求,然而结果却致使负担过重。例如,现代士兵必须携带 16 磅电池才能给他/她携带的设备供电。随着技术的进步,诸如背心电源管理器等系统得到发展以及电子器件效率得到提高,尽管如此,电源始终是限制因素。

6.2.1　轻型便携式核电池

拥有轻巧、便携和耐用的电池梦想激发了人们将核电池用于战场的的兴趣。不幸的是,梦想和现实是两回事。第 1 章讨论了面源和体源的尺寸限制。为了使核电池产生毫瓦至十几瓦的功率水平,电池的尺寸变得难以控制。表 1.3 复制在此处是为了评估核电池的尺寸(表 6.2)。最小尺寸的核电池使用体源。表 6.2 的最后一栏给出了含放射性同位素最大原子密度的化合物的每瓦尺寸大小。该值未考虑同位素与换能单元的界面影响或换能单元的效率。为了将换能单元界面影响引入核电池中,读者可从第 4 章的内容中确定适当的稀释因子。尺寸的进一步增加将导致第 5 章中讨论的能量转换过程中的低效率。因此,核电池的真实尺寸是 BVM_{min} 乘以稀释因子,再除以系统效率。从第 4 章和第 5 章的讨论中可以看出,稀释因子可以在 100 ~ 10 000 水平,典型的系统效率在 0.1% ~ 5% 水平。这意味着稀释因子除以系统效率的范围可以从 2 000 变化到 10 000 000,这取决于核电池的设计。因此,BVM 比 BVM_{min} 大得多,为 2 000 到 10 000 000 倍。

除了 BVM 之外,还有其他影响核电池尺寸的因素。最重要的是屏蔽。如表 1.1 所示,同位素也会发射伽马射线。在第 5 章中,以^{85}Kr PIDEC 核电池为例进行讨论。即使^{85}Kr 是最安全的同位素之一,能量为 0.514 MeV 的伽马射线也会占它发射所有射线的 0.4%。这种伽马射线发射概率相对较低,但在设计中仍然需要增加 8 cm 铅屏蔽,以保护人员和电子设备的安全。铅屏蔽占据了电池设计中的主要质量。因此,如果所选同位素有次级伽马发射,那么辐射屏蔽也会增加 BVM 和电池的质量。

表 6.2　各种放射性同位素核电池的 BAW_{min} 和 BVW_{min}

核素	衰变能 /MeV	半衰期 /a	衰变类型	β_{max} /MeV	质量功率密度 /(W·g⁻¹)	化合物形态	密度 /(g·cm⁻³)	射程 /μm	BAW_{min} /(cm²·W⁻¹)	BVW_{min} /(cm³·W⁻¹)
³H	0.018 61	12.43	β	0.018 61	0.323 538	T₂O	1.215	0.618 75	150 749	9.328
³⁹Ar	0.565	269	β	0.565	0.037 109	液态氩	1.4	85.5	2 251	19.25
⁴²Ar	0.6	32.9	β	0.6	0.306 736	液态氩	1.4	107.2	217.4	2.33
⁶⁰Co	2.824	5.271	β,γ	0.318	0.710 418	金属	8.9	3.12	506.4	0.158
⁸⁵Kr	0.67	10.76	β	0.67（99.6%），0.15（0.40%）	0.517 808	液态氪	2.413	49.45	161.8	0.8
⁹⁰Sr	0.546	28.77	β	0.546	0.148 981	金属	2.64	27 & 234	108.7	2.543
¹⁰⁶Ru	0.039	1.023	β	0.039	0.253 962	金属	1.53	0.471 5	54 590	2.574
¹¹³ᵐCd	0.58	14.1	β	0.58	0.257 143	金属	8.69	6.8	658.1	0.447 5
¹²⁵Sb	0.767	2.73	β	0.302（40%），0.622（14%），0.13（18%）	0.478 708	金属	6.684	3.333 & 11.05	282.8	0.312 5
¹³⁴Cs	2.058	2.061	β	0.662（71%），0.089（28%）	1.265 752	金属	1.93	33.15 & 1.615	123.5	0.409 3
¹³⁷Cs	1.175	30.1	β	1.176（6.5%），0.514（93.5%）	0.095 403	金属	1.93	88 & 26.35	617.2.	5.431
¹⁴⁶Pm	1.542	5.52	EC（66%），β（34%）	0.795	0.236 856	金属	7.26	9.8	593.4	0.581 5
¹⁴⁷Pm	0.225	2.624	β	0.225	0.411 935	金属	7.26	1.2	2 787	0.334 4
¹⁵¹Sm	0.076	90	β	0.076	0.003 949	金属	7.54	0.216	1 555 000	33.58

表 6.2（续 1）

核素	衰变能 /MeV	半衰期 /a	衰变类型	β_{max} /MeV	质量功率密度 /(W·g⁻¹)	化合物形态	密度 /(g·cm⁻³)	射程 /μm	BAW_{min} /(cm²·W⁻¹)	BVW_{min} /(cm³·W⁻¹)
^{152}Eu	1.822	13.54	EC（72.1%），β（27.9%）	0.696（13.6%），1.457（8.4%），385（2.5%），0.176（1.8%）	0.174 035	金属	5.259	12.65 & 42.75	255.7	1.093
^{154}Eu	1.969	8.592	β（99.98%），EC（0.02%）	1.845（10%），0.571（36.3%），0.249（28.59%）	0.247 023	金属	5.259	60.3 & 1.92 & 8.8	127.7	0.769 8
^{155}Eu	0.253	4.67	β	0.147（47.5%），0.166（25%），0.192（8%），0.253（17.6%）	0.167 025	金属	5.259	0.672 & 1.275 & 1.92 & 0.99& 0.790 5	5,932	1.139
^{148}Gd	3.182	74.6	α		0.610 573	金属	7.9	8.44	245.6	0.207 3
^{171}Tm	0.096	1.92	β	0.096 4（98%），0.029 7（2%）	0.204 44	金属	9.321	0.27 & 0.045	19 440	0.524 8
^{194}Os	0.097	6	β	0.014 3（0.12%），0.053 5（76%），0.096 6（24%）	0.039 759	金属	22.57	0.065 & 0.072	1 675 000	12.06
^{204}Tl	0.763	3.78	β（97.1%），EC（2.90%）	0.763	0.678 194	金属	11.85	5.4	230.4	0.124 4

表 6.2（续 2）

核素	衰变能/MeV	半衰期/a	衰变类型	β_{max}/MeV	质量功率密度/(W·g⁻¹)	化合物形态	密度/(g·cm⁻³)	射程/μm	BAW_{min}/(cm²·W⁻¹)	BVW_{min}/(cm³·W⁻¹)
^{210}Pb	0.063	22.29	β (100%)，α (1.9×10⁻⁶%)	0.016 9 (84%)，0.063 5 (16%)	2.403 535	金属	11.342	0.02 & 0.117 & 18.7	113.3	0.212
^{208}Po	5.216	2.898	α (99.995 8%)，EC 0.00		17.969 49	金属	9.32	18.2	3.2	0.005 971
^{210}Po	5.305	0.379	α (100%)，γ (0.001 1%)		141.143 2	金属	9.32	18.7	0.41	0.000 76
^{228}Ra	0.046	5.75	β	0.012 8 (30%)，0.025 7 (20%)，0.039 2 (40%)，0.039 6 (10%)	0.015 406	金属	5.5	0.12 & 0.035 & 0.092 5	916 700	11
^{227}Ac	0.044	21.77	β (98.6%)，α (1.38%)	0.02 (10%)，0.035 5 (35%)，0.044 8 (54%)	0.031	金属	10.07	0.07 & 0.05 & 0.025	442.9	0.003 1
^{228}Th	5.52	1.913	α		26.053 95	金属	11.72	15.4	2.12	0.003 275
^{232}U	5.414	68.9	α		0.700 088	金属	18.95	9.55	78.9	0.075 38
^{236}Pu	5.867	2.857	α (100%)，SF (1.3×10⁻⁷%)		18.032 2	金属	19.86	8.33	3.35	0.002 792
^{238}Pu	5.593	87.74	α (100%)，SF (1.85×10⁻⁷%)		0.555 587	金属	19.86	7.71	117.6	0.090 64
^{241}Pu	0.021	14.35	β (99.998%)，α (0.002 45%)	0.020 82	0.011 2	金属	19.86	0.015	376	0.000 564

表 6.2（续 3）

核素	衰变能 /MeV	半衰期 /a	衰变类型	β_{max} /MeV	质量功率密度 /(W·g⁻¹)	化合物形态	密度 /(g·cm⁻³)	射程 /μm	BAW_{min} /(cm²·W⁻¹)	BVW_{min} /(cm³·W⁻¹)
^{241}Am	5.638	432.2	α(100%)，SF($4.3 \times 10^{-10}\%$)		0.108 573	金属	13.69	11.2	600.7	0.672 8
^{243}Cm	6.168	29.1	α(99.71%)，ec(0.29%)，SF($5.3 \times 10^{-9}\%$)		1.647 617	金属	13.52	12.8	35.1	0.044 89
^{244}Cm	5.902	18.1	α(100%)，SF($1.37 \times 10^{-4}\%$)		2.777 537	金属	13.52	12	22.2	0.026 63
^{248}Bk	5.793	9	α		5.493 877	金属	14.78	14.5	8.5	0.012 32
^{250}Cf	6.128	13.07	α(99.923%)，SF(−0.08%)		3.890 798	金属	15.1	15.5	11	0.017 02
^{252}Cf	6.217	2.645	α(96.908%)，SF(−3.09%)		18.788 59	金属	15.1	15.5	2.27	0.003 525
^{252}Es	6.739	1.292	α(76.4%)，EC(24.2%)，β(0.01%)		30.860 44	金属	5.24	16.5	3.75	0.006 184

BAW_{min} 的倒数是理论最大面积功率密度，而 BVW_{min} 的倒数是理论最大体积功率密度。在计算这些参数时，假设含有放射性同位素的化合物具有该同位素可能的最大原子密度，电离辐射进入换能单元输运特性是理想的，换能单元的效率为 100%，体源、换能单元和放射性同位素的界面是理想无缝隙的。

第 5 章讨论的另一个问题是同位素的辐射安全问题。亲骨质的同位素(如锕系、重金属和^{90}Sr)尤其危险。如果核电池被子弹或爆炸击穿的话可能引发潜在的辐射危险。

最后要考虑的是第 2 章所讨论的放射性同位素的成本。如果能从乏燃料中获取放射性同位素,其成本将会降低。尽管如此,乏燃料再处理的成本仍然很高。如果必须在反应堆中通过中子俘获或使用加速器来产生放射性同位素,成本将非常高。放射性同位素的成本很容易成为任何应用的难题。

可以在战场上使用车载电源给电池充电。这将是一个相当庞大的电源供应。第 5 章所述的^{85}Kr电池可能是可行的。它可以产生足够的能量,为大量的电池充电;它足够轻,在战场上可以安装在车辆上;它使用了一种安全的同位素,所以如果电池被刺破,它不会对战场上的人员造成巨大的危险。^{85}Kr的问题在于它的可用性。^{85}Kr是由裂变产生的,产率为0.271 7%。在 3 000 MW$_{th}$时,^{85}Kr的生产速率为1.193×10^{18}个^{85}Kr原子/s。这样年生产速率为3.762×10^{25}个^{85}Kr原子/a。因此,在一个正在运行的商用反应堆的堆芯或贮槽中,^{85}Kr的存量约为2.07 MCi/a(表6.3)。

表 6.3　商用核电站的运行参数

制造商	MW$_{th}$	MW$_e$	回路数	稳压器	每回路的反应堆冷却剂泵	每回路蒸汽发生器
西屋	450 ~ 3 000	167 ~ 1 000	1 – 4	1	1	1
法玛通	2 700 ~ 3 600	900 ~ 1 300	3 ~ 4	1	1	1
巴布科克和威尔科克斯	2 400 ~ 3 000	800 ~ 1 000	2	1	2	1
燃烧工程公司	2 400 ~ 3 600	800 ~ 1 300	2	1	2	1
艾波比集团公司	3 000	1 000	4	1	1	1
三菱公司	3 000	1 000	4	1	1	1

核电站内乏燃料中的^{85}Kr库存是可以进行估算的。第一,在很长时间内乏燃料的平衡值需要分析。^{85}Kr原子的平衡值是通过放射性同位素源速率除以速率常数来计算的。对于3 000 MW$_{th}$的核电站,源速率/速率常数 $= 1.193 \times 10^{18}/2.042 \times 10^{-9} = 5.84 \times 10^{26}$。因此,在一个 3 000 MW$_{th}$的商业核电站的乏燃料中存储有$5.84 \times 10^{26}$个^{85}Kr原子。接下来计算平均活度,Kr 原子数 × 速率常数/3.7×10^{10} d/s – Ci $= 5.84 \times 10^{26} \times 2.042 \times 10^{-9}$ s^{-1}/3.7 × 10^{10} d/s · Ci ~ 32 × 10^6 Ci/3000 MW$_{th}$的核电站。世界上安装的核能发电总量是380 000 MW$_e$,大约是1 140 000 MW$_{th}$。在全世界运行的核电站中的^{85}Kr总库存约 32 MCi × 1 140 000/3 000 MW$_{th}$ ~ 12 160 MCi。

6.2.2　MEMS

目前的传感器通常需要几百毫瓦的功率才能工作。传感器的理论工作功率限制在毫瓦到毫瓦之间,先进的传感器可能最终会达到这个极限。传感器在战场上广泛用于多种军事应用。战场上的另一个工具是手机。手机的功率要求是几瓦的射频功率才能工作。

6.3　MEMS

微机电系统（MEMS，即 0.02 mm 至 1 mm 的设备）和纳米机电系统（NEMS，即小于 0.02 mm 的设备）是可以执行多种功能的微型机器或纳米机器。例子包括加速度计、陀螺仪、光学开关、压力传感器、压电传感器、生物微机电系统等。MEMS 或 NEMS 的尺寸太小，以致核电池的尺寸无法很好地匹配。

可以理解的是，研究人员梦想开发用于小型传感器的核电池，作为一种永久的动力来源。考虑到这种电池的潜在保质期，它可以连续工作数年而无须维护。问题在于，现实与理想的核电池在物理尺寸上不能很好地匹配。

6.3.1　无人机

无人飞行器（UAV）已经发现有许多应用（军事和民用），可以由地面飞行员根据预先设定的飞行计划或复杂的动态自动系统进行自动飞行[15]。这些是相对大型的工具，并且有大量的动力需求。微型飞行器（MAV）和纳米飞行器（NAV）的概念缩小了无人机的尺寸和质量，从而降低了对功率的需求，同时也有其他的益处[16]。MAV 是一种小型的飞行器，可以在 10 km 的范围内飞行，飞行时间为 1 h，最大起飞重量为 5 kg。NAV 是一种可以在 100 m 高度飞行 1 km，飞行时间 1 h，最大起飞重量 25 g 的飞行器。由于重量轻且电源寿命长，MAV 和 NAV 的工作时间可能会大大增加。15 g 的 NAV 需要约 585 mW 功率为螺旋桨供电，需要约 500 mW 功率为 RF 通信设备供电，以及 50 mW 功率为摄像机供电。电池的总功率大约是 1.135 W。由于放射性同位素可以储存多达 2×10^9 J/g 的能量（相比之下锂离子电池为 460 J/g），因此核电池应该是理想的电源。但是这一想法是存在一定挑战性的，因为放射性同位素产生功率的水平只取决于同位素的半衰期，而且这个速率是恒定的，并不是很高（与锂离子电池或存储电容相比）。如前几章所述，这对核电池来说是一个巨大的挑战。这将需要约 5 000 ~ 10 000 Ci 的放射性同位素（取决于同位素和核电池的设计）。这种活度的放射性同位素具有重大的安全问题。如果放射性同位素发射伽马射线，使用简单的辐射探测器就可以探测到 NAV。此外，一个 1 W 核电池的尺寸和质量将远大于假定的 NAV 的 15 g 起飞质量。

对某些可以接受尺寸、质量和辐射安全问题的应用，可以进行权衡取舍。如前文所述，深空探测任务就是一个例子。然而，也有潜在的陆地应用。例如，SNAP - 7 RTG 系列核电池被开发用于各种与海洋相关的需求，如深海探测器、浮标等。随着技术的发展，使用长寿命电源对自主机器人探测器供电或许是可行的。

6.3.2　纳米电源系统

目前正在开发"纳米电源系统"，以生产纳米级电力系统组件。放射性同位素电池具有特殊的意义。这项工作的目标是开发具有以下功能的电源系统：

- 功率密度为 1 ~ 100 mW/cm³
- 设备寿命为 10 年或更长
- 发电密度 1 000 W$_e$/kg

为了使核电池满足这三种条件,放射性同位素的半衰期必须在 10 a 左右。表 6.2 所列的同位素可以通过除去那些半衰期不够长和/或产生伽马射线的同位素来减半,因为伽马射线需要屏蔽,从而使条件 3 无法满足(表 6.4)。该表所列的最大功率密度(Pd_{max})是指具有最大放射性同位素原子密度的 1 g 质量的化合物。为了满足条件 1,设计一个核电池换能单元的界面,必须用核电池设计中的原子密度稀释因子(DF_{atomic})稀释放射性同位素。还应了解到,核电池的输出功率密度会因核电池设计的系统效率(η_{system})而降低。因此,可以建立条件 1 下的期望功率密度($Pd_{1\ mW/cm^3}$ 或 $Pd_{100\ mW/cm^3}$)与 Pd_{max} 之间的关系。这个关系是存在界限的,如公式 6.1 所示。

$$0.1 \geqslant \frac{Pd_{max}\eta_{system}}{DF_{atomic}} \geqslant 0.001 \qquad (6.1)$$

$\eta_{system}/DF_{atomic}$ 的上限和下限显示在表 6.4 的最后两列中。这种关系的重要性在于条件 2 和 3 由同位素的性质决定。条件 1 由核电池的设计因素确定。

条件 2 要求同位素具有合理的半衰期(约 10 a)。条件 3 意味着必须将核电池的质量降至最低。为了最小化核电池的质量,表 6.4 不包括因产生伽马射线而需重度屏蔽的同位素。条件 3 还要求同位素产生足够的功率密度,超过 1 We/g。表 6.4 还列出了不能产生 1 W/g 的所有同位素。如表 6.4 所示,剩下的可用同位素非常少。

以放射性同位素 ^{210}Pb 为例,更容易看出公式(6.1)的重要性。取表 6.4 中 ^{210}Pb 的参数,公式(6.1)变为

$$0.1 \geqslant 27.26\ \frac{\eta_{system}}{DF_{atomic}} \geqslant 0.001 \qquad (6.2)$$

或

$$3.67 \times 10^{-3} \geqslant \frac{\eta_{system}}{DF_{atomic}} \geqslant 3.67 \times 10^{-5} \qquad (6.3)$$

这个值越小越好,因为值越小意味着系统可以具有更高的稀释因子和更低的系统效率,但仍然满足标准。

可以通过做一些简单的假设来评估公式(6.3)(基于第 4 章的讨论)。如果 DF_{atomic} = 1 000,那么公式(6.3)变为:$3.67 \geqslant \eta_{system} \geqslant 3.67 \times 10^{-2}$。上限是不可能达到的,因为没有任何系统效率可以超过 1。下限 3.67×10^{-2} 是可以达到的,因为这是一些类型的核电池设计的最大系统效率的近似值(第 5 章)。因此,条件 1 中 1 mW/cm³ 的功率密度是可能达到的。然而,核电池的体积必须是 1 000 000 cm³ 才能产生 1 000 W$_e$,而且重量须为 1 kg。为了满足条件 3,电池的平均质量密度必须约为 1 μg·cm^{-3}。平均质量密度如此之低的核电池设计是不可行的。

表 6.4　列出了半衰期约为 10 年或更长时间（条件 2）并且不发出二次伽马射线的同位素（来自表 1.1）

核素	衰变能/MeV	半衰期/a	衰变类型	质量功率密度必须大于 1/(W·g^{-1})	BVW_{min}/(cm^3·W^{-1})	最大功率密度/(W·cm^{-3})	最小值(η_{system}/DF_{atomic})/(1 mW·cm^{-3})	最小值(η_{system}/DF_{atomic})/(100 mW·cm^{-3})
^{3}H	0.018 61	12.43	β	0.323 538 323 53	9.327 593 275 9	0.393 139 3	3.28×10^{-3}	3.28×10^{-1}
^{39}Ar	0.565	269	β	0.037 108 845	19.25	0.052	1.92×10^{-2}	1.92
^{42}Ar	0.6	32.9	β	0.306 735 936	2.33	0.43	2.33×10^{-3}	2.33×10^{-1}
^{90}Sr	0.546	28.77	β	0.148 981 453	2.543	0.39	2.54×10^{-3}	2.54×10^{-1}
^{113m}Cd	0.58	14.1	β	0.257 142 774	0.447 5	2.23	4.84×10^{-4}	4.84×10^{-2}
^{151}Sm	0.076	90	β	0.003 949 124	33.58	0.03	3.36×10^{-2}	3.36
^{148}Gd	3.182	74.6	α	0.610 572 936	0.2073	4.82	2.07×10^{-4}	2.07×10^{-2}
^{210}Pb	0.063	22.29	β(100%)，α(1.9×10^{-6}%)和来自^{210}Po的 5.305 MeV α	2.403 534 8	0.037	27.26	3.67×10^{-5}	3.67×10^{-3}
^{227}Ac	0.044	21.773	β(98.6%)，α(1.38%)	0.031	3.2	0.312	3.21×10^{-3}	3.21×10^{-1}
^{232}U	5.414	68.9	α	0.700 087 964	0.075 38	13.27	7.54×10^{-5}	7.54×10^{-3}
^{238}Pu	5.593	87.74	α(100%)，SF(1.85×10^{-7}%)	0.555 6	0.090 64	11.03	9.06×10^{-5}	9.06×10^{-3}
^{241}Pu	0.021	14.35	β(99.998%)，α(0.002 45%)	0.011 2	0.000 564	0.223 3	4.48×10^{-3}	4.48×10^{-1}
^{241}Am	5.638	432.2	α(100%)，SF(4.3×10^{-10}%)	0.108 6	0.672 8	1.49	6.73×10^{-4}	6.73×10^{-2}
^{243}Cm	6.168	29.1	α(99.71%)，ec(0.29%)，SF(5.3×10^{-9}%)	1.647 617 418	0.044 89	22.28	4.49×10^{-5}	4.49×10^{-3}
^{244}Cm	5.902	18.1	α(100%)，SF(1.37×10^{-4}%)	2.777	0.026 63	37.55	4.49×10^{-5}	4.49×10^{-3}
^{248}Bk	5.793	9	α	5.493 877 05	0.012 32	81.17	1.23×10^{-5}	1.23×10^{-3}
^{250}Cf	6.18	13.07	α(99.923%)，SF(0.077 5%)	3.890 798 482	0.017 02	58.75	1.7×10^{-5}	1.7×10^{-3}

注：这个表列出了由于条件 3 不能产生 1 W/g 或更大的同位素

纳米电源系统的要求非常严格。如表 6.4 所示,只有少数几个阿尔法发射体能够接近满足这些要求。为了将这些同位素用于核电池设计中并有可能满足这些要求,核电池将不得不使用体积型设计,原子稀释因子必须很低,系统效率必须很高。考虑到放射性同位素/换能单元界面的限制、同位素的可用性和成本,这些目标显得都雄心勃勃。

6.3.3 裂变反应堆

使用放射性同位素的主要问题之一是功率的产生是恒定的,并且基于同位素的半衰期。放射性同位素的另一个主要问题是其功率密度有限。这些在早期被认为是一种限制,美国开发了核辅助电源(SNAP)放射性同位素热电发电机和空间核反应堆两套系统,它们在 20 世纪 60 年代由美国国家航空航天局发射升空。奇数编号 SNAP 是基于放射性同位素的,偶数编号 SNAP 是基于核反应堆的。第一个反应堆被称为 SNAP 实验堆(SER)。它利用铀氢化锆作为燃料和共晶钠钾合金(NAK)作为冷却剂。它产生 50 kW 的热量,但没有将热能转换为电能的换能单元。它于 1959 年 9 月达到临界状态,一直运行到 1961 年 12 月。SER 的基本概念被用在 SNAP – 2 中,SNAP – 2 是一个 55 KW_{th} 的热源,由北美航空公司的原子国际分部设计和制造,为一个含汞的朗肯循环提供动力,产生 3.5 kW_e [17,18]。SNAP 2 建成后不久,就开始了 SNAP 8 的开发,这是原子能委员会(Atomic Energy Commission)和美国国家航空航天局(NASA)之间的一个联合项目。这是一个 600 kW_{th} 的反应堆,在 1963 年到 1965 年间运行。SNAP 10A 是第一个进入太空的反应堆。热功率约为 35 kW 量级,电功率输出为 0.5 kW。它使用了一个热电转换器件,该转换器件耦合到用 NaK 冷却的氢化物核上[18]。它旨在为一颗 Agena D 研究卫星供电。SNAP 10 反应堆仍然环绕地球运行,预计将在大约 4 000 年后重新进入地球大气层。

NASA、DOD 和 DOE 在 20 世纪 80 年代发起了三方合作,开发了功率范围从 50 kW_e 到 1 MW_e,用于实际应用的^{100}SP 核反应堆[19]。该反应堆使用含有锂冷却剂的热管。不过该项目没有发展到飞行硬件的开发,并于 1994 年被取消。

洛斯阿拉莫斯国家实验室开发了在太空中用于发电的安全经济裂变发动机(SAFE)概念。反应堆燃料是包覆了铼的氮化铀柱。氮化铀柱围绕着钼钠热管,将热量输送到热交换器。热交换器加热氦气,热气驱动布雷顿电力系统[20]。

苏联发射了 31 座 Romashka 核反应堆,用于宇宙任务的雷达海洋侦察卫星。Romashka 核反应堆是一个使用 90% 浓缩铀碳化物燃料的快中子石墨反应堆。Romashka 反应堆使用热电换能单元来发电。苏联随后发展了 Bouk 快堆,产生 3 kW 功率,持续了 4 个月。后来,苏联提出了一种使用铀 – 钼燃料棒的设计,就像 1978 年在加拿大上空重新进入地球的 Cosmos – 954 一样。

苏联之后又设计了 Topaz I 反应堆,它们使用了含有高温慢化剂的浓缩铀燃料和热离子转换器,其中高温慢化剂内含有氢。Topaz I 反应堆产生约 5 kW_e 的电功率。它于 1987 年在 Cosmos 1818 和 1867 号上飞行。它的设计运行时间为 3 到 5 年,作为海洋监测的电源。

表 6.5 列出了美国和苏联开发的空间反应堆电力系统。

表 6.5　美国和苏联的空间反应堆电源系统清单[20]

	SNAP10	SP-100	Romashka	Bouk	Topaz 1	Topaz 2	SAFE-400
日期	1965	1992	1967	1977	1987	1992	2007
kW_{th}	45.5	2 000	40	~100	150	135	400
kW_e	0.65	100	0.8	~5	5-10	6	100
换能	TE	TE	TE	TE	TI	TI	TI
燃料	$U-ZrH_x$	UN	UC_2	U-Mo	UO_2	UO_2	UN
质量/kg	435	5 422	455	~390	320	1 061	512
中子能谱	热	快	快	快	热	热/超热	快
冷却剂	NaK	Li	无	NaK	NaK	NaK	Na
堆芯温度/℃	585	1 377	1 900	NA	1 600	1 900	1 020

6.4　总　　结

核电池拥有很长的历史。在 20 世纪 70 年代的临床试验中,核电池曾被用作心脏起搏器的电源,但随着锂离子电池的发展而被逐步淘汰。军方在过去和未来将会持续对核电池在多方面的应用感兴趣。但核电池的问题在于,放射性同位素衰变产生带电粒子的穿透距离与传感器尺度不匹配,核电池的设计很难甚至不可能达到微米和纳米尺度。本章列出了许多应用需求,将这种需求与核电池设计中的尺寸、功率和功率密度的问题进行了对比分析。在某些潜在的领域中,核电池的尺寸、功率和功率密度不会成为设计人员的障碍。这些应用包括深空探测和水下探测器等领域。

读者可以使用许多工具来评估不同的核电池技术和该设计对某些特定应用的适用性。

习　　题

1. 为什么在心脏起搏器中会舍弃使用核电池?

2. 假设一家汽车公司提议通过生产一系列由核电池驱动的汽车来减少汽油的使用。这是可行的吗,为什么? 有什么安全问题吗? 如果有,是什么?

3. 一家移动电子产品制造商对为他们的电子产品补充所需电量很感兴趣,他们正在调研考虑将核电池放置在电子设备的电路周围,在决定是否继续这个想法时,应该考虑哪些因素,为什么?

4. 考虑一下"微纳电源系统"核电池的候选同位素。还有其他的考虑因素可以进一步排除它们吗? 证明你的答案。

5. 考虑到核电池设计的实际问题,本章是否还有核电池其他可能的应用?

6. 描述"先驱者"任务和任务中使用的核电池技术。

7. 描述"好奇号"任务和任务中使用的核电池。

8. 核电池会在军事任务中发挥作用吗,为什么?

9. 核电池是否可用于新型无人机技术?

10. 核电池技术能否满足微纳电源系统的需求?

11. 对比核电池技术和裂变反应堆技术。

12. SNAP 反应堆技术的现状如何?

13. TOPAZ 反应堆技术的现状如何?

14. 是否可以计划在太空中使用核反应堆?

参 考 文 献

[1] Ehrenberg W, Chi – Shi L, West R (1951) The electron voltaic effect. In:Proceedings of the physical society, Section A, vol 64, p 424

[2] Rappaport P (1954) The electron – voltaic effect in $P-N$ junctions induced by beta – particle bombardment. Phys Rev 93:246 – 247

[3] Rappaport P (1956) Radioactive battery employing intrinsic semiconductor. USA Patent 2,745,973

[4] Windle WF (1964) Microwatt radioisotope energy converters. IEEE Trans Aerosp 2:646 – 651

[5] OlsenLC, Cabauy P, Elkind BJ (2012) Betavoltaic power sources. In:Physics today, pp 35 – 38

[6] Huffman FN,Migliore JJ, Robinson WJ, Norman JC (1974) Radioisotope powered cardiac pacemakers. Cardiovasc Dis 1:52 – 60

[7] National_Research_Council_Radioisotope_Power_Systems_Committee, Radioisotope Power Systems:An Imperative for Maintaining US Leadership in Space Exploration:National Academies Press

[8] Department_of_Energy, "Draft EIS for the Proposed Consolidation of Nuclear Operations Related to Production of Radioisotope Power Systems," S. a. T. Office of Nuclear Energy, Ed., ed. Washington DC:DOE, 2005

[9] Lastres O, Chandler D, Jarrell JJ, Maldonado GI (2011) Studies of Plutonium – 238 production at the high flux isotope reactor. Trans. Am. Nucl. Soc. 104:716 – 718

[10] Albright D, Kramer K (2005) Neptunium 237 and Americium:World Inventories and Proliferation Concerns. In:ISIS Document Collection, I. f. S. a. I. Security, Ed., ed. ISIS

[11] Ambrosi RM, Williams HR, Samara – Ratna P, Bannister NP, Vernon D, Crawford T et al (2012) Development and testing of Americium – 241 Radioisotope thermoelectric generator:concept designs and breadboard system, presented at the Nuclear and Emerging Technologies for Space. The Woodlands, TX

［12］ Williams HR,Ambrosi RM, Bannister NP, Samara – Ratna P, Sykes J（2012）A conceptual spacecraft radioisotope thermoelectric and heating unit（RTHU）. Int J Energy Res 36:1192 – 1200

［13］ Fiskebeck P – E（2006）Utilization of spent radioisotope thermoelectric generators and installation of solar cell technology as power source for Russian Lighthouses—Final Report. In: Strand P, Sneve M, Pechkurov A（eds）Radiation and environmental safety in North – West Russia: use of impact assessments and risk estimation. Springer, Dordrecht, pp 85 – 88

［14］ Case FN,Remini WC（1980）Radioisotope powered light sources, presented at the CONF – 801157 – 1, United States

［15］ Pines DJ,Bohorquez F（2006）Challenges facing future micro – air – vehicle development. J. Aircr. 43:290 – 305

［16］ Petricca L, Ohlckers P, Grinde C（2011）Micro – and nano – air vehicles: state of the art. Int J Aerosp Engg 2011:17

［17］ Shure LI, Schwartz HJ（1965）Survey of electric power plants for space applications, presented at the National Meeting of the American Institute of Chemical Engineers. Philidelphia, Pennsylvania

［18］ Corliss WR（1965）SNAP Nuclear Space Reactors. ed: Atomic EnergyComisison

［19］ Sovie RJ（1987）SP – 100 Advanced technology program, presented at the 22nd Intersociety Energy Conversion Engineering Converence, Philadelphia

［20］ Association WN（2016）Nuclear reactors and radioisotopes for space. http://www. world – nuclear. org/information – library/non – power – nuclear applications/transport/nuclear – reactors – for – space. aspx

附录 A 射 程 计 算

贯穿全书,电子在物质中穿行距离的范围经常被提及。通过 MCNP6 基于电子穿过各种材料的过程开展模拟计算得出射程的范围。判断电子的射程范围是一件困难的事情,因为电子的质量只有任何材料中原子质量的千分之一,当电子释放能量时,会沿许多方向散射。这与主要沿直线运动的重离子形成了鲜明的对比,因为只有当重离子直接撞击原子核时,它们的路径才会发生剧烈的变化。

电子在材料中的能量沉积计算不是一个可以用解析方法来解决的问题。相反,能量沉积的计算是使用从量子力学原理导出的截面,通过蒙特卡罗模拟而得到。这些截面通常根据 dirac 方程[1]、Hartree – Fock 方法[2,3],以及由 Moliere[4-8] 推导而得出。

本书使用的模拟是基于"笔形电子束",或是小或点状电子束,该电子束指向给定材料,产生能量沉积,并由此计算射程范围。这些模拟旨在给出 β 粒子以最佳角度,即完全垂直于表面,进入表面时的最大射程。

从原理上讲,如果能找到一个函数 $D(r, \theta, z)$ 来表示物质在材料中任意点的能量沉积,就能推导出一个函数,它通过对 r 和 θ 积分,用 z 来表示轴向的能量沉积。

$$Z(z) = \int_0^\infty \int_0^{2\pi} D(r,\theta,z) r \mathrm{d}r \mathrm{d}\theta \qquad (A.1)$$

没有办法产生像上面的例子那样的连续解,所以在计算机模拟中,必须考虑如何找到想要的结果。计算模型基于一个任意半径的圆柱体,其半径足够大,以确保没有电子从外表面逸出。然后将圆柱体切成许多薄片或单元,计算每个单元中的能量沉积。每个单元的尺寸越小,图像的细节就越好。然而,电子模拟的计算量非常大,因此增加单元的数量会大大增加计算时间,并降低结果的统计准确性。

在这些计算中有两个重要的值,一个是最大能量沉积点,另一个是 z 方向上的最远点,在那里沉积了总剩余能量的 1%。这些值用于计算所谓的"尾峰比"或 t/p。该术语是一种证明粒子射程从最大能量沉积峰到多远的方法。结果发现尽管 β 粒子的能量差异很大,但每种材料的 t/p 比值都出奇地接近。对于许多材料,每种能量的 t/p 比值在 ±1 以内。本书提出的 t/p 比值可以作为核电池设计的经验法则,专门用于设计和判断放射源与换能单元之间的距离。

如果使用连续示例,则可以将尾部定义在位置 x 处,在 x 处满足以下公式:

$$\frac{\int_x^\infty Z(z) \mathrm{d}z}{\int_0^\infty Z(z) \mathrm{d}z} = 0.01 \qquad (A.2)$$

仅仅指出电子不沉积能量的点是不够的。模型的详细信息(例如输运的粒子数)可能会改变沉积能量到最后一个单元格的位置。如果我们使用最后的 1%,可以认为射程末端的能量沉积是微不足道的。图 A.1 给出了 $^{90}Y\beta_{max}$ 在 ^{90}Sr 中的轴向能量沉积,确定了峰值和尾部的位置。

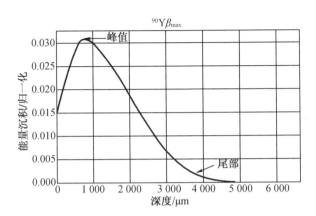

图 A.1　^{90}Y β_{max} 在 ^{90}Sr 中的轴向能量沉积

必须指出,在下面的表格中,一些能量的粒子射程远远小于 1 μm。对这些结果不能全信。在这些射程中,近似连续介质的单元格的大小是需要怀疑的参数。相反,它要求读者了解薄膜或层需要多薄才能不浪费放射源发出的大量可用能量(表 A.1)。

表 A.1　β粒子在封装材料中的范围

同位素	分支比	能量类型	峰深/μm	尾部深/μm	t/p
^{3}H[a]	1	最大	4.959	7.809	1.6
		平均	0.618 75	0.993 75	1.6
^{39}Ar	1	最大	348.75	1 383.75	4.0
		平均	85.5	347.7	4.1
^{42}Ar	1	最大	409.2	1 623.6	4.0
		平均	107.2	415.4	3.9
^{60}Co	1	最大	18.63	93.15	5.0
		平均	3.12	13.91	4.5
^{85}Kr	1	最大	195.5	1 105	5.7
		平均	49.45	266.6	5.4
^{90}Sr	1	最大	118.75	650	5.5
		平均	27	145.8	5.4
^{90}Y[a]	1	最大	780	3 770	4.8
		平均	234	1 305	5.6
^{106}Ru	1	最大	3.325	18.025	5.4
		平均	0.471 5	1.988 5	4.2
^{113m}Cd	1	最大	34.2	201.6	5.9
		平均	6.8	38.4	5.6

表 A.1(续1)

同位素	分支比	能量类型	峰深/μm	尾部深/μm	t/p
^{134}Cs	0.71	最大	156.8	1 048.6	6.7
		平均	33.15	204.75	6.2
	0.28	最大	8.82	51.94	5.9
		平均	1.615	8.67	5.4
^{137}Cs	0.06	最大	369	2 214	6.0
		平均	88	572	6.5
	0.93	最大	122.4	761.6	6.2
		平均	26.35	156.55	5.9
^{125}Sb	0.4	最大	18	107	5.9
		平均	2.7	15.15	5.6
	0.18	最大	5.1	29.4	5.8
		平均	0.594	3.333	5.6
	0.14	最大	48.6	291.6	6.0
		平均	11.05	64.35	5.8
^{146}Pm	1	最大	50.25	338.35	6.7
		平均	9.8	61.6	6.3
^{147}Pm	1	最大	9.6	58.2	6.1
		平均	1.2	7.5	6.3
^{151}Sm	1	最大	1.608	10.150 5	6.3
		平均	0.216	1.152	5.3
^{152}Eu	0.13	最大	56	389.2	7.0
		平均	12.65	77.625	6.1
	0.084	最大	150	990	6.6
		平均	42.75	275.5	6.4
^{154}Eu	0.1	最大	212.5	1 312.5	6.2
		平均	60.3	395.3	6.6
	0.28	最大	14	94	6.7
		平均	1.92	12.36	6.4
	0.36	最大	48	303	6.3
		平均	8.8	55.55	6.3
^{155}Eu	0.022	最大	5.25	34.125	6.5
		平均	0.672	3.948	5.9
	0.077	最大	10.2	61.2	6.0
		平均	1.275	7.5	5.9

表 A.1（续 2）

同位素	分支比	能量类型	峰深/μm	尾部深/μm	t/p
155Eu	0.18	最大	14.8	93.425	6.3
		平均	1.92	12.24	6.4
	0.26	最大	8	48	6.0
		平均	0.99	5.775	5.8
	0.47	最大	6.4	39.6	6.2
		平均	0.790 5	4.65	5.9
171Tm	0.98	最大	1.837 5	12.127 5	6.6
		平均	0.27	1.41	5.2
	0.02	最大	0.351 5	1.85	5.3
		平均	0.045	0.22	4.9
194Os	0.76	最大	0.304	1.976	6.5
		经验法则b	0.065	0.35	5.4
	0.24	最大	0.84	5.04	6.0
		平均	0.072	0.387	5.4
204Tl	1	最大	24.05	185	7.7
		平均	5.4	39.15	7.3
210Pb	0.8	最大	0.118 75	0.625	5.3
		平均	0.02	0.08	4.0
	0.2	最大	0.77	5.06	6.6
		平均	0.117	0.604 5	5.2
228Ra	0.4 和 0.1c	最大	0.85	4.85	5.7
		平均	0.12	0.594	5.0
	0.3	最大	0.171	0.873	5.1
		经验法则b	0.035	0.175	5.0
	0.2	最大	0.450 5	2.544	5.6
		经验法则b	0.092 5	0.481	5.2
227Ac	0.54	最大	0.508	3.111 5	6.1
		平均	0.07	0.375	5.4
	0.35	最大	0.36	2.137 5	5.9
		平均	0.05	0.265	5.3
	0.1	最大	0.153	0.873	5.7
		平均	0.025	0.11	4.4
241Pu	1	最大	0.09	0.505	5.6
		平均	0.015	0.065	4.3

a ^{3}H 的封装材料是 T_2O，^{90}Y 的封装材料是 ^{90}Sr；b 这些转换的平均能量无法确定。使用经验法则 1/3 β_{max} 代替；c 这两个转换的能量非常接近,所以没有必要对它们进行模拟。

参 考 文 献

[1] Thumm U, Norcross DW (1993) Angle – differential and momentum – transfer cross sections for low – energy electron – Cs scattering. Phys Rev A 47:305 – 316

[2] Bharadvaja A, Kaur S, Baluja KL (2015) Electron – impact cross sections of SiH2 using the R – matrix method at low energy. Phy Rev A—At, Mol, Opt Phys 91

[3] Kwei CM, Hung CJ, Su P, Tung CJ (1999) Spatial distributions of elastically backscattered electrons from copper and silver. J Phys D: Appl Phys 32:3122 – 3127

[4] Ikegami S (2013) A new screening length for small angle multiple scattering. Nucl Instr Meth Phys Res, Sect B: Beam Interact Mater Atoms 311:14 – 19

[5] Nakatsuka T, Okei K, Takahashi N (2013) Analytical derivation of higher – order terms of Molière's series and accuracy of Molière's angular distribution of fast charged particles. Nucl Instrum Methods Phys Res, Sect B: Beam Interact Mater Atoms 311:60 – 70

[6] Bethe HA (1953) Molière's theory of multiple scattering. Phys Rev 89:1256 – 1266

[7] Bednyakov AA (2014) On the Molière theory of multiple scattering of charged particles (1947 – 1948) and its critique in subsequent years. Phys Part Nucl 45:991 – 999

[8] Borisov NM, Panin MP (2005) Generalized particle concept for adjoint monte carlo calculations of coupled gamma – ray – electron – positron transport. Nucl Sci Eng 150:284 – 298

附录 B β 能 谱

β 衰变发出的电子的能量不是离散的。它们所形成的能谱随跃迁而变化,因而在设计核电池时,弄清 β 能谱至关重要。

β 能谱可以用以下公式计算[1,2]:

$$N(W) = F(\pm Z, W)(W^2 - 1)^{\frac{1}{2}} W(W_0 - W)^2 a_n(W) \tag{B.1}$$

$$F(\pm Z, W) = (1 + \gamma_0) e^{\pi v} \left(\frac{2 p_e R}{\hbar}\right)^{2(\gamma_0 - 1)} \frac{|\Gamma(\gamma_0 + iv)|^2}{|\Gamma(2\gamma_0 + 1)|^2} \tag{B.2}$$

其中,

$$\gamma_0 = [1 - (\alpha Z)^2], \ v = \pm \frac{\alpha Z W}{p_e}, \ R = \frac{1}{2} \alpha A^{\frac{1}{3}}$$

其中,$F(\pm Z, W)$ 是费米修正因子,Z 是子核中的质子数,W 是总电子能量,W_0 是最大电子能量,α 是精细结构常数($\alpha \approx 1/137$),p_e 是电子动量,A 是子核的原子序数,Γ 是伽马函数。参数 a_n 是一种形状因子,或称禁戒校正,它随着每一次跃迁而发生变化。公式(B.1)一项是一个复杂的量,它取决于父核和子核、核矩阵元素和拉盖尔(Laguerre)多项公式的总角动量。

但是对于本书的需要而言,这样的计算太过复杂,因此我们选择使用两个不同函数的简单曲线拟合:一般 n 阶多项公式和一个高斯函数乘以一般 n 阶多项公式。

$$P_n(x) = c_0 + c_1 x + c_2 x^2 + \cdots + c_{n-1} x^{n-1} + c_n x^n = \sum_{i=0}^{n} c_i x^i \tag{B.3}$$

$$G_n(x) = \exp[-a(x - b)^2] \times P_n(x) \tag{B.4}$$

有些分布不容易用单个函数描述,在这种情况下,使用公式(B.3)和公式(B.4)的分段函数代替。读者应该注意到一些能谱的形状是很奇怪的,并思考我们之前的讨论,为什么经验法则对能量沉积的计算不是一个有效量?

第一张表给出了可以用单个函数表示的能谱的曲线拟合结果。第二张表用于需要更复杂的拟合函数的数据。

所有的列表数据都可以在 Eckerman 等人[3]和 Burrows[4]的研究中找到。

^{39}Ar	五阶多项式	$P_5(x)$
$c_0 = 0.054\ 297\ 5$, $c_1 = 0.211\ 152$, $c_2 = -1.045\ 79$, $c_3 = 3.953\ 6$, $c_4 = -11.427\ 5$, $c_5 = 10.622\ 8$		

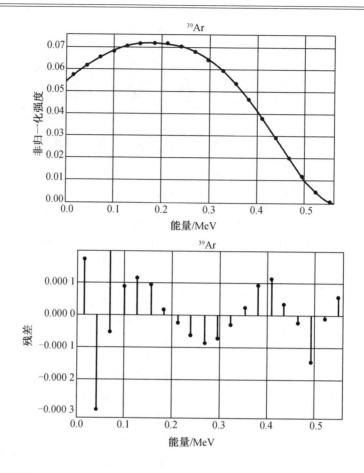

^{60}Co	五阶高斯多项式	$G_5(x)$
$a = 1.538\ 19$, $b = 0.844\ 349$, $c_0 = 0.000\ 292\ 291$, $c_1 = 0.000\ 340\ 777$, $c_2 = -0.001\ 825\ 01$, $c_3 = 0.002\ 569\ 99$, $c_4 = -0.001\ 639\ 61$, $c_5 = 0.000\ 386\ 332$		

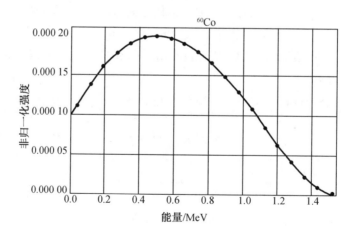

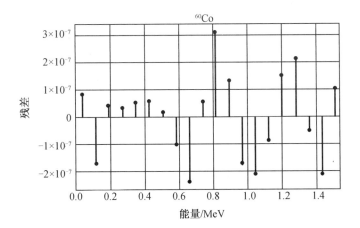

^{85}Kr	五阶多项式	$P_5(x)$
$c_0 = 0.075\ 160\ 8$, $c_1 = -0.016\ 436\ 3$, $c_2 = -0.123\ 639$, $c_3 = 1.039\ 57$, $c_4 = -3.665\ 91$,		
$c_5 = 3.096\ 6$		

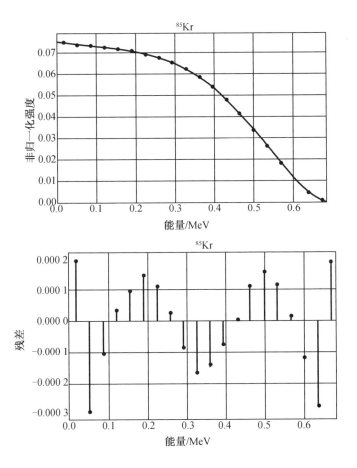

^{90}Sr	五阶多项式	$P_5(x)$

$c_0 = 0.078\ 359\ 3$, $c_1 = -0.052\ 586\ 9$, $c_2 = 0.035\ 362\ 7$,

$c_3 = 0.939\ 949$, $c_4 = -6.847\ 88$, $c_5 = 8.155\ 19$

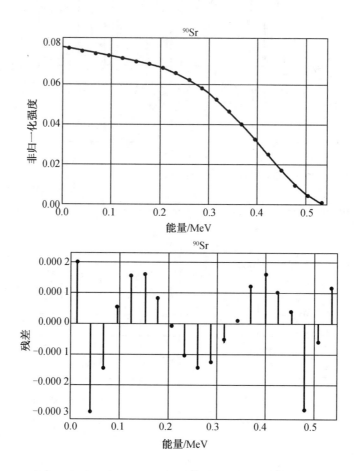

^{90}Y	六阶多项式	$P_6(x)$

$c_0 = 0.037\ 175\ 7$, $c_1 = 0.096\ 754\ 2$, $c_2 = -0.052\ 831$,

$c_3 = -0.076\ 237\ 2$, $c_4 = 0.114\ 233$, $c_5 = -0.059\ 954\ 2$,

$c_6 = 0.010\ 877\ 1$

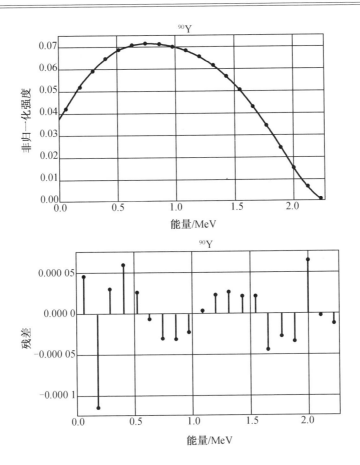

^{106}Ru	二阶多项式	$P_2(x)$
$c_0 = 0.146\,473$, $c_1 = -7.217\,46$, $c_2 = 88.357\,8$		

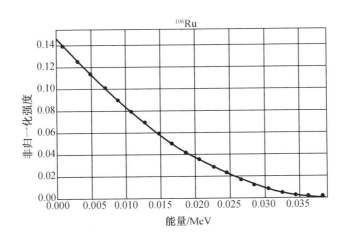

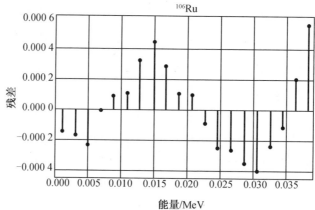

^{113m}Cd	二阶高斯多项式	$G_2(x)$

$a = 1.750\ 94$，$b = 0.981\ 609$，$c_0 = 0.493\ 132$，$c_1 = -1.682\ 91$，

$c_2 = 1.436\ 33$

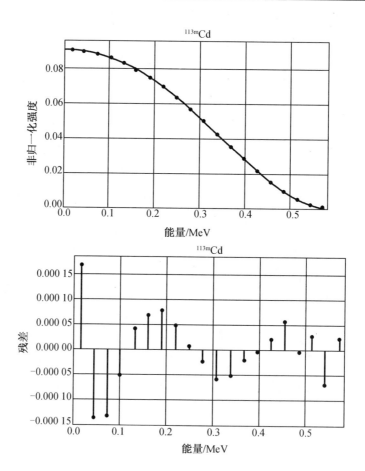

^{146}Pm	五阶多项式	$P_5(x)$

$c_0 = 0.044\ 297\ 4$, $c_1 = -0.216\ 431$, $c_2 = 1.140\ 36$,

$c_3 = -3.110\ 62$, $c_4 = 3.627\ 93$, $c_5 = -1.512\ 21$

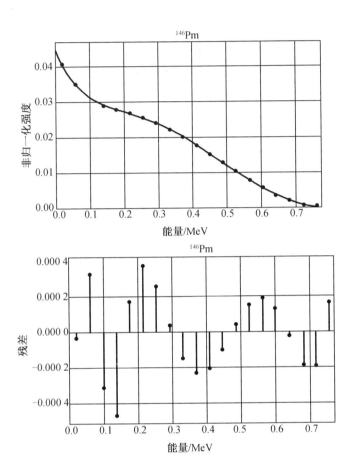

^{147}Pm	三阶多项式	$P_3(x)$

$c_0 = 0.125\ 455$, $c_1 = -0.701\ 068$, $c_2 = -1.096\ 74$,

$c_3 = 7.680\ 07$

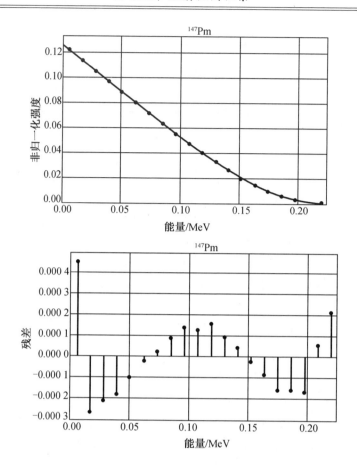

^{151}Sm	三阶多项式	$P_3(x)$
$c_0 = 0.142\,61, c_1 = -3.395\,32, c_2 = 15.966\,2, c_3 = 52.403\,7$		

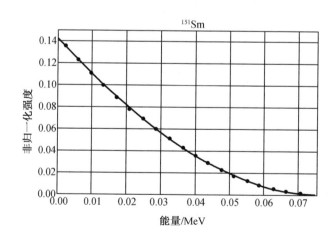

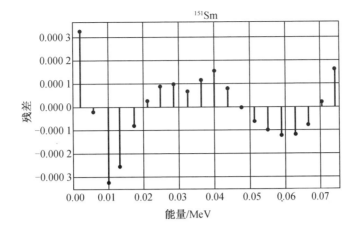

^{152}Eu	四阶多项式	$P_4(x)$
$c_0 = 0.038\ 436\ 6$, $c_1 = 0.053\ 105\ 3$, $c_2 = -0.013\ 834\ 2$, $c_3 = -0.055\ 826\ 1$, $c_4 = 0.022\ 582\ 3$		

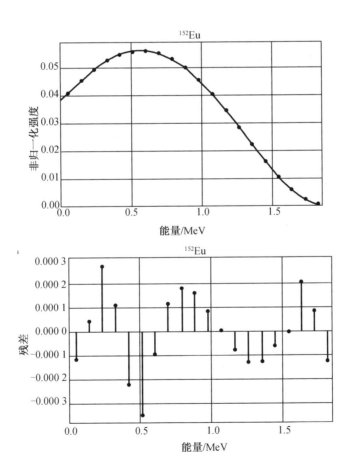

^{171}Tm	四阶多项式	$P_4(x)$
$c_0 = 0.147\ 879$, $c_1 = -3.328\ 81$, $c_2 = 32.060\ 2$,		
$c_3 = -260.598$, $c_4 = 1\ 262.28$		

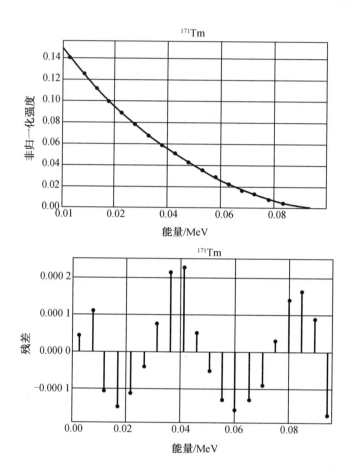

^{194}Os	五阶多项式	$P_5(x)$
$c_0 = 0.180\ 259$, $c_1 = -4.469\ 17$, $c_2 = 1.761\ 61$,		
$c_3 = 1\ 019.67$, $c_4 = -12\ 168.3$, $c_5 = 44\ 613$		

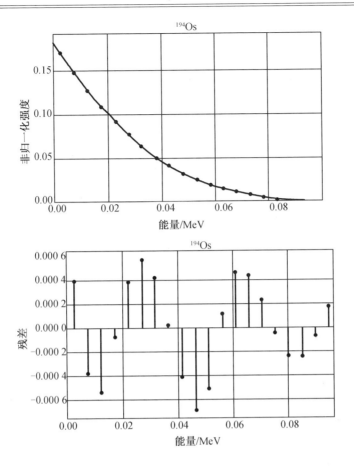

^{204}Tl	五阶多项式	$P_5(x)$
$c_0 = 0.101\ 451$, $c_1 = -0.126\ 086$, $c_2 = -0.260\ 198$,		
$c_3 = 1.373\ 29$, $c_4 = -2.593\ 62$, $c_5 = 1.605\ 31$		

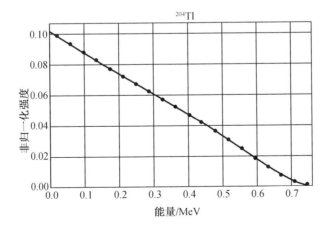

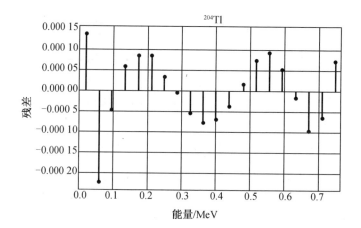

^{228}Ra	三阶多项式	$P_2(x)$
$c_0 = 0.147\ 361$, $c_1 = -7.404\ 71$, $c_2 = 92.606\ 7$		

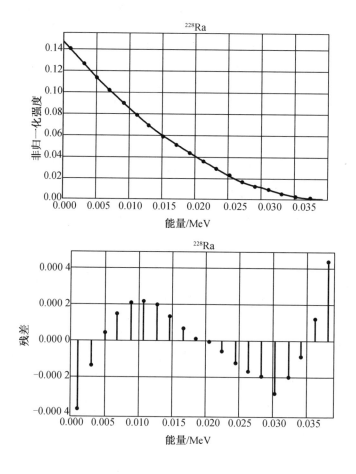

　　有些分布是上述两个函数无法拟合的,特别是当分布非常接近于 0 的情况下。在接下来的分布中,使用基本函数来拟合整个能谱的结果方程,得到振荡的方程并给出负值。这里我们使用由公式(B.3)和公式(B.4)组成的分段函数。在某些情况下,中间点的多项公

式阶数不能给出足够的精度,因此为了简单起见,在每个点之间使用插值。

必须指出,下列能谱图是对数图。对于非常接近于 0 的值,线性图不会显示任何结果。

^{60}Co	$P_5(x) - P_3(x) - P_3(x) - G_4(x)$	
$P_5(x)$	$c_0 = 0.502\ 678$, $c_1 = -1.819\ 22$, $c_2 = 11.415\ 8$, $c_3 = -120.578$, $c_4 = 409.44$, $c_5 = -425.973$	$0 < x < 0.260\ 95$
$P_3(x)$	$c_0 = 1.191\ 48$, $c_1 = -8.884\ 62$, $c_2 = 21.846\ 1$, $c_3 = -17.716\ 7$	$0.260\ 94 < x < 0.335\ 5$
$P_3(x)$	$c_0 = 0.025\ 832\ 9$, $c_1 = -0.162\ 17$, $c_2 = 0.337\ 41$, $c_3 = -0.232\ 179$	$0.335\ 5 < x < 0.410\ 05$
$G_4(x)$	$a = -1.110\ 36$, $b = 1.686\ 13$, $c_0 = 0.001\ 246\ 66$, $c_1 = -0.003\ 524\ 86$, $c_2 = 0.004\ 298\ 38$, $c_3 = -0.002\ 506\ 57$, $c_4 = 0.000\ 558\ 856$	$0.410\ 05 < x < \beta_{max}$

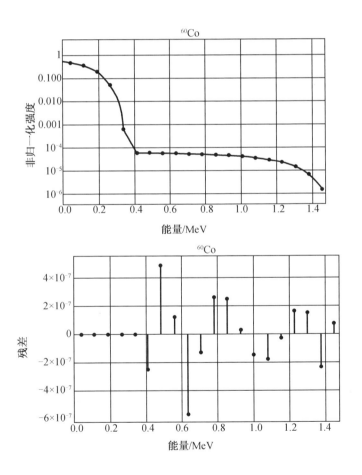

^{125}Sb	$P_7(x) - P_5(x)$	
$P_7(x)$	$c_0 = 0.383\ 138$, $c_1 = -2.336\ 11$, $c_2 = -68.825\ 3$, $c_3 = 1\ 260.63$, $c_4 = -9\ 003.28$, $c_5 = 32\ 722$, $c_6 = -60\ 073$, $c_7 = 44\ 310.7$	$0 < x < 0.295\ 55$
$P_5(x)$	$c_0 = 0.028\ 061\ 8$, $c_1 = 0.070\ 762\ 5$, $c_2 = -1.191\ 34$, $c_3 = 3.973\ 43$, $c_4 = -5.653\ 66$, $c_5 = 2.995\ 94$	$0.295\ 55 < x < \beta_{max}$

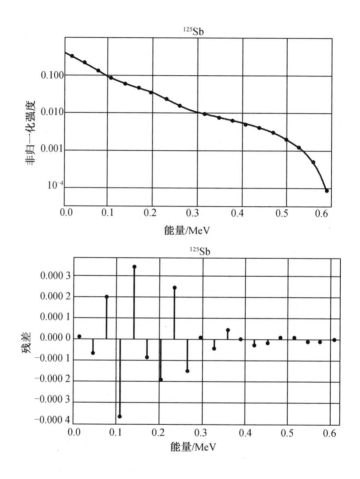

^{134}Cs	$P_1(x) - G_3(x) - P_1(x) - P_1(x) - G_6(x) - P_1(x)$	
$P_1(x)$	$c_0 = 0.496\,753$, $c_1 = -3.246\,45$	$0 < x < 0.109\,05$
$G_3(x)$	$a = 1.182\,12$, $b = 1.191\,26$, $c_0 = 0.817\,923$, $c_1 = -2.482\,38$, $c_2 = 1.886\,52$, $c_3 = 0.000\,339\,18$	$0.109\,95 < x < 0.545\,15$
$P_1(x)$	$c_0 = 0.111\,159$, $c_1 = -0.175\,544$	$0.545\,15 < x < 0.617\,85$
$P_1(x)$	$c_0 = 0.025\,304\,3$, $c_1 = -0.036\,587\,6$	$0.617\,85 < x < 0.690\,55$
$G_6(x)$	$a = 11.743\,6$, $b = 0.353\,791$, $c_0 = 1.712\,61$, $c_1 = -11.809\,8$, $c_2 = 33.834\,4$, $c_3 = -51.562\,5$, $c_4 = 44.106\,8$, $c_5 = -20.093\,5$, $c_6 = 3.812\,41$	$0.690\,55 < x < 1.344\,75$
$P_1(x)$	$c_0 = 6.521\,18 \times 10^{-6}$, $c_1 = -4.552\,18 \times 10^{-6}$	$0.134\,475 < x < \beta_{max}$

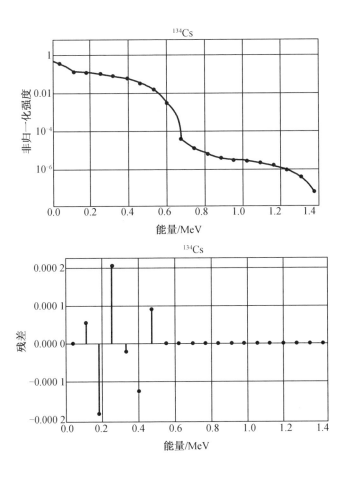

^{137}Cs	$P_5(x) - P_9(x)$	
$P_5(x)$	$c_0 = 0.202\ 055$, $c_1 = -0.319\ 891$, $c_2 = 0.130\ 764$, $c_3 = 2.907\ 27$, $c_4 = -17.664\ 8$, $c_5 = 21.482\ 6$	$0 < x < 0.498\ 6$
$P_9(x)$	$c_0 = 33.368\ 6$, $c_1 = -370.918$, $c_2 = 1\ 818.72$, $c_3 = -5\ 162.83$, $c_4 = 9\ 351.68$, $c_5 = -11\ 210.3$, $c_6 = 8\ 894.72$, $c_7 = -4\ 505.05$, $c_8 = 1\ 321.87$, $c_9 = -171.227$	$0.498\ 6 < x < \beta_{max}$

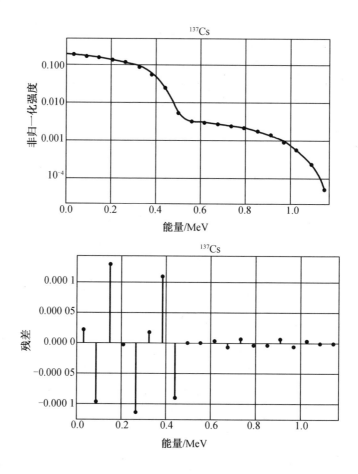

^{154}Eu	$P_6(x) - P_7(x)$	
$P_6(x)$	$c_0 = 0.469\ 017$, $c_1 = -2.481\ 71$, $c_2 = 6.337\ 41$, $c_3 = -9.473\ 92$, $c_4 = 8.294\ 34$, $c_5 = -3.879\ 91$, $c_6 = 0.741\ 933$	$0 < x < 0.691\ 5$
$P_7(x)$	$c_0 = 1.352$, $c_1 = -7.198\ 61$, $c_2 = 16.417\ 1$, $c_3 = -20.628\ 3$, $c_4 = 15.418\ 7$, $c_5 = -6.862\ 21$, $c_6 = 1.684\ 7$, $c_7 = -0.176\ 007$	$0.691\ 5 < x < \beta_{max}$

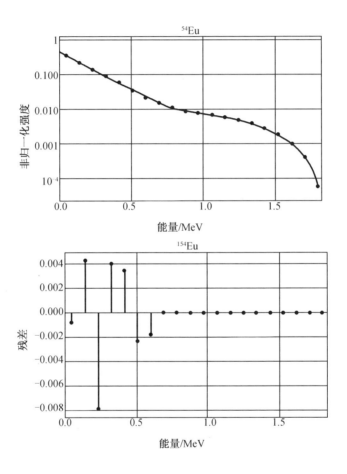

¹⁵⁵Eu	$P_6(x) - P_5(x)$	
$P_6(x)$	$c_0 = 0.204\ 388$, $c_1 = -2.167\ 22$, $c_2 = 7.645\ 14$, $c_3 = -79.612\ 2$, $c_4 = 659.986$, $c_5 = -1\ 115.43$, $c_6 = -2\ 269.47$	$0 < x < 0.166\ 45$
$P_5(x)$	$c_0 = 0.725\ 355$, $c_1 = -16.871\ 2$, $c_2 = 159.544$, $c_3 = -759.329$, $c_4 = 1\ 807.68$, $c_5 = -1\ 716.02$	$0.166\ 45 < x < \beta_{max}$

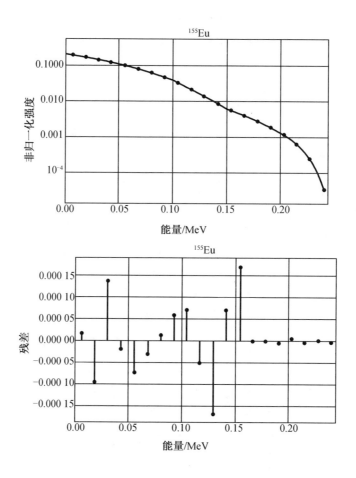

^{210}Pb	$P_7(x) - P_5(x)$	
$P_7(x)$	$c_0 = 0.470\,392$, $c_1 = -35.916$, $c_2 = -6\,489.76$, $c_3 = 1.627\,22 \times 10^6$, $c_4 = -1.761\,64 \times 10^8$, $c_5 = 1.048\,37 \times 10^{10}$, $c_6 = -3.200\,69 \times 10^{11}$, $c_7 = 3.877\,86 \times 10^{12}$	$0 < x < 0.322\,65$
$P_5(x)$	$c_0 = 0.031\,384\,5$, $c_1 = -1.204\,17$, $c_2 = 24.446\,2$, $c_3 = -478.983$, $c_4 = 6\,065.21$, $c_5 = -28\,545.7$	$0.322\,65 < x < \beta_{\max}$

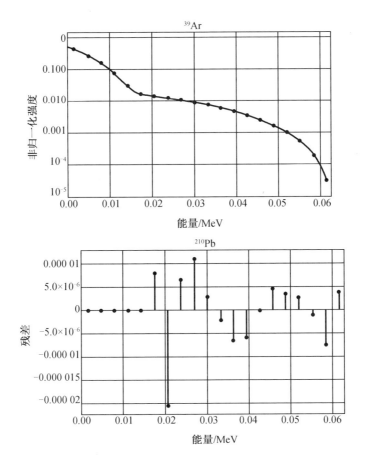

在最后的^{241}Pu能谱中,我们的数据没有足够的点来产生令人满意的曲线拟合。在这种情况下,建议使用线性插值函数。在下表中,我们给出了可用的数据点和数据的线性插值图。

数据点由 $p_n = ($能量(MeV),强度$)$ 的形式给出:

数据点	能量/MeV	强度	数据点	能量/MeV	强度
p_1	10^{-3}	2.59×10^{-1}	p_5	8.9×10^{-3}	9.38×10^{-2}
p_2	3×10^{-3}	2.11×10^{-1}	p_6	1.27×10^{-2}	1.42×10^{-1}
p_3	5×10^{-3}	1.67×10^{-1}	p_7	2×10^{-2}	6.00×10^{-5}
p_4	7×10^{-3}	1.28×10^{-1}			

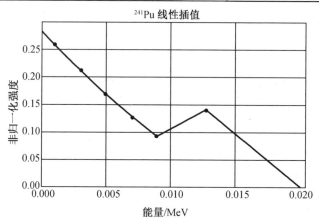

参 考 文 献

[1] Cross WG, Ing H, Freedman N (1983) A short atlas of beta – ray spectra. Phys Med Biol 28:1251

[2] Keefer G, Piekpe A (2004) Beta spectra for Ar – 39, ^{85}Kr, and Bi – 210

[3] Eckerman KF, Westfall RJ, Ryman JC, Cristy M (1994) Availability of nuclear decay data in electronic form, including beta spectra not previously published. Health Phys 67:338 – 345

[4] Burrows TW (1988) Information analysis center report nationalnucliar data center brookhaven national laboratory associated universities, inc. under contract no. DE – AC02 – 76CK00016 with the

附录 C 核电池理论设计概念

随着核电池设计的发展,将会出现理论概念。读者已经掌握了能够帮助剖析它们的技巧。以下是其中一位作者提出的一些理论设计概念。第 5 章中提出的分析过程将用来评估这些概念的优缺点。

- 换能机制是取决于热量的产生还是离子的形成?
- 如果换能机制取决于离子的形成,则电子 – 空穴对的产生效率(η_{pp})是影响系统效率上限的最大限制因素。
- 在沉积到换能单元中的能量中,应考虑将该功率转换为有用产物的效率,比如电功率($\eta_{transducer}$)。
- 还必须得出电离辐射沉积到换能单元过程中的能量输运效率(η_{pd})。

固态发射体和光伏

金刚石不是一种直接带隙材料,但它有一个束缚激子,可以像直接带隙发射体那样使用。由于光子能量(5.1 eV)小于金刚石的带隙(5.49 eV),因此激子光子不存在自吸收。构成激子的电子 – 空穴对的结合能为 70 meV。这种器件工作会受到温度条件限制,需要被探索。基于金刚石的核电池的最大理论能量转换效率是 33%。

作者正在研究的一种类似于 SEGRIEP 概念的方法,即使用基于高质量的双固态晶体的固态发射体,这种晶体具有宽的带隙和直接带隙跃迁的特性。在直接宽带隙二元材料中,直到光子逸出固体,光子的自吸收和再吸收过程都处于平衡状态。通过适当的设计,直接带隙材料可以限制表面发光和俄歇复合等损耗过程。光子可以通过与光伏组件换能单元耦合的损耗锥逸出(图 C.1)。电离辐射会在固态晶体中产生晶格位移,晶格位移产生速率约为 170 个/离子。每次产生的光子数(能量约为 10 MeV)约为 200 万(电子 – 空穴对形成的能量分数(0.42)×碎片能量(10 000 000 eV)/半导体的带隙(2.2 eV))。因此,光子的产生速率比潜在的陷阱形成速率大 20 000 倍。潜在的陷阱确实会随着时间的推移而逐渐增加,但是如果设备在可能发生自退火的温度(600 ~ 800 K)下运行,将会有足够的速率修复点缺陷(位移),从而限制由于辐射损伤产生的位移影响。利用这种缺陷产生和缺陷修复的平衡来延长固态发射体的寿命是可行的。但这个设计仍会有辐射损伤的问题,因为在发射体内产生的缺陷会形成陷阱吸收所产生的光子和电子。延长发射体寿命的关键则是通过自退火来减少陷阱的形成。晶格位移的问题在诸如 Ⅲ – Ⅴ 族这样二元材料中比金刚石半导体(在 SEGRIEP 概念中使用的)中更严重,该过程的物理学理论仍在研究和完善中。

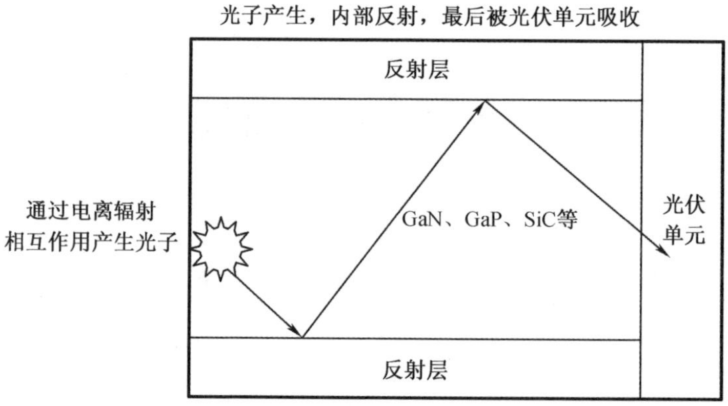
光子产生，内部反射，最后被光伏单元吸收
反射层
通过电离辐射
相互作用产生光子
GaN、GaP、SiC等
光伏
单元
反射层

图 C.1　固态半导体材料与辐射相互作用产生电子－空穴对。电子－空穴对复合并产生一个光子。然后,光子被重新吸收从而形成另一个电子－空穴对或从表面反射出去。如果形成一对电子－空穴对,它会重新复合并产生一个光子。这个过程与其他损耗保持平衡,并持续下去,直到光子通过损耗锥进入光伏组件为止

(1)换能机制是取决于热量的产生还是离子的形成?

固态发极体和光伏组件利用电离辐射在直接带隙半导体中产生电子－空穴对。

(2)如果换能机制取决于离子的形成,则电子－空穴对的产生效率(η_{pp})是影响系统效率上限的最大限制因素。

这基于所使用的直接带隙材料,会使电子－空穴对的产生效率存在差异。电子－空穴对的产生效率可以在表 3.9 中找到(例如,SiC 为 0.421,GaN 为 0.381,GaAs 为 0.344)。

(3)在沉积到换能单元中的能量中,应考虑将该功率转换为有用产物的效率,比如电功率($\eta_{transducer}$)。

在固态发射体和光伏组件中,光谱匹配效率为 1,是因为所发射的光子完全匹配光伏组件的带隙。唯一剩下的因素便是驱动电势效率,约为 0.5(第 5 章),和填充因子大约 0.8(第 5 章)。因此,换能单元的效率为 0.4。

(4)还必须得出电离辐射沉积到换能单元过程中的能量输运效率(η_{pd})。

输运效率取决于放射性同位素与换能单元的界面。在这种情况下,最符合逻辑的界面是面界面。如果在最佳情况下,放射性同位素位于固态界面之间,则输运效率约为 0.3。原子稀释因子约为 10。

(5)辐照损伤和其他问题

由于弗伦克尔对的产生,半导体材料发生辐射损伤。对于位移产生速率,平均每个 5.3 MeV 的 α 粒子被阻止在 GaN 中,就会产生大约 180 个晶格位移缺陷。这个值可以转化为每电子伏特沉积的产生的空位数,180 个位移/$5.3\times10^{6}=3.4\times10^{-5}$ d/eV。一个 5.3 MeV 的α 粒子所产生的电子－空穴对的数量是 $5.3\times10^{6}/8.9=5.96\times10^{5}$(在 GaN 中产生一对电子－空穴对所需的平均能量为 8.9 eV,如表 3.9 所示)。每电子伏特能量的沉积可生成的光子数为 $5.96\times10^{5}/5.3\times10^{6}=0.112$ 光子/eV。大约 90% 的 Frenkel 缺陷会重新复合,所以每个 α 粒子产生的空位总数约为 18 个,所以位移产生速率变为 3.4×10^{-6} d/eV。如果半导体的温度(T)升高,则会有更多的空位重新复合,并且这种情况发生的速率为 $R_v(T)$ 空位复合/s。该电池使用 5 μm 厚的 ^{210}Po 源进行激发,同时最小化 ^{210}Po 层中的自吸收。GaN 换能单元的面积为 1 cm × 1 cm,厚度为 20 μm。^{210}Po 的体积为 5×10^{-4} cm³。^{210}Po 的功率密度为 1 315 W/cm³,因此,^{210}Po 源的输出功率为 1 315 W/cm³ × 5×10^{-4} cm³ = 0.657 5 W。这种功率大约有 20% 从放射源的表面输运到 GaN 换能单元中。换能单元体积为 $V_{cell} = 1 \times 1 \times 20 \times 10^{-4}$ cm³。则换能单元中的平均功率沉积为 0.675/20 × 10^{-4} cm³ × 3 288 W/cm³ = 2.055×10^{22} eV/cm³。因此,产生的光子总数将为 2.055×10^{22} eV/s cm³ × 0.112 光子/eV = 2.3×10^{21} 光子/s · cm³,Frenkel 缺陷的产生速率是 2.055×10^{22} eV/s cm³ × 3.4×10^{-6} d/eV = 6.986×10^{16} d/s · cm³,Frenkel 对的损失率是 $R_v(T)/V_{cell}$。因此,Frenkel 缺陷的净产生率为

$$F_{pp} = 6.986 \times 10^{16} \text{d/s} \cdot \text{cm}^3 - R_v(T)/V_{cell}$$

Frenkel 缺陷的形成将决定电池的寿命。假设在电池性能下降过多的情况下,存在某些 Frenkel 缺陷(D_{FPcrit})的临界密度,则寿命(τ_c)可以根据以下积分方程估算:

$$D_{FPcrit} = \int_0^{\tau_c} (6.986 \times 10^{16} - R_v(T)/V_{cell}) \mathrm{d}t$$

$$\tau_c = \frac{D_{FPcrit}}{(6.986 \times 10^{16} - R_v(T)/V_{cell})}$$

为了使 Frenkel 缺陷的复合速率 $R(T)$ 最大化,电池可以在高温下工作。

如果将 ^{210}Po 夹在两个换能单元之间,则面源的界面效率为 0.4。通过 α 粒子与换能单元相互作用产生光子的效率为 0.381。换能单元中产生的光子由换能单元表面反射,通过换能单元输运,并具有包括吸收和再发射的生命周期(因此有效地延长了光子寿命,直到光子进入光伏组件或通过与缺陷相互作用消失)。在此过程中光子的输运效率为 1。由于光伏组件是 GaN,光谱匹配效率(η_{in})是 1。驱动电势效率(η_{dp})约为 0.5,填充因子(FF)约为 0.8。因此,估计的最大潜在系统效率是 0.4 × 0.381 × 1 × 1 × 0.5 × 0.8 = 0.061。影响效率的重要因素是其中的辐射损伤以及损伤如何影响光子的产生和输运。电池产生的最大功率是 0.061 × 0.657 5 W_{th} = 0.04 W_e,最大功率密度是 0.04 W_e/20 × 10^{-4} cm³ = 20 W_e/cm³。

混合固态发射体

一种解决辐射损伤和自吸收问题的混合方法是用准分子气体在固态材料中形成微气泡[1]。使用离子注入可以在非常高的压力下在固态材料中形成微气泡(高达 4 GPa),此时氙微气泡的密度约为 4 g/cm³。高压氙微气泡中的辐射输运长度约为 5 μm,与重碎片的穿行路径长度相当。如图 C.2 所示,放射性同位素可以覆在电池表面。一系列的微气泡位于放射性同位素层和 P - N 结之间。来自放射性同位素的粒子各向同性地发射,而微气泡既作为保护结的屏蔽层,又是发射准分子波长的光子源,继而所产生的光子在光伏组件中被共振吸收。应保证即使在这样高的密度下,压力增大也不会导致损伤,并且微气泡也不应自吸收。因此,该电池中换能单元尺度与辐射源和光伏组件都相互匹配。这种方法的优点

是,宽带隙的 P－N 结构将使用一层有放射性同位素涂覆或嵌入结构内的薄膜;宽带隙材料可以在高温下运行而不会降低效率,并且具有高导热率;薄膜可以堆叠,这将允许在相对较高的功率密度下,电池体积可以缩小(参见关于核电池功率密度极限的讨论)。这种结构也存在问题:众所周知,微气泡是由离子注入形成的,但微气泡分层的可能性会是一个问题。该构型的理论最大效率在 20% ~30% 之间。

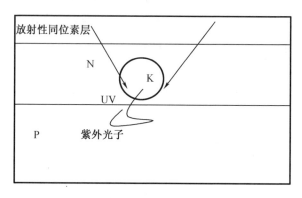

图 C.2 选项 A:微气泡作为辐射屏蔽,同时也将辐射粒子的动能转换为被 P－N 结吸收的窄带紫外光子的方式

(1)此换能机制是取决于热量的产生还是离子的形成。

这种换能模式取决于离子的形成。

(2)如果换能机制取决于离子的形成,则电子－空穴对的产生效率(η_{pp})是影响系统效率上限的最大限制因素。

准分子气体填充在微气泡中,与电离辐射相互作用。稀有气体离子对的产生效率为 0.5。

(3)在沉积到换能单元中的能量中,应考虑将该功率转换为有用产物的效率,比如电功率($\eta_{transducer}$)。

在微气泡中产生的准分子光子将传输到 P－N 结内。使用氮化铝 P－N 结的 ^{85}Kr 微气泡的能谱匹配效率(η_{in})是 $E_g/h\nu = 6.2/8 = 0.775$,驱动电势效率(η_{dp})是 0.5,填充因子(FF)是 0.8。换能单元最大能量转换效率是 $0.775 \times 0.5 \times 0.8 = 0.31$。

(4)还必须得出电离辐射沉积到换能器过程中的能量输运效率(η_{pd})。

假设一个半径为 10 μm 微气泡内填充了高密度的液体 ^{85}Kr,^{85}Kr 发出的大量 β 粒子能量沉积在微气泡内。输运效率(η_{pd})估计大约为 0.6。

(5)辐射损伤和其他问题。

准分子微气泡可保护 P－N 结免受辐射损伤。光子从微气泡传输到 P－N 结的效率约为 0.9。最大系统效率为 $\eta_{system} = 0.6 \times 0.31 \times 0.5 = 0.093$。在半导体的 P－N 结体积中形成直径为 10 μm 的微气泡矩阵是一个复杂的问题,但离子注入是产生这种微气泡矩阵的一种方法。这种设计的问题是原子稀释因子(DF_{atomic})。

为了保持材料结构的稳定性,微气泡可以分隔多远?据估计,原子稀释因子约为 500 时是最佳情况。这意味着电池中的平均功率密度约为 $Pd_{av} = (1/BVW_{min})/500 = 0.002\ 5\ \text{W/cm}^3$。电池的最大输出功率约为 $0.002\ 5 \times 0.155 = 0.000\ 39\ \text{W/cm}^3$。

参 考 文 献

[1]　Prelas MA（2013）Micro – scale power source，United States Patent 8552616. USA Patent

附录 D α 发射体的射程

在确定放射源材料的最佳厚度时,从放射源出射的 α 粒子在材料内的射程是重要的考虑因素。α 粒子在靶材中的射程是使用离子输运程序 SRIM[1] 计算的。该模型使用一束单能 α 粒子垂直进入靶材。

图 D.1 是发射 3.182 MeV α 粒子的金属 [148]Gd。α 粒子在金属 Gd 中的射程是8.44 μm。

图 D.2 是发射 5.115 MeV α 粒子的金属 [208]Po。α 粒子在金属 Po 中的射程是18.2 μm。

图 D.3 是发射 5.305 MeV α 粒子的金属 [210]Po。α 粒子在金属 Po 中的射程是18.7 μm。

图 D.4 是发射 5.34 MeV α 粒子的金属 [228]Th。α 粒子在金属 Th 中的射程是15.4 μm。

图 D.5 是发射 5.263 MeV α 粒子的金属 [232]U。α 粒子在金属 U 中的射程是9.55 μm。

图 D.6 是发射 5.721 MeV α 粒子的金属 [236]Pu。α 粒子在金属 Pu 中的射程是8.33 μm。

图 D.7 是发射 5.456 MeV α 粒子的金属 [238]Pu。α 粒子在金属 Pu 中的射程是7.71 μm。

图 D.8 是发射 5.442 MeV α 粒子的金属 [241]Am。α 粒子在金属 Am 中的射程是11.2 μm。

图 D.9 是发射 5.742 MeV α 粒子的金属 [243]Cm。α 粒子在金属 Cm 中的射程是12.8 μm。

图 D.10 是发射 5.762 MeV α 粒子的金属 [244]Cm。α 粒子在金属 Cm 中的射程是12 μm。

图 D.11 是发射 5.793 MeV α 粒子的金属 [248]Bk。α 粒子在金属 Bk 中的射程是14.5 μm。

图 D.12 是发射 6.03 MeV α 粒子的金属 [250]Cf。α 粒子在金属 Cf 中的射程是15.5 μm。

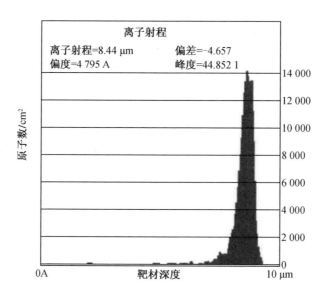

图 D.1 使用 SRIM 输运程序绘制的金属 Gd 中 3.182 MeV α 粒子的射程[1]

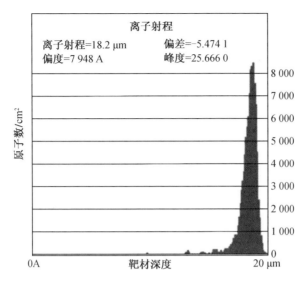

图 D. 2 使用 SRIM 输运程序绘制的金属 Po 中 5. 115 MeV α 粒子的射程[1]

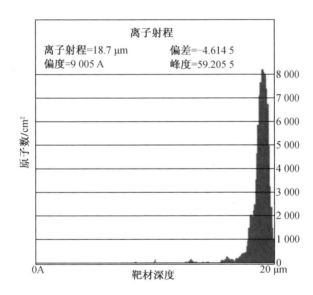

图 D. 3 使用 SRIM 输运程序绘制的金属 Po 中 5. 305 MeV α 粒子的射程[1]

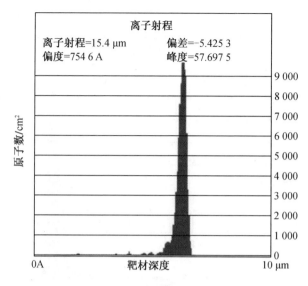

图 D. 4　使用 SRIM 输运程序绘制的金属 Th 中 5. 34 MeV α 粒子的射程[1]

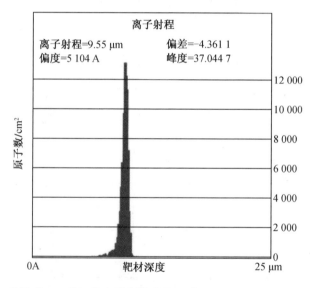

图 D. 5　使用 SRIM 输运程序绘制的金属 U 中 5. 263 MeV α 粒子的射程[1]

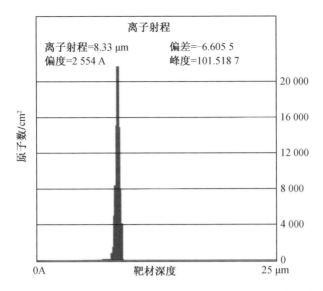

图 D.6 使用 SRIM 输运程序绘制的金属 Pu 中 5.721 MeV α 粒子的射程[1]

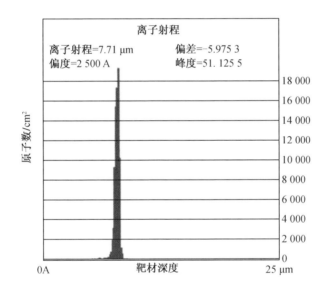

图 D.7 使用 SRIM 输运程序绘制的金属 Pu 中 5.456 MeV α 粒子的射程[1]

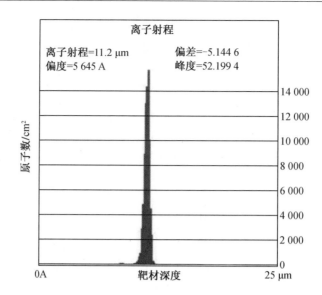

图 D. 8　使用 SRIM 输运程序绘制的金属 Am 中 5. 442 MeV α 粒子的射程[1]

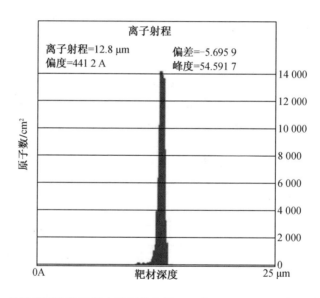

图 D. 9　使用 SRIM 输运程序绘制的金属 Cm 中 5. 742 MeV α 粒子的射程[1]

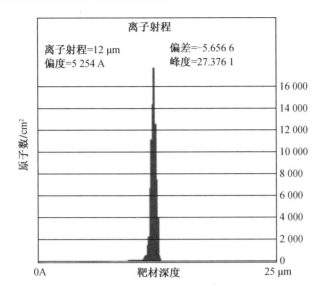

图 D. 10　使用 SRIM 输运程序绘制的金属 Cm 中 5. 762 MeV α 粒子的射程[1]

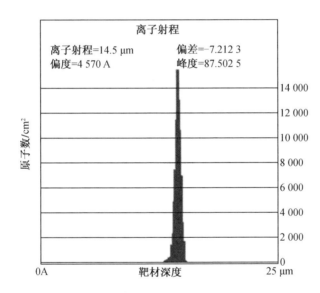

图 D. 11　使用 SRIM 输运程序绘制的金属 Bk 中 5. 793 MeV α 粒子的射程[1]

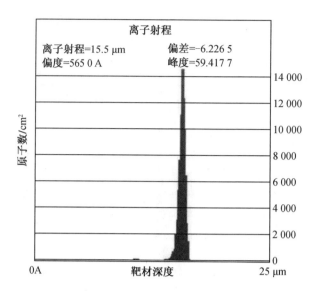

图 D.12 使用 SRIM 输运程序绘制的金属 Cf 中 6.03 MeV α 粒子的射程[1]

参 考 文 献

［1］ Ziegler JF，Ziegler MD，Biersack JP（2010）SRIM – The stopping and range of ions in matter（2010）．Nucl Instrum Meth Phys Res Sect B：Beam Interact Mater At 268：1818 – 1823

索　引

Directed beam:定向射束

Direct energy conversion:直接能量转换

Driving potential efficiency:驱动电势效率

Drones:无人机

E

Efficiency:效率

Efficiency of the transducer:换能单元效率

Electric field:电场

Electron – hole pair:电子 – 空穴对

Electrons:电子

Electron utilization efficiency:电子利用效率

Energy distribution:能量分布

Energy spectrum:能谱

Escape probability:逸出概率

Evaporation:蒸发

Excimer:准分子

Excimer fluorescer:准分子荧光

F

Fill Factor（FF）:填充因子（FF）

Fission fragments:裂变碎片

Fluorescer:荧光剂

Fluorescer efficiency:荧光效率

Frenkel pair:弗兰克尔对

G

Gamma:γ

Gamma rays:γ 射线

Gaseous fluorescer:气态荧光剂

Gaseous phase:气态

H

Half life:半衰期

Health:健康

Heat:热量

I

Ideal:理想

Ideal cell:理想电池

Impurities:杂质

Interface:界面

Inventory:存货

Ionizing radiation:电离辐射

Ionizing radiation products:电离辐射产物

Ion pairs:离子对

Ion scale length:离子尺度

Ion source:离子源

Isotope:同位素

Isotropic:各向同性

L

Lighthouses:灯塔

LINAC:直线加速器

Linear energy transfer（LET）:线能量传递（LET）

Liquid phase:液相

Liquid semiconductor:液态半导体

M

Manmade:人工的

Maximum power:最大功率

MEMS:微机电系统

Micro aerial vehicle（MAV）:微型飞行器（MAV）

Micro – bubbles:微气泡

Military missions:军事任务

Multi mission radioisotope thermoelectric generator（MMRTG）:多任务放射性同位素热电发生器（MMRTG）

MURR:密苏里大学的研究堆

N

Nano areal vehicles（NAV）:纳米飞行器

悬臂梁式核电池

Recombination：复合

REDOX：还原和氧化

Remote power applications：偏僻地区电源应用

Reserve：储备

Reverse saturation current：反向饱和电流

Richard – Dushman equation：理查森 – 杜希曼方程

Rules of thumb：经验法则

S

Safety：安全

Scale length：尺度

Scale length matching：尺度匹配

Schottky barrier：肖特基势垒

Secular equilibrium：长期平衡

Seebeck effect：塞贝克效应

Semiconductor：半导体

Shielding considerations：屏蔽考虑

Short circuit current：短路电流

Solid phase：固态

Spent nuclear fuel：乏燃料

Sputtering：溅射

Successful applications：成功应用

Sunk costs：沉没成本

Supply：供给

Surface interface：面界面

System efficiencies：系统效率

T

Theoretical maximum energy efficiency：理论最大能量转换效率

Thermionic generator：热电子发生器

Thermionics：热电子

Thermoelectric generator：热电发生器

Thermophotovoltaics：热光伏

Thin foil：薄金属片

Thorium：钍

Transducer：换能单元

Transducer efficiency：换能单元效率

Transducer Phase：换能单元相

Transducer scale length：换能尺度

Transport scale length：输运尺度

Traps：陷阱

Tritium：氚

U

Unmanned aerial vehicles（UAVs）：无人飞行器（UAV）

Uranium：铀

Uranofullerene：铀酰富勒烯

V

Voltage：电压

Volume interface：体界面

W

Work function：功函数

World supply：全球供应